数理统计学习指导书

师义民　周　旷　主编

西北工業大學出版社

西　安

【内容简介】 本书是与师义民等编写的《数理统计》第四版(科学出版社,2015 年出版)配套而编写的一本学习指导书,也可以单独使用。全书紧扣教材,其章节顺序编排与教材一致,共 7 章,内容包括统计量与抽样分布、参数估计、统计决策与贝叶斯估计、假设检验、方差分析与正交试验设计、回归分析及多元分析初步。

本书可作为高等院校理工、管理及经济类等专业研究生学习数理统计课程的参考书,也可供相关工程技术人员参考使用。

图书在版编目(CIP)数据

数理统计学习指导书/师义民,周旷主编.—西安:西北工业大学出版社,2021.5

ISBN 978-7-5612-6900-8

Ⅰ.①数… Ⅱ.①师… ②周… Ⅲ.①数理统计-研究生-教材 Ⅳ.①O212

中国版本图书馆 CIP 数据核字(2021)第 098332 号

SHULI TONGJI XUEXI ZHIDAOSHU

数 理 统 计 学 习 指 导 书

责任编辑: 万灵芝 **策划编辑:** 杨 军
责任校对: 王梦妮 **装帧设计:** 李 飞
出版发行: 西北工业大学出版社
通信地址: 西安市友谊西路 127 号 **邮编:** 710072
电 话: (029)88491757,88493844
网 址: www.nwpup.com
印 刷 者: 陕西天意印务有限公司
开 本: 787 mm×1092 mm 1/16
印 张: 10.25
字 数: 269 千字
版 次: 2021 年 5 月第 1 版 2021 年 5 月第 1 次印刷
定 价: 39.00 元

前　言

数理统计是高等院校理工、管理、经济类等专业研究生的一门重要基础课程。数理统计包含的内容丰富，理论深刻，且应用广泛。在数理统计的学习中，许多初学者深感理论抽象、习题难做，时常会碰到思路上的障碍。为了满足广大学生学习数理统计课程的需要，笔者根据多年从事研究生数理统计的教学授课经验，编写了本书。

本书按照西北工业大学师义民等编的《数理统计》(第四版)的章节次序来编写。全书共7章，内容包括统计量与抽样分布、参数估计、统计决策与贝叶斯估计、假设检验、方差分析与正交试验设计、回归分析及多元分析初步。每章内容设计了4个版块:内容提要、学习目的与要求、典型例题精解、教材习题详解。

针对学生在学习过程中遇到的问题，本书精选了一些有代表性的典型例题进行详细的解答，帮助学生厘清一些易混淆和易错误的概念。书中还对教材中各章习题进行了详细解答，以帮助学生掌握解题方法和技巧。除此之外，本书附录中还选编了研究生考试模拟试题，并给出详细解答。书中学习目的与基本要求明确清晰，典型例题丰富且具代表性，例题与解答展示了基本的解题思路、解题方法与技巧，可起到释疑解难的作用。

通过本书的学习与训练，读者可以正确理解数理统计的基本概念，掌握解题方法与技巧，提高综合分析问题及解决问题的能力。

本书第1、3、4、6、7章由师义民编写，第2、5章由周旷编写，全书由师义民统稿。编写本书时参考了相关文献资料，在此向其作者深表谢意。

由于水平有限，书中难免存在疏漏与不妥之处，恳请读者批评指正。

编　者

2019年11月

目 录

第 1 章 统计量与抽样分布 …… 1

1.1 内容提要 …… 1
1.2 学习目的与要求 …… 7
1.3 典型例题精解 …… 7
1.4 教材习题详解 …… 16

第 2 章 参数估计 …… 22

2.1 内容提要 …… 22
2.2 学习目的与要求 …… 26
2.3 典型例题精解 …… 26
2.4 教材习题详解 …… 35

第 3 章 统计决策与贝叶斯估计 …… 45

3.1 内容提要 …… 45
3.2 学习目的与要求 …… 51
3.3 典型例题精解 …… 51
3.4 教材习题详解 …… 58

第 4 章 假设检验 …… 62

4.1 内容提要 …… 62
4.2 学习目的与要求 …… 69
4.3 典型例题精解 …… 70
4.4 教材习题详解 …… 76

第 5 章 方差分析与正交试验设计 …… 85

5.1 内容提要 …… 85
5.2 学习目的与要求 …… 99
5.3 典型例题精解 …… 99
5.4 教材习题详解 …… 105

第 6 章　回归分析 …… 111

6.1　内容提要 …… 111
6.2　学习目的与要求 …… 114
6.3　典型例题精解 …… 114
6.4　教材习题详解 …… 120

第 7 章　多元分析初步 …… 127

7.1　内容提要 …… 127
7.2　学习目的与要求 …… 136
7.3　典型例题精解 …… 136
7.4　教材习题详解 …… 143

附录 …… 146

数理统计模拟题 A …… 146
数理统计模拟题 B …… 148
数理统计模拟题 A 解答 …… 150
数理统计模拟题 B 解答 …… 153

参考文献 …… 157

第1章 统计量与抽样分布

1.1 内 容 提 要

1.1.1 数理统计的基本概念

1. 总体和样本

(1) 总体与个体. 在数理统计中，人们把研究对象的全体称为总体(或母体)，组成总体的每一个单元(或元素) 称为个体. 通常用一个随机变量或其分布函数表示总体. 在实际应用中，我们所说的总体通常指某一项或几项数量指标的全体.

(2) 样本及其概率分布. 从总体 X 中随机抽取 n 个个体，记为 $X_1, X_2, \cdots, X_n$，称 $(X_1, X_2, \cdots, X_n)^{\mathrm{T}}$(通常也记为$(X_1, X_2, \cdots, X_n)$) 为取自总体 X 的容量(大小) 为 n 的一个样本. 若 $X_1, X_2, \cdots, X_n$ 相互独立，且每个 X_i 与 X 同分布，则称$(X_1, X_2, \cdots, X_n)$为简单随机样本，简称样本. 以$(x_1, x_2, \cdots, x_n)$ 表示样本的一个观察值，其中 x_i 是确定的数值，$i = 1,2,\cdots,n$. 样本$(X_1, X_2, \cdots, X_n)$的分布函数为 $F(x_1, x_2, \cdots, x_n) = \prod\limits_{i=1}^{n} F(x_i)$，而其概率密度函数为 $f(x_1, x_2, \cdots, x_n) = \prod\limits_{i=1}^{n} f(x_i)$. 样本的分布律为 $P\{X_1 = x_1, X_2 = x_2, \cdots, X_n = x_n\} = \prod\limits_{i=1}^{n} P\{X_i = x_i\}$.

2. 统计量与经验分布函数

(1) 统计量. 设$(X_1, X_2, \cdots, X_n)$为总体 X 的一个简单随机样本，若 $g = g(X_1, X_2, \cdots, X_n)$ 是样本的一个函数，且 g 中不含任何关于总体 X 的未知参数，则称 g 是一个统计量. 常用的统计量 (样本矩) 如下：

1) 样本均值：$\overline{X} = \dfrac{1}{n}\sum\limits_{i=1}^{n} X_i$.

2) 样本方差：$S_n^2 = \dfrac{1}{n}\sum\limits_{i=1}^{n} (X_i - \overline{X})^2$，称 $S_n = \sqrt{\dfrac{1}{n}\sum\limits_{i=1}^{n} (X_i - \overline{X})^2}$ 为样本标准差.

3) 修正样本方差：$S_n^{*2} = \dfrac{1}{n-1}\sum\limits_{i=1}^{n} (X_i - \overline{X})^2$，称 $S_n^* = \sqrt{\dfrac{1}{n-1}\sum\limits_{i=1}^{n} (X_i - \overline{X})^2}$ 为修正样本标准差.

4) 样本 k 阶原点矩：$A_k = \dfrac{1}{n}\sum\limits_{i=1}^{n} (X_i)^k$，$k = 1,2,\cdots$.

5) 样本 k 阶中心矩：$B_k = \frac{1}{n}\sum_{i=1}^{n}(X_i - \overline{X})^k$，$k = 1,2,\cdots$.

由辛钦大数定理知，样本 k 阶原点矩 A_k 依概率收敛于总体的 k 阶原点矩 μ_k，表示为 $A^k = \frac{1}{n}\sum_{i=1}^{n}(X_i)^k \xrightarrow{P} \mu_k$. 又由依概率收敛的序列的性质可知 $g(A_1, A_2, \cdots, A_k) \xrightarrow{P} g(\mu_1, \mu_2, \cdots, \mu_k)$，其中要求总体的 k 阶原点矩 $E(X^k) = \mu_k (k = 1,2,\cdots)$ 必须存在，而 g 为连续函数. 这是矩估计法的理论根据.

(2) 经验分布函数. 设 $(X_1, X_2, \cdots, X_n)$ 是总体 X 的一个样本，$(x_1, x_2, \cdots, x_n)$ 为样本观测值，以 $S_n(x)$ 表示 n 个观测值 $x_1, x_2, \cdots, x_n$ 中小于或等于 x 的个数. 定义经验分布函数 $F_n(x)$ 为

$$F_n(x) = \frac{1}{n}S_n(x)$$

对给定的样本值 $(x_1, x_2, \cdots, x_n)$，$F_n(x)$ 是分布函数. 可以证明：$S_n(x) = nF_n(x)$ 服从二项分布 $B(n, F(x))$，且 $F_n(x)$ 以概率 1 收敛于总体的分布函数 $F(x)$，即 $P\{\lim\limits_{n\to\infty}(\sup\limits_{-\infty<x<+\infty}|F_n(x) - F(x)|) = 0\} = 1$.

1.1.2 充分统计量与完备统计量

1. 充分统计量

设 $(X_1, X_2, \cdots, X_n)$ 是来自总体 X 具有分布函数 $F(x;\theta)$ 的一个样本，$T = T(X_1, X_2, \cdots, X_n)$ 为一个(一维或多维的)统计量，当给定 $T = t$ 时，若样本 $(X_1, X_2, \cdots, X_n)$ 的条件分布(离散总体为条件分布律，连续总体为条件密度)与参数 θ 无关，则称 T 是 θ 的充分统计量. 从统计量的定义可以看出，充分统计量 T 的优点在于：T 中包含了样本中关于参数 θ 的全部信息，因此，要对参数 θ 进行统计推断，只需要从充分统计量 T 出发即可. 这就是充分统计量中"充分"二字的含义.

定理 1.1(因子分解定理) (1) 连续型情况：设总体 X 具有分布密度 $f(x;\theta)$，$(X_1, X_2, \cdots, X_n)$ 是总体的一个样本，$T(X_1, X_2, \cdots, X_n)$ 是一个统计量，则 T 为 θ 的充分统计量的充要条件是：样本的联合分布密度可以分解为

$$L(\theta) = \prod_{i=1}^{n} f(x_i;\theta) = h(x_1, x_2, \cdots, x_n)g(T(x_1, x_2, \cdots, x_n);\theta)$$

其中 $h(x_1, x_2, \cdots, x_n)$ 是 $x_1, x_2, \cdots, x_n$ 的非负函数，且与 θ 无关，g 仅通过 T 依赖于 $x_1, x_2, \cdots, x_n$.

(2) 离散型情况：设总体 X 具有分布律 $P\{X = x_i\} = p(x_i;\theta)(i = 1,2,\cdots)$，$(X_1, X_2, \cdots, X_n)$ 是 X 一个样本，$T(X_1, X_2, \cdots, X_n)$ 是一个统计量，则 T 是 θ 的充分统计量的充要条件是：样本的联合分布律可表示为

$$\begin{aligned} P\{X_1 = x_1, X_2 = x_2, \cdots, X_n = x_n\} &= \prod_{i=1}^{n} P\{X = x_i\} \\ &= h(x_1, x_2, \cdots, x_n)g(T(x_1, x_2, \cdots, x_n);\theta) \end{aligned}$$

其中 $h(x_1, x_2, \cdots, x_n)$ 是 $x_1, x_2, \cdots, x_n$ 的非负函数且与 θ 无关，g 仅通过 T 依赖于样本值 $x_1, x_2, \cdots, x_n$.

定理 1.2　设 $T = T(X_1, X_2, \cdots, X_n)$ 是 θ 的一个充分统计量，$f(t)$ 是单值可逆函数，则 $f(T)$ 也是 θ 的充分统计量.

定理 1.2 说明,一个参数的充分统计量一般不唯一.

2. 完备统计量

(1) 完备分布函数族. 设总体 X 的分布函数族为 $\{F(x;\theta), \theta \in \Theta\}$, $g(x)$ 是一随机变量,如果对一切 $\theta \in \Theta$, $E_\theta[g(X)] = 0$ 成立时总有 $P_\theta\{g(X) = 0\} = 1$,则称 $\{F(x;\theta), \theta \in \Theta\}$ 为完备分布函数族.

(2) 完备统计量. 设 $(X_1, X_2, \cdots, X_n)$ 为来自总体 $F(x;\theta)$ 的一个样本, $\theta \in \Theta$. 若统计量 $T = T(X_1, X_2, \cdots, X_n)$ 的分布函数族 $\{F_T(x;\theta), \theta \in \Theta\}$ 是完备的分布函数族,则称 $T = T(X_1, X_2, \cdots, X_n)$ 为完备统计量.

(3) 充分完备统计量. 如果一个统计量既是充分的,又是完备的,则称它为充分完备统计量. 在寻求总体分布中未知参数的优良估计中,充分完备统计量扮演着重要的角色.

(4) 指数型分布族. 设总体 X 的分布密度为 $f(x;\theta)$,其中 $\theta = (\theta_1, \theta_2, \cdots, \theta_m)$, $(X_1, X_2, \cdots, X_n)$ 为来自 X 的样本,若样本的联合分布密度形式为

$$\prod_{i=1}^{n} f(x_i, \theta) = C(\theta)\exp\{\sum_{j=1}^{m} b_j(\theta) T_j(x_1, x_2, \cdots, x_n)\} h(x_1, x_2, \cdots, x_n) \tag{1.1}$$

且对于 $f(x,\theta)$ 的支撑 $\{x: f(x,\theta) > 0\}$ 不依赖于 θ,其中 $C(\theta)$, $b_j(\theta)$ 只与参数 θ 有关而与样本无关, T_j、h 只与样本有关而与参数 θ 无关,则称 $\{f(x,\theta)\}$ 为指数型分布族. 对于离散型总体,如果其样本的联合分布律可以表达成式(1.1) 的形式,也同样称它为指数型分布族.

注:正态分布族、二项分布族是指数型分布族,但均匀分布族、二参数指数分布族(当位置参数未知时) 不是指数型分布族.

定理 1.3　设总体 X 的分布密度 $f(x,\theta)$ 为指数族分布,即样本的联合密度形式为:

$$\prod_{i=1}^{n} f(x_i;\theta) = C(\theta)\exp\left\{\sum_{j=1}^{m} b_j(\theta) T_j(x_1, x_2, \cdots, x_n\right\} h(x_1, x_2, \cdots, x_n)$$

且对于 $f(x,\theta)$ 的支撑(集合) $\{x: f(x,\theta) > 0\}$ 不依赖于 θ,其中 $\theta = (\theta_1, \theta_2, \cdots, \theta_m)$, $\theta \in \Theta$. 如果 Θ 中包含一个 m 维矩形,而且 $B = (b_1(\theta), b_2(\theta), \cdots, b_m(\theta))$, T 的值域包含一个 m 维开集,则 $T = (T_1(X_1, X_2, \cdots, X_n), T_2(X_1, X_2, \cdots, X_n), \cdots, T_m(X_1, X_2, \cdots, X_n))$, T 是参数 $\theta = (\theta_1, \theta_2, \cdots, \theta_m)$ 的充分完备统计量.

1.1.3　抽样分布

1. χ^2 分布

设随机变量 $X_1, X_2, \cdots, X_n$ 是来自正态总体 $N(0,1)$ 的样本,则称统计量

$$\chi^2 = X_1^2 + X_2^2 + \cdots + X_n^2$$

服从自由度为 n 的 χ^2 分布,记为 $\chi^2 \sim \chi^2(n)$.

χ^2 分布的概率密度函数为

$$f(x) = \begin{cases} \dfrac{1}{2^{\frac{n}{2}}\Gamma\left(\dfrac{n}{2}\right)} e^{-\frac{x}{2}} x^{\frac{n}{2}-1}, & x > 0 \\ 0, & x \leqslant 0 \end{cases}$$

χ^2 分布的性质：

(1) 若 $\chi^2 \sim \chi^2(n)$，则 $E(\chi^2)=n, D(\chi^2)=2n$.

(2) 若随机变量 $\chi_1^2 \sim \chi^2(n_1)$，$\chi_2^2 \sim \chi^2(n_2)$ 且 χ_1^2 与 χ_2^2 相互独立，则 $\chi_1^2+\chi_2^2 \sim \chi^2(n_1+n_2)$.

(3) $\lim\limits_{n\to\infty} P\left\{\dfrac{\chi^2(n)-n}{\sqrt{2n}} \leqslant x\right\} = \int_{-\infty}^{x} \dfrac{1}{\sqrt{2\pi}} e^{-t^2/2} dt = \Phi(x)$.

2. t 分布

若随机变量 $X \sim N(0,1)$，$Y \sim \chi^2(n)$ 且 X,Y 相互独立，则称随机变量

$$T = \frac{X}{\sqrt{Y/n}}$$

服从自由度为 n 的 t 分布，记为 $T \sim t(n)$.

t 分布的概率密度函数为

$$f_T(x) = \frac{\Gamma\left(\frac{n+1}{2}\right)}{\sqrt{n\pi}\,\Gamma\left(\frac{n}{2}\right)} \left(1+\frac{x^2}{n}\right)^{-\frac{n+1}{2}}, \quad -\infty < x < +\infty$$

t 分布的性质：

(1) 若 $T \sim t(n)$，则 $E(T)=0, D(T)=\dfrac{n}{n-2}, n>2$.

(2) 若 $T \sim t(n)$，$f_T(x)$ 为 T 的概率密度函数，则 $\lim\limits_{n\to\infty} f_T(x) = \dfrac{1}{\sqrt{2\pi}} e^{-\frac{x^2}{2}}$.

3. F 分布

若随机变量 $U \sim \chi^2(n_1)$，$V \sim \chi^2(n_2)$，且 U,V 相互独立. 则称随机变量

$$F = \frac{U/n_1}{V/n_2}$$

服从自由度为 (n_1,n_2) 的 F 分布，记为 $F \sim F(n_1,n_2)$.

F 分布的概率密度函数为

$$f_F(x) = \begin{cases} \dfrac{\Gamma\left(\frac{n_1+n_2}{2}\right)}{\Gamma\left(\frac{n_1}{2}\right)\Gamma\left(\frac{n_2}{2}\right)} \cdot \dfrac{n_1}{n_2} \left(\dfrac{n_1}{n_2}x\right)^{\frac{n_1}{2}-1} \left(1+\dfrac{n_1}{n_2}x\right)^{-\frac{n_1+n_2}{2}}, & x>0 \\ 0, & x \leqslant 0 \end{cases}$$

F 分布的性质：

(1) 若 $F \sim F(n_1,n_2)$，则：$E(F)=\dfrac{n_2}{n_2-2}, n_2>2$；$D(F)=\dfrac{2n_2^2(n_1+n_2-2)}{n_1(n_2-2)^2(n_2-4)}, n_2>4$.

(2) 若 $F \sim F(n_1,n_2)$，则 $\dfrac{1}{F} \sim F(n_2,n_1)$.

(3) 若 $F \sim F(n_1,n_2)$，则对任意 x，当 $n_2>4$ 时，有

$$\lim_{n_1\to\infty} P\left\{\frac{F-E(F)}{\sqrt{D(F)}} \leqslant x\right\} = \int_{-\infty}^{x} \frac{1}{\sqrt{2\pi}} e^{-\frac{t^2}{2}} dt$$

4. 概率分布的分位数

设 X 为随机变量，对于给定的 $\alpha(0<\alpha<1)$，称满足条件 $P\{X>x_\alpha\}=\alpha$ 的实数 x_α 为 X

的上 α 分位数(或分位点).

若 $U \sim N(0,1)$,则其上 α 分位点 u_α 满足 $P\{U > u_\alpha\} = \alpha$,且有 $u_{1-\alpha} = -u_\alpha$.

若 $T \sim t(n)$,则其上 α 分位点 $t_\alpha(n)$ 满足 $P\{T > t_\alpha(n)\} = \alpha$,且有 $t_{1-\alpha}(n) = -t_\alpha(n)$.

若 $F \sim F(n_1,n_2)$,则其上 α 分位点满足 $P\{F > F_\alpha(n_1,n_2)\} = \alpha$,且有 $F_{1-\alpha}(n_1,n_2) = \dfrac{1}{F_\alpha(n_2,n_1)}$.

5. 正态总体样本均值和样本方差的分布

定理 1.4　设 $X_1,X_2,\cdots,X_n$ 是来自正态总体 $N(\mu,\sigma^2)$ 的样本,$\overline{X}$ 和 S_n^2 分别为样本均值与样本方差,S_n^{*2} 为修正样本方差,则有:

(1) $\dfrac{\overline{X}-\mu}{\sigma}\sqrt{n}$ 服从 $N(0,1)$ 分布;

(2) $\dfrac{1}{\sigma^2}\sum\limits_{i=1}^{n}(X_i-\overline{X})^2 = \dfrac{(n-1)S_n^{*2}}{\sigma^2} = \dfrac{nS_n^2}{\sigma^2}$ 服从 $\chi^2(n-1)$ 分布;

(3) $\overline{X}$ 与 S_n^2 相互独立;

(4) $T = \dfrac{\overline{X}-\mu}{S/\sqrt{n}}$ 服从 $t(n-1)$ 分布.

定理 1.5　设 $X_1,X_2,\cdots,X_{n_1},Y_1,Y_2,\cdots,Y_{n_2}$ 分别是来自正态总体 $N(\mu_1,\sigma_1^2)$ 和 $N(\mu_2,\sigma_2^2)$ 的样本,且两样本相互独立. 设 $\overline{X} = \dfrac{1}{n_1}\sum\limits_{i=1}^{n_1}X_i$,$\overline{Y} = \dfrac{1}{n_2}\sum\limits_{i=1}^{n_2}Y_i$,$S_1^2 = \dfrac{1}{n_1-1}\sum\limits_{i=1}^{n_1}(X_i-\overline{X})^2$,$S_2^2 = \dfrac{1}{n_2-1}\sum\limits_{i=1}^{n_2}(Y_i-\overline{Y})^2$,$S_w = \sqrt{\dfrac{(n_1-1)S_1^2+(n_2-1)S_2^2}{n_1+n_2-2}}$. 则有:

(1) 若 $\sigma_1^2 = \sigma_2^2 = \sigma^2$(其中 σ^2 未知),则

$$T = \frac{(\overline{X}-\overline{Y})-(\mu_1-\mu_2)}{S_w\sqrt{\dfrac{1}{n_1}+\dfrac{1}{n_2}}}$$

服从 $t(n_1+n_2-2)$ 分布;

(2) $\dfrac{S_1^2/S_2^2}{\sigma_1^2/\sigma_2^2}$ 服从 $F(n_1-1,n_2-1)$ 分布.

1.1.4　次序统计量、样本中位数和极差

1. 次序统计量

设总体 X 的分布函数为 $F(x)$ (或分布密度为 $f(x)$),样本为 $(X_1,X_2,\cdots,X_n)$,样本值为 $(x_1,x_2,\cdots,x_n)$. 将样本值由小到大排列并重新编号,记为 $x_{(1)},x_{(2)},\cdots,x_{(n)}$. 显然 $x_{(1)} \leqslant x_{(2)} \leqslant \cdots \leqslant x_{(n)}$,定义 $X_{(k)}$ 的取值为 $x_{(k)}$,$k=1,2,\cdots,n$. 这样得到 $X_{(1)},X_{(2)},\cdots,X_{(n)}$,称 $(X_{(1)},X_{(2)},\cdots,X_{(n)})$ 为样本 $(X_1,X_2,\cdots,X_n)$ 的次序统计量.

显然

$$X_{(1)} \leqslant X_{(2)} \leqslant \cdots \leqslant X_{(n)}$$

$X_{(1)} = \min\limits_{1\leqslant i\leqslant n}\{X_i\}$ 为最小次序统计量,$X_{(n)} = \max\limits_{1\leqslant i\leqslant n}\{X_i\}$ 为最大次序统计量.

注:次序统计量是充分统计量.

定理 1.6　设总体 X 的分布密度为 $f(x)$(或分布函数为 $F(x)$),$(X_1,X_2,\cdots,X_n)$ 为来自

总体 X 的样本，则第 k 个次序统计量 $X_{(k)}$ 的分布密度为

$$f_{X_{(k)}}(x)=\frac{n!}{(k-1)!(n-k)!}[F(x)]^{k-1}[1-F(x)]^{n-k}f(x),\ k=1,2,\cdots,n$$

可以证明，最小次序统计量 $X_{(1)}$ 和最大次序统计量 $X_{(n)}$ 的分布函数分别为

$$F_{X_{(1)}}(x)=1-[1-F(x)]n,\quad F_{X_{(n)}}(x)=[F(x)]n$$

$X_{(1)}$ 和 $X_{(n)}$ 的分布密度分别为

$$f_{X_{(1)}}(x)=n[1-F(x)]^{n-1}f(x),\quad f_{X_{(n)}}(x)=n[F(x)]^{n-1}f(x)$$

$X_{(1)}$，$X_{(n)}$ 的分布统称为极值分布，该分布可直接从 X 的分布函数出发，利用 $X_{(1)}$ 和 $X_{(n)}$ 的定义推出.

定理 1.7 设总体 X 的分布密度为 $f(x)$（或分布函数为 $F(x)$），$(X_1,X_2,\cdots,X_n)$ 为来自总体 X 的样本，则次序统计量 $X_{(1)},X_{(2)},\cdots,X_{(n)}$ 的联合分布密度为

$$f(y_1,y_2,\cdots,y_n)=\begin{cases}n!\prod\limits_{i=1}^{n}f(y_i), & y_1<y_2<\cdots<y_n\\ 0, & \text{其他}\end{cases}$$

定理 1.8 设总体 X 的分布密度 $f(x)$（或分布函数为 $F(x)$），$X_1,X_2,\cdots,X_n$ 为来自总体 X 的样本，则 $(X_{(1)},X_{(n)})$ 的联合分布密度为

$$f_{(X_{(1)},X_{(n)})}(x,y)=\begin{cases}n(n-1)[F(y)-F(x)]^{n-2}f(x)f(y), & x<y\\ 0, & x\geqslant y\end{cases}$$

2. 样本中位数和样本极差

设 $X_1,X_2,\cdots,X_n$ 是来自总体 X 的样本，$(X_{(1)},X_{(2)},\cdots,X_{(n)})$ 是次序统计量，则样本中位数的定义为

$$\widetilde{X}=\begin{cases}X_{(\frac{n+1}{2})}, & n\text{ 为奇数}\\ \frac{1}{2}[X_{(\frac{n}{2})}+X_{(\frac{n}{2}+1)}], & n\text{ 为偶数}\end{cases}$$

它的观察值为

$$\widetilde{x}=\begin{cases}x_{(\frac{n+1}{2})}, & n\text{ 为奇数}\\ \frac{1}{2}[x_{(\frac{n}{2})}+x_{(\frac{n}{2}+1)}], & n\text{ 为偶数}\end{cases}$$

由定义知，当 n 为奇数时，样本中位数取 $X_{(1)},X_{(2)},\cdots,X_{(n)}$ 正中间的那个数，当 n 为偶数时，样本中位数取正中间两个数的算术平均值. 样本中位数与样本均值一样是刻画样本位置特征的量，而且它的计算方便且不受样本中异常值的影响，有时比样本均值更具代表性.

样本极差定义为

$$R=X_{(n)}-X_{(1)}=\max_{1\leqslant x\leqslant n}X_i-\min_{1\leqslant x\leqslant n}X_i$$

它的值为

$$r=x_{(n)}-x_{(1)}=\max_{1\leqslant x\leqslant n}x_i-\min_{1\leqslant x\leqslant n}x_i$$

即样本极差是样本中最大值与最小值之差，它与样本方差一样是反映样本值的变化幅度或离散程度的数字特征，而且计算方便，所以在实际中有广泛的应用.

1.2　学习目的与要求

(1) 理解总体、样本、抽样、简单随机样本、统计量、次序统计量及经验分布函数的概念.

(2) 掌握样本均值、样本方差、样本矩和经验分布函数的计算.

(3) 理解充分统计量、完备统计量的概念,掌握因子分解定理.

(4) 掌握 χ^2 分布、t 分布和 F 分布的定义,以及三种分布的性质.了解分位数的概念并会查表计算.

(5) 熟练掌握正态总体的抽样分布定理,以及非正态总体样本均值与样本方差的渐近分布.

(6) 理解样本中位数及样本极差的概念,掌握计算方法.

1.3　典型例题精解

例 1-1　设总体 X 服从参数为 p 的几何分布,p 为未知参数,$X_1,X_2,\cdots,X_n$ 为来自 X 的样本.

(1) 写出样本$(X_1,X_2,\cdots,X_n)$的联合分布律;

(2) 指出下列随机变量中,哪些是统计量,哪些不是统计量,为什么?

(a) $\dfrac{1}{4}(2X_1+X_2)$,　(b) $\min(X_1,X_2,\cdots,X_n)$,

(c) $\sum\limits_{i=1}^{n}(X_i-p)^2$,　(d) $p^2\sum\limits_{i=1}^{n}(X_i-\overline{X})^2$,其中 $\overline{X}=\dfrac{1}{n}\sum\limits_{i=1}^{n}X_i$.

【解】(1) 因为 X 的分布律为 $P\{X=x\}=p(1-p)^{x-1},x=1,2,\cdots$,所以样本$(X_1,X_2,\cdots,X_n)$的联合分布律为

$$\prod_{i=1}^{n}p(1-p)^{x_i-1}=p^n(1-p)^{\sum\limits_{i=1}^{n}x_i-n},x_i=1,2,\cdots$$

(2) 若样本的函数 $g(X_1,X_2,\cdots,X_n)$ 中不含任何未知参数,则称 $g(X_1,X_2,\cdots,X_n)$ 为一个统计量,因为 p 未知,所以(a)(b) 是统计量,(c)(d) 不是统计量.

例 1-2　设总体 X 的概率密度函数为 $f(x)=\begin{cases}3x^2, & 0\leqslant x\leqslant 1\\ 0, & 其他\end{cases}$,$X_1,X_2,\cdots,X_n$ 为来自 X 的样本,求 $D(X_i+\overline{X})$ 及 ES_n^2.

【解】$EX=\int_0^1 3x^3\,\mathrm{d}x=\dfrac{3}{4}$, $EX^2=\int_0^1 3x^4\,\mathrm{d}x=\dfrac{3}{5}$,$DX=EX^2-(EX)^2=\dfrac{3}{5}-\dfrac{9}{16}=\dfrac{3}{80}$.

$$\begin{aligned}D(X_i+\overline{X})&=DX_i+D\overline{X}+2\mathrm{Cov}(X_i,\overline{X})=DX+\frac{1}{n}DX+2\,\frac{1}{n}DX\\&=\frac{n+3}{n}DX=\frac{3(n+3)}{80n}\end{aligned}$$

$$ES_n^2=\frac{n-1}{n}DX=\frac{3(n-1)}{80n}$$

例 1-3　设 $X_1,X_2,\cdots,X_n$ 是取自总体 X 的一个样本,在下列三种情形下分别求出 $E(\overline{X})$,

$D(\overline{X}), E(S_n^{*2})$.

(1) $X \sim B(1,p)$；

(2) $X \sim \exp(\lambda)$；

(3) $X \sim U(0,\theta)$，其中 $\theta > 0$.

【解】(1) $X \sim B(1,p)$，则 $E(X) = p, D(X) = p(1-p)$，故

$$E(\overline{X}) = EX = p,\quad D(\overline{X}) = \frac{DX}{n} = \frac{1}{n}p(1-p),\quad E(S_n^{*2}) = DX = p(1-p)$$

(2) $X \sim \exp(\lambda)$，则 $E(X) = \frac{1}{\lambda}, D(X) = \frac{1}{\lambda^2}$，从而得

$$E(\overline{X}) = EX = \lambda, D(\overline{X}) = \frac{DX}{n} = \frac{1}{n\lambda^2}, E(S_n^{*2}) = DX = \frac{1}{\lambda^2}$$

(3) $X \sim U(0,\theta)$，则 $E(X) = \frac{\theta}{2}, D(X) = \frac{\theta^2}{12}$，从而得

$$E(\overline{X}) = \frac{\theta}{2}, D(\overline{X}) = \frac{\theta^2}{12n}, E(S_n^{*2}) = \frac{\theta^2}{12}$$

例 1-4 随机观察总体 X，得到一个容量为 10 的样本值：

$$3.2, 2.5, -2, 2.5, 0, 3, 2, 2.5, 2, 4$$

求 X 的经验分布函数.

【解】把样本值按从小到大的顺序排列为

$$-2 < 0 < 2 = 2 < 2.5 = 2.5 = 2.5 < 3 < 3.2 < 4$$

于是，得经验分布函数为

$$F_{10}(x) = \begin{cases} 0, & x < -2 \\ 1/10, & -2 \leqslant x < 0 \\ 2/10, & 0 \leqslant x < 2 \\ 4/10, & 2 \leqslant x < 2.5 \end{cases};\quad F_{10}(x) = \begin{cases} 7/10, & 2.5 \leqslant x < 3 \\ 8/10, & 3 \leqslant x < 3.2 \\ 9/10, & 3.2 \leqslant x < 4 \\ 1, & x \geqslant 4 \end{cases}$$

例 1-5 设总体 X 的分布函数为 $F(x)$，经验分布函数为 $F_n(x)$，试证：

$$E[F_n(x)] = F(x),\quad D[F_n(x)] = \frac{1}{n}F(x)[1-F(x)]$$

【证明】因为

$$P\{nF_n(x) = k\} = C_n^k F^k(x)[1-F(x)]^{n-k}, k = 0,1,2,\cdots,n$$

所以 $E[nF_n(x)] = nF(x), D[nF(x)] = nF(x)[1-F(x)]$，从而

$$E[F_n(x)] = F(x),\quad D[F_n(x)] = \frac{1}{n}F(x)[1-F(x)]$$

例 1-6 设总体 X 服从二项分布 $B(N,p)$，$(X_1,\cdots,X_n)^{\mathrm{T}}$ 为来自 X 的样本. 证明：样本均值 $\overline{X}$ 是参数 p 的充分完备统计量.

【解】X 的分布律为 $P\{X = x\} = C_N^x p^x (1-P)^{N-x}, x = 0,1,2,\cdots,N$，故样本的联合分布律为

$$\prod_{i=1}^{n} C_N^{x_i} p^{x_i} (1-p)^{N-x_i} = \prod_{i=1}^{n} C_N^{x_i} p^{\sum_{i=1}^{n} x_i} (1-p)^{Nn-\sum_{i=1}^{n} x_i}$$

$$= (1-p)^{Nn} \prod_{i=1}^{n} C_N^{x_i} \left(\frac{p}{1-p}\right)^{\sum_{i=1}^{n} x_i}$$

$$= (1-p)^{Nn} \prod_{i=1}^{n} C_N^{x_i} e^{(\frac{1}{n}\sum_{i=1}^{n} x_i)[n\ln(\frac{p}{1-p})]}$$

令

$$C(p) = (1-p)^{Nn}, \quad h(x) = \prod_{i=1}^{n} C_N^{x_i}, \quad T(x) = \frac{1}{n}\sum_{i=1}^{n} X_i, \quad b(p) = n\ln\frac{p}{1-p}$$

其中 $x=(x_1,\cdots,x_n)$. 由指数型分布族的定义知二项分布族是指数型分布族,从而知 $T(x) = \frac{1}{n}\sum_{i=1}^{n} X_i = \overline{X}$ 是参数 p 的充分完备统计量.

例 1-7　设 $X_1,X_2,\cdots,X_n$ 是来自总体 X 的一个样本,X 的分布密度为

$$f(x) = \begin{cases} \frac{2x}{\theta}e^{-x^2/\theta}, & x>0 \\ 0, & \text{其他} \end{cases}, \theta > 0 \text{ 为未知参数}$$

证明:$\sum_{i=1}^{n} X_i^2/n$ 是参数 θ 的充分完备统计量.

【证明】样本的联合分布密度为

$$\prod_{i=1}^{n} f(x_i) = 2^n \prod_{i=1}^{n} x_i/\theta^n \exp\left\{-\sum_{i=1}^{n} x_i^2/\theta\right\}$$

$$= \frac{2^n}{\theta^n}\exp\left\{-\frac{n}{\theta}(\sum_{i=1}^{n} x_i^2/n)\right\}\prod_{i=1}^{n} x_i$$

令

$$C(\theta) = \frac{2^n}{\theta^n}, T(x) = \sum_{i=1}^{n} x_i^2/n, b(\theta) = -\frac{n}{\theta}, h(x) = \prod_{i=1}^{n} x_i$$

其中 $x=(x_1,x_2,\cdots,x_n)$. 由指数型分布族的定义知该分布族是指数型分布族,从而知 $\sum_{i=1}^{n} X_i^2/n$ 是 θ 的充分完备统计量.

例 1-8　设 $X_1,X_2,\cdots,X_n$ 是来自总体 X 的一个样本,X 服从均匀分布 $U(0,\theta)$,试证:最大次序统计量 $X_{(n)}$ 是 θ 的充分完备统计量.

【解】样本的联合分布密度为

$$\prod_{i=1}^{n} f(x_i) = \begin{cases} \prod_{i=1}^{n} \frac{1}{\theta}, & 0 < x_{(1)} \leqslant x_{(n)} < \theta \\ 0, & \text{其他} \end{cases}$$

$$= \begin{cases} \theta^{-n}, & 0 < x_{(1)} \leqslant x_{(n)} < \theta \\ 0, & \text{其他} \end{cases}$$

$$= \theta^{-n} I_{(0,\theta)}(x_{(n)})$$

其中,$x_{(1)}$,$x_{(n)}$ 分别为最小、最大次序统计量的取值,$I_{(0,\theta)}(x)$ 为示性函数,即

$$I_{(0,\theta)}(x) = \begin{cases} 1, & 0 < x < \theta \\ 0, & \text{其他} \end{cases}$$

由因子分解定理知,$X_{(n)}$ 是 θ 的充分统计量. 其分布密度为

$$f_{X_{(n)}}(x) = \begin{cases} \frac{n}{\theta^n}x^{n-1}, & 0 < x < \theta \\ 0, & \text{其他} \end{cases}$$

下面证明 $T = X_{(n)}$ 为 θ 的完备统计量.

设存在函数 $g(T)$ 使 $E[g(T)] = 0$, 即

$$E(g(T)) = \int_0^\theta g(t)\,\frac{nt^{n-1}}{\theta^n}\mathrm{d}t = 0$$

但 $n/\theta^n \neq 0$,故

$$\int_0^\theta g(t)t^{n-1}\mathrm{d}t = 0$$

上式两边关于 θ 求导得 $g(\theta)\theta^{n-1} = 0$, 故 $g(\theta) = 0$,即 $T = X_{(n)}$ 为 θ 的完备统计量.

前面已经证明 $T = X_{(n)}$ 为 θ 的充分统计量,故 $X_{(n)}$ 是 θ 的充分完备统计量.

例 1-9 设总体 X 服从正态分布 $N(0,\sigma^2)$, $X_1, X_2, \cdots, X_7$ 为来自 X 的样本,求常数 a, b 使随机变量 $Y = a\left(\sum_{i=1}^{3} X_i\right)^2 + b\left(\sum_{i=4}^{7} X_i\right)^2$ 服从 χ^2 分布.

【解】因 $X_1, X_2, \cdots, X_7$ 相互独立且服从正态分布 $N(0,\sigma^2)$,故

$$\sum_{i=1}^{3} X_i \sim N(0,3\sigma^2),\ \sum_{i=4}^{7} X_i \sim N(0,4\sigma^2)$$

$$\left(\sum_{i=1}^{3} X_i/\sqrt{3}\sigma\right)^2 \sim \chi^2(1),\ \left(\sum_{i=4}^{7} X_i/\sqrt{4}\sigma\right)^2 \sim \chi^2(1)$$

所以 $\frac{1}{3\sigma^2}\left(\sum_{i=1}^{3} X_i\right)^2 + \frac{1}{4\sigma^2}\left(\sum_{i=4}^{7} X_i\right)^2 \sim \chi^2(2)$,则 $a = \frac{1}{3\sigma^2}$, $b = \frac{1}{4\sigma^2}$.

例 1-10 设总体 X 服从均匀分布 $U[0,1]$, $X_1, X_2, \cdots, X_n$ 为来自 X 的样本.

(1) 证明:$Y = -2\ln X \sim \chi^2(2)$;

(2) 求统计量 $T = -2\sum_{i=1}^{n} \ln X_i$ 的概率分布.

【解】(1) X 的概率密度函数为

$$f_X(x) = \begin{cases} 1, & 0 \leqslant x \leqslant 1 \\ 0, & \text{其他} \end{cases}$$

$Y = -2\ln X$ 的反函数为 $x = \mathrm{e}^{-\frac{y}{2}}$,故

$$\begin{aligned} f_Y(y) &= f_X(\mathrm{e}^{-\frac{y}{2}})\,|\,(\mathrm{e}^{-\frac{y}{2}})'\,| \\ &= \begin{cases} \frac{1}{2}\mathrm{e}^{-\frac{y}{2}}, & y > 0 \\ 0, & y \leqslant 0 \end{cases} \\ &= \begin{cases} \dfrac{1}{2^{\frac{2}{2}}\Gamma(\frac{2}{2})} y^{\frac{2}{2}-1}\mathrm{e}^{-\frac{y}{2}}, & y > 0 \\ 0, & y \leqslant 0 \end{cases} \end{aligned}$$

即 $Y = -2\ln X \sim \chi^2(2)$.

(2) 由于样本 $X_1, X_2, \cdots, X_n$ 独立且均服从均匀分布 $U[0,1]$,从而由(1) 得 $-2\ln X_1$, $-2\ln X_2, \cdots, -2\ln X_n$ 相互独立,且均服从卡方分布 $\chi^2(2)$.

由 χ^2 分布的可加性得 $T = -2\sum_{i=1}^{n} \ln X_i \sim \chi^2(2n)$. T 的概率密度函数为

$$f(x)=\begin{cases}\dfrac{1}{2^n\Gamma(n)}x^{n-1}\mathrm{e}^{-\frac{x}{2}}, & x>0\\ 0, & x\leqslant 0\end{cases}$$

例 1-11　设总体 X 服从正态分布 $N(2,2)$，$X_1,X_2,\cdots,X_7$ 为来自 X 的样本，求统计量 $Y=\dfrac{1}{7}\sum\limits_{i=1}^{7}(X_i-2)^2$ 的分布密度.

【解】 $Y=\dfrac{2}{7}\sum\limits_{i=1}^{7}\left(\dfrac{X_i-2}{\sqrt{2}}\right)^2=\dfrac{2}{7}\chi_7^2$，其中 $\chi_7^2\sim\chi^2(7)$. Y 的分布密度为

$$\begin{aligned}f_Y(y)&=f_{\chi_7^2}\left(\frac{7y}{2}\right)\left|\left(\frac{7y}{2}\right)'\right|\\&=\frac{7}{2}f_{\chi_7^2}\left(\frac{7y}{2}\right)\\&=\begin{cases}\dfrac{7}{2\times 2^{\frac{7}{2}}\Gamma\left(\dfrac{7}{2}\right)}\left(\dfrac{7y}{2}\right)^{\frac{7}{2}-1}\mathrm{e}^{-\frac{7y}{2\times 2}}, & y>0\\ 0, & y\leqslant 0\end{cases}\end{aligned}$$

例 1-12　设总体 X 服从正态分布 $N(0,\sigma^2)$，$X_1,X_2,\cdots,X_n,X_{n+1}$ 为来自 X 的样本.

(1) 求 $Y=\dfrac{1}{\sigma^2}\left[\sum\limits_{i=1}^{m}X_i^2+\dfrac{1}{n-m+1}\left(\sum\limits_{i=m+1}^{n+1}X_i\right)^2\right]$的概率分布及 EY,DY；

(2) 求 $Z=\left(X_{m+1}-\dfrac{1}{m}\sum\limits_{i=m+1}^{2m}X_i\right)^2/S_m^2$ 的概率分布，其中 $S_m^2=\dfrac{1}{m}\sum\limits_{i=1}^{m}(X_i-\overline{X})^2$，$\overline{X}=\dfrac{1}{m}\sum\limits_{i=1}^{m}X_i$.

【解】(1) $\dfrac{1}{\sigma^2}\sum\limits_{i=1}^{m}X_i^2\sim\chi^2(m)$，$\dfrac{1}{(n-m+1)\sigma^2}\left(\sum\limits_{i=m+1}^{n+1}X_i\right)^2\sim\chi^2(1)$ 且两者独立，故

$$Y=\frac{1}{\sigma^2}\left[\sum_{i=1}^{m}X_i^2+\frac{1}{n-m+1}\left(\sum_{i=m+1}^{n+1}X_i\right)^2\right]\sim\chi^2(m+1)$$

$$EY=m+1,\quad DY=2(m+1)$$

(2) 因为
$$\left(X_{m+1}-\frac{1}{m}\sum_{i=m+1}^{2m}X_i\right)\sim N\left(0,\left(1-\frac{1}{m}\right)\sigma^2\right)$$

$\dfrac{m}{(m-1)\sigma^2}\left(X_{m+1}-\dfrac{1}{m}\sum\limits_{i=m+1}^{2m}X_i\right)^2\sim\chi^2(1)$，$\dfrac{mS_m^2}{\sigma^2}\sim\chi^2(m-1)$ 且两者独立，所以

$$Z=\left(X_{m+1}-\frac{1}{m}\sum_{i=m+1}^{2m}X_i\right)^2/S_m^2\sim F(1,m-1)$$

例 1-13　设 $X_1,X_2,\cdots,X_n$ 为来自正态总体 $N(\mu,\sigma^2)$ 的样本，令 $d=\dfrac{1}{n}\sum\limits_{i=1}^{n}|X_i-\mu|$，试证：

(1) $E(d)=\sqrt{\dfrac{2}{\pi}}\sigma$；

(2) $D(d)=\left(1-\dfrac{2}{\pi}\right)\dfrac{\sigma^2}{n}$.

【证明】(1) $X\sim N(\mu,\sigma^2)$，则 $X_i-\mu\sim N(0,\sigma^2)$.

$$E(d)=E\left(\frac{1}{n}\sum_{i=1}^{n}|X_i-\mu|\right)=\frac{1}{n}\sum_{i=1}^{n}E|X_i-\mu|$$

$$E|X_i-\mu|=\frac{1}{\sqrt{2\pi}\sigma}\int_{-\infty}^{+\infty}|y|e^{-\frac{y^2}{2\sigma^2}}dy=\sqrt{\frac{2}{\pi}}\frac{1}{\sigma}\int_0^{+\infty}ye^{-\frac{y^2}{2\sigma^2}}dy$$

$$=-\sqrt{\frac{2}{\pi}}\frac{1}{\sigma}\frac{2\sigma^2}{2}\int_0^{+\infty}e^{-\frac{y^2}{2\sigma^2}}d\left(-\frac{y^2}{2\sigma^2}\right)=-\sqrt{\frac{2}{\pi}}\sigma e^{-\frac{y^2}{2\sigma^2}}\Big|_0^{+\infty}=\sqrt{\frac{2}{\pi}}\sigma$$

所以 $E(d)=\frac{1}{n}\sum_{i=1}^{n}\sqrt{\frac{2}{\pi}}\sigma=\frac{1}{n}n\sqrt{\frac{2}{\pi}}\sigma=\sqrt{\frac{2}{\pi}}\sigma$.

(2) $E(X_i-\mu)^2=D(X_i-\mu)+E^2(X_i-\mu)=\sigma^2$,所以

$$D|X_i-\mu|=E(|X_i-\mu|^2)-E^2|X_i-\mu|=\sigma^2-\frac{2}{\pi}\sigma^2=\left(1-\frac{2}{\pi}\right)\sigma^2$$

所以

$$D(d)=D\left(\frac{1}{n}\sum_{i=1}^{n}|X_i-\mu|\right)=\frac{1}{n^2}D\left(\sum_{i=1}^{n}|X_i-\mu|\right)$$

$$=\frac{1}{n^2}\sum_{i=1}^{n}D|X_i-\mu|=\frac{1}{n^2}n\left(1-\frac{2}{\pi}\right)\sigma^2=\left(1-\frac{2}{\pi}\right)\frac{\sigma^2}{n}$$

例 1-14 设总体 X 服从标准正态分布,$X_1,X_2,\cdots,X_n$ 是取自总体 X 的样本.

(1) 求样本方差 S_n^2 的概率密度函数;

(2) 求样本标准差 S_n 的概率密度函数.

【解】(1) 令 $Y=nS_n^2$,则 $Y\sim\chi^2(n-1)$,S_n^2 的分布函数为

$$\begin{cases}F_{S_n^2}(x)=P(S_n^2\leqslant x)=P(Y\leqslant nx)=F_Y(nx),x>0\\F_{S_n^2}(x)=P(S_n^2\leqslant x)=0,x\leqslant 0.\end{cases}$$

于是得 S_n^2 的概率密度函数为

$$f_{S_n^2}(x)=F'_Y(nx)n=nf_Y(nx)$$

$$=\begin{cases}\dfrac{n^{(n-1)/2}x^{[(n-1)/2]-1}}{2^{(n-1)/2}\Gamma[(n-1)/2]}\exp(-nx/2), & x>0\\0, & x\leqslant 0\end{cases}$$

(2)S_n 的分布函数为

$$F_{S_n}(x)=P(S_n\leqslant x)$$

$$\begin{cases}x\leqslant 0\text{ 时},F_{S_n}(x)=0\\x>0\text{ 时},P(S_n\leqslant x)=P(S_n^2\leqslant x^2)=F_{S_n^2}(x^2)\end{cases}$$

S_n 的概率分布密度为

$$f_{S_n}(x)=2xF'_{S_n^2}(x^2)=2xf_{S_n^2}(x^2)$$

$$=\begin{cases}\dfrac{(2x)n^{(n-1)/2}x^{[(n-1)]-2}}{2^{(n-1)/2}\Gamma[(n-1)/2]}\exp(-nx^2/2), & x>0\\0, & x\leqslant 0\end{cases}$$

例 1-15 设 $T\sim t(n)$,求证 $T^2\sim F(1,n)$.

【证明】由 t 分布的定义可知,若 $U\sim N(0,1)$,$V\sim\chi^2(n)$,且 U 与 V 相互独立,则 $T=\frac{U}{\sqrt{V/n}}\sim t(n)$,这时 $T^2=\frac{U^2}{V/n}$,其中,$U^2\sim\chi^2(1)$.

由 F 分布的定义可知，$T^2=\dfrac{U^2}{V/n}\sim F(1,n)$.

例 1－16　设总体 X 服从标准正态分布，$X_1,X_2,\cdots,X_n$ 是来自总体 X 的一个简单随机样本，试问统计量 $Y=(\frac{n}{5}-1)\sum\limits_{i=1}^{5}X_i^2/\sum\limits_{i=6}^{n}X_i^2,n>5$ 服从何种分布？

【解】由于 $\chi_i^2=\sum\limits_{i=1}^{5}X_i^2\sim\chi^2(5),\chi_2^2=\sum\limits_{i=1}^{n}X_i^2\sim\chi^2(n-5)$，且 χ_1^2 与 χ_2^2 相互独立，所以 $Y=\dfrac{\chi_1^2/5}{\chi_2^2/(n-5)}\sim F(5,n-5)$.

例 1－17　设随机变量 X 和 Y 相互独立，且都服从正态分布 $N(0,3^2)$，而 $X_1,X_2,\cdots,X_9$ 和 $Y_1,Y_2,\cdots,Y_9$ 分别是来自总体 X 和 Y 的简单随机样本，试求统计量 $U=\dfrac{X_1+X_2+\cdots+X_9}{\sqrt{Y_1^2+Y_2^2+\cdots+Y_9^2}}$ 的概率分布.

【解】　因为 $\dfrac{X_1+X_2+\cdots+X_9}{9}\sim N(0,1),\dfrac{Y_1^2+Y_2^2+\cdots+Y_9^2}{9}\sim\chi^2(9)$，而 $t=\dfrac{X}{\sqrt{Y/n}}\sim t(n)$，故 $U\sim t(9)$.

例 1－18　设 $X_1,X_2,\cdots,X_9$ 是来自正态总体的简单随机样本，则

$$Y_1=\frac{X_1+X_2+\cdots+X_6}{6},Y_2=\frac{X_7+X_8+X_9}{3}$$

$$S^2=\frac{1}{2}\sum_{i=7}^{9}(X_i-Y_2)^2,Z^2=\sqrt{2}(Y_1-Y_2)/S$$

证明：统计量 Z 服从自由度为 2 的 t 分布.

【证明】通过计算方差及期望可知 $U=\dfrac{Y_1-Y_2}{\sigma/\sqrt{2}}\sim N(0,1)$，由正态总体样本方差的性质知，$\chi^2=2S^2/\sigma^2\sim\chi^2(2)$ 且 Y_1-Y_2 与 S^2 相互独立，从而 $Z=\sqrt{2}(Y_1-Y_2)/S=U/\sqrt{\chi^2/2}\sim t(2)$.

例 1－19　设总体 $X\sim N(\mu_1,\sigma^2)$，总体 $Y\sim N(\mu_2,\sigma^2)$，且 X 与 Y 相互独立. $X_1,X_2,\cdots,X_{n_1}$ 和 $Y_1,Y_2,\cdots,Y_{n_2}$ 分别是来自总体 X 和 Y 的简单随机样本，求 $E\left[\dfrac{\sum\limits_{i=1}^{n_1}(X_i-\overline{X})^2+\sum\limits_{j=1}^{n_2}(Y_j-\overline{Y})^2}{n_1+n_2-2}\right]$.

【解】令　$S_1^2=\dfrac{1}{n_1-1}\sum\limits_{i=1}^{n_1}(X_i-\overline{X})^2,S_2^2=\dfrac{1}{n_2-1}\sum\limits_{j=1}^{n_2}(Y_i-\overline{Y})$

则
$$\sum_{i=1}^{n_1}(X_i-\overline{X})^2=(n_1-1)S_1^2,\quad\sum_{j=1}^{n_2}(y_j-\overline{y})^2=(n_2-1)S_2^2$$

又
$$\chi_1^2=\frac{(n_1-1)S_1^2}{\sigma^2}\sim\chi^2(n_1-1),\quad\chi_2^2=\frac{(n_2-1)S_2^2}{\sigma^2}\sim\chi^2(n_2-1)$$

那么
$$E\left[\frac{\sum\limits_{i=1}^{n_1}(X_i-\overline{X})^2+\sum\limits_{j=1}^{n_2}(Y_j-\overline{Y})^2}{n_1+n_2-2}\right]=\frac{1}{n_1+n_2-2}E(\sigma^2\chi_1^2+\sigma^2\chi_2^2)$$
$$=\frac{\sigma^2}{n_1+n_2-2}[E(\chi_1^2)+E(\chi_2^2)]$$

$$= \frac{\sigma^2}{n_1 + n_2 - 2}[(n_1 - 1) + (n_2 - 1)] = \sigma^2$$

例 1-20 从正态总体 $N(4.2,25)$ 中抽取容量为 n 的样本，若要求其样本均值位于区间 $(2.2,\ 6.2)$ 内的概率不小于 0.95，则样本容量 n 至少取多大？

【解】 由于
$$Z = \frac{\overline{X} - 4}{5/\sqrt{n}} \sim N(0,1)$$

$$P(2.2 < \overline{X} < 6.2) = P\left(\frac{2.2 - 4.2}{5}\sqrt{n} < Z < \frac{6.2 - 4.2}{5}\sqrt{n}\right)$$
$$= 2\Phi(0.4\sqrt{n}) - 1 = 0.95$$

则 $\Phi(0.4\sqrt{n}) = 0.975$，故 $0.4\sqrt{n} > 1.96$，即 $n > 24.01$，所以 n 至少应取 25.

例 1-21 设某厂生产的灯泡的使用寿命 $X \sim N(1000,\sigma^2)$（单位：h），随机抽取一容量为 9 的样本，并测得样本均值及样本方差. 但是由于工作上的失误，事后失去了此试验的结果，只记得修正样本方差为 $S_n^{*2} = 100^2$，试求 $P(\overline{X} > 1062)$.

【解】 $\mu = 1000, n = 9, S_n^{*2} = 100^2, T = \dfrac{\overline{X} - \mu}{S_n^* / \sqrt{n}} = \dfrac{\overline{X} - 1000}{100/3} \sim t(8)$

$$P(\overline{X} > 1062) = P\left(T > \frac{1062 - 1000}{100/3}\right) = P(T > 1.86) = 0.05$$

例 1-22 从一正态总体中抽取容量为 10 的样本，假定有 2% 的样本均值与总体均值之差的绝对值在 4 以上，求总体的标准差.

【解】 $Z = \dfrac{\overline{X} - \mu}{\sigma/\sqrt{n}} \sim N(0,1)$，由 $P(|\overline{X} - \mu| > 4) = 0.02$ 得 $P\ |Z| > \dfrac{4\sqrt{n}}{\sigma} = 0.02$，故 $2\left[1 - \Phi\left(\dfrac{4\sqrt{10}}{\sigma}\right)\right] = 0.02$，即 $\Phi\left(\dfrac{4\sqrt{10}}{\sigma}\right) = 0.99$.

查表得 $\dfrac{4\sqrt{10}}{\sigma} = 2.33$，则 $\sigma = \dfrac{4\sqrt{10}}{2.33}$.

例 1-23 设总体 $X \sim N(20,3)$，求来自总体的容量分别为 10、15 的两个独立随机样本平均值差的绝对值大于 0.3 的概率.

【解】 令 $\overline{X}$ 的容量为 10 的样本均值，$\overline{Y}$ 为容量为 15 的样本均值，则 $\overline{X} \sim N\left(20,\dfrac{3}{10}\right)$，$\overline{Y} \sim N\left(20,\dfrac{3}{15}\right)$，且 $\overline{X}$ 与 $\overline{Y}$ 相互独立. 则 $\overline{X} - \overline{Y} \sim N\left(0,\dfrac{3}{10} + \dfrac{3}{15}\right) = N(0,0.5)$. 那么 $Z = \dfrac{\overline{X} - \overline{Y}}{\sqrt{0.5}} \sim N(0,1)$，所以 $P(|\overline{X} - \overline{Y}| > 0.3) = P\left(|Z| > \dfrac{0.3}{\sqrt{0.5}}\right) = 2[1 - \Phi(0.424)] = 2(1 - 0.6628) = 0.6744$.

例 1-24 设总体 $X \sim N(0,\sigma^2)$，$X_1,\cdots,X_{10},\cdots,X_{15}$ 为来自总体 X 的一个样本. 求随机变量 $Y = \dfrac{X_1 + X_2 + \cdots + X_{10}}{\sqrt{2(X_{11}^2 + X_{12}^2 + \cdots + X_{15}^2)}}$ 的概率分布.

【解】 $\dfrac{X_i}{\sigma} \sim N(0,1)$，$i = 1,2,\cdots,15$. 那么

$$\chi_1^2 = \sum_{i=1}^{10} \left(\frac{X_i}{\sigma}\right)^2 \sim \chi^2(10), \chi_2^2 = \sum_{i=11}^{15} \left(\frac{X_i}{\sigma}\right)^2 \sim \chi^2(5)$$

且 χ_1^2 与 χ_2^2 相互独立，所以 $Y=\dfrac{X_1^2+X_2^2+\cdots+X_{10}^2}{2(X_{11}^2+X_{12}^2+\cdots+X_{15}^2)}=\dfrac{\chi_1^2/10}{\chi_2^2/5}\sim F(10,5)$.

例 1－25　设总体 $X\sim N(\mu,\sigma^2)$，$X_1,X_2,\cdots,X_{2n}(n\geqslant 2)$ 是来自总体 X 的一个样本，$\overline{X}=\dfrac{1}{2n}\sum\limits_{i=1}^{2n}X_i$，令 $Y=\sum\limits_{i=1}^{n}(X_i+X_{n+i}-2\overline{X})^2$，求 EY 及 DY.

【解】令 $Z_i=X_i+X_{n+i}$，$i=1,2,\cdots,n$，则 $Z_i\sim N(2\mu,2\sigma^2)$ $(1\leqslant i\leqslant n)$，且 $Z_1,Z_2,\cdots,Z_n$ 相互独立.

令 $Z=\sum\limits_{i=1}^{n}\dfrac{Z_i}{n}$，$S^2=\sum\limits_{i=1}^{n}(Z_i-\overline{Z})^2/(n-1)$，则

$$\overline{X}=\sum_{i=1}^{2n}\frac{X_i}{2n}=\frac{1}{2n}\sum_{i=1}^{n}Z_i=\frac{1}{2}\overline{Z}$$

故 $\overline{Z}=2\overline{X}$.

那么 $Y=\sum\limits_{i=1}^{n}(X_i+X_{n+i}-2\overline{X})^2=\sum\limits_{i=1}^{n}(Z_i-\overline{Z})^2=(n-1)S^2$.

又因为 $Z=(n-1)S^2/2\sigma^2\sim\chi^2(n-1)$，所以

$$E(Y)=2(n-1)\sigma^2,\quad D(Y)=8(n-1)\sigma^4$$

例 1－26　设 $X_1,X_2,\cdots,X_{20}$ 是总体 $X\sim N(\mu,\sigma^2)$ 的一个样本，求：

$$P\left\{10.9\leqslant\frac{1}{\sigma^2}\sum_{i=1}^{20}(X_i-\mu)^2\leqslant 37.6\right\}$$

【解】　因为 $X\sim N(\mu,\sigma^2)$，所以 $\chi^2=\sum\limits_{i=1}^{20}\left[\dfrac{(X_i-\mu)}{\sigma}\right]^2\sim\chi^2(20)$.

$$\begin{aligned}P\left\{10.9\leqslant\frac{1}{\sigma^2}\sum_{i=1}^{20}(X_i-\mu)^2\leqslant 37.6\right\}&=P\{10.9\leqslant\chi^2\leqslant 37.6\}\\&=P\{\chi^2>10.9\}-P\{\chi^2>37.6\}\end{aligned}$$

通过查表得：$P\left\{10.9\leqslant\dfrac{1}{\sigma^2}\sum\limits_{i=1}^{20}(X_i-\mu)^2\leqslant 37.6\right\}=0.95-0.01=0.94$.

例 1－27　设总体 X 服从正态分布 $N(12,4)$，$X_1,X_2,\cdots,X_5$ 为来自的 X 样本，求：

(1) 样本的平均值 $\overline{X}$ 大于 13 的概率；

(2) 样本的最小次序统计量小于 10 的概率；

(3) 样本的最大次序统计量大于 15 的概率.

【解】因为 $X\sim N(12,4)$，$n=5$，所以 $\overline{X}\sim N\left(12,\dfrac{4}{5}\right)$.

(1)
$$\begin{aligned}P\{\overline{X}>13\}&=1-P\{\overline{X}\leqslant 13\}=1-P\left\{(\overline{X}-12)/\sqrt{\frac{4}{5}}\leqslant(13-12)/\sqrt{\frac{4}{5}}\right\}\\&=1-\Phi\left((13-12)/\sqrt{\frac{4}{5}}\right)=1-\Phi(1.12)=1-0.8686=0.1314\end{aligned}$$

(2) 令 $X_{\min}=\min\{X_1,X_2,X_3,X_4,X_5\}$，$X_{\max}=\max\{X_1,X_2,X_3,X_4,X_5\}$.

$$\begin{aligned}P\{X_{\min}<10\}&=1-P\{X_{\min}>10\}=1-P\{X_1>10,X_2>10,\cdots,X_5>10\}\\&=1-\prod_{i=1}^{5}P\{X_i>10\}=1-\prod_{i=1}^{5}[1-P\{X_i\leqslant 10\}]\end{aligned}$$

$$= 1 - [1 - P\{X \leqslant 10\}]^5$$

因为 $Y = \dfrac{X-12}{2} \sim N(0,1)$，所以

$$P\{X < 10\} = P\left\{\frac{X-12}{2} < \frac{10-12}{2}\right\} = P\left\{\frac{X-12}{2} < -1\right\} = P\{Y < -1\}$$
$$= 1 - P\{Y < 1\} = 1 - \Phi(1) = 1 - 0.8413 = 0.1587$$

$P\{X_{\min} < 10\} = 1 - [1 - 0.1587]^5 \approx 1 - 0.4215 = 0.5785.$

(3) $P\{X_{\max} > 15\} = 1 - P\{X_{\max} \leqslant 15\} = 1 - P\{X_1 \leqslant 15, X_2 \leqslant 15, \cdots, X_5 \leqslant 15\}$

$$= 1 - \prod_{i=1}^{5} P\{X_i \leqslant 15\} = 1 - [P\{X \leqslant 15\}]^5$$

$P\{X_{\max} > 15\} = 1 - 0.93319^5 \approx 1 - 0.7077 = 0.2923.$

1.4 教材习题详解

1. (1) $P\{X = x_1, X_2 = x_2, \cdots, X_n = x_n\} = \prod_{i=1}^{n} P(X_i = x_i) = \mathrm{e}^{-n\lambda} \lambda^{\sum_{i=1}^{n} x_i} \Big/ \prod_{i=1}^{n} x_i!.$

(2) $E\overline{X} = EX = \lambda, D\overline{X} = DX/n = \lambda/n.$

$$ES_n^2 = E\left[n^{-1} \sum_{i=1}^{n} (X_i - \overline{X})^2\right] = n^{-1} E\left[\sum_{i=1}^{n} X_i^2 - n(\overline{X})^2\right] = EX^2 - E(\overline{X})^2$$
$$= \lambda + \lambda^2 - [D\overline{X} + (E\overline{X})^2] = \lambda + \lambda^2 - n^{-1}\lambda - \lambda^2 = [n^{-1}(n-1)]\lambda.$$

$ES_n^{*2} = E[n(n-1)^{-1} S_n^2] = n(n-1)^{-1} ES_n^2 = \lambda.$

2. $f(x_1, x_2, \cdots, x_n) = \prod_{i=1}^{n} f(x_i) = \left[\prod_{i=1}^{n} x_i (\sqrt{2\pi})^n \sigma^n\right]^{-1} \exp\left\{-\dfrac{1}{2\sigma^2} \sum_{i=1}^{n} (\ln x_i - \mu)^2\right\}.$

3. $\overline{X} = \dfrac{1}{n}\sum_{i=1}^{n} X_i = 3.59$，$S_n^{*2} = \dfrac{1}{n-1}\sum_{i=1}^{n}(X_i - \overline{X})^2 = 2.881$（其中 $n = 10$）.

4. $\overline{Y} = \dfrac{1}{n}\sum_{i=1}^{n} Y_i = \dfrac{1}{n}\sum_{i=1}^{n} \dfrac{X_i - a}{b} = \dfrac{1}{n}\left(\dfrac{1}{b}\sum_{i=1}^{n} X_i - n\dfrac{a}{b}\right) = \dfrac{\overline{X} - a}{b}.$

$$S_Y^2 = \frac{1}{n}\sum_{i=1}^{n} (Y_i - \overline{Y})^2 = \frac{1}{n}\sum_{i=1}^{n} Y_i^2 - \overline{Y}^2 = \frac{1}{n}\sum_{i=1}^{n} \left(\frac{X_i - a}{b}\right)^2 - \left(\frac{\overline{X} - a}{b}\right)^2 = \frac{1}{b^2} S_x^2.$$

5. 证明：(1) $\overline{X}_{n+1} = \dfrac{1}{n+1}\sum_{i=1}^{n} X_i + \dfrac{1}{n+1} X_{n+1} = \dfrac{n+1-1}{(n+1)n}\sum_{i=1}^{n} X_i + \dfrac{1}{n+1} X_{n+1}$

$$= \frac{1}{n}\sum_{i=1}^{n} X_i - \frac{1}{n(n+1)}\sum_{i=1}^{n} X_i + \frac{1}{n+1} X_{n+1} = \overline{X}_n + \frac{1}{n+1}(X_{n+1} - \overline{X}).$$

(2) 右边 $= \dfrac{n}{n+1}\left[S_n^2 + \dfrac{1}{n+1}(X_{n+1} - \overline{X}_n)^2\right]$

$$= \frac{1}{n+1}\left[\sum_{i=1}^{n} (X_i - \overline{X}_n)^2 + \frac{n}{n+1}(X_{n+1} - \overline{X}_n)^2\right]$$
$$= \frac{1}{n+1}\left[\sum_{i=1}^{n+1} (X_i - \overline{X}_n)^2 - (X_{n+1} - \overline{X}_n)^2 + \frac{n}{n+1}(X_{n+1} - \overline{X}_n)^2\right]$$
$$= \frac{1}{n+1}\left[\sum_{i=1}^{n+1} (X_i - \overline{X}_{n+1} + \overline{X}_{n+1} - \overline{X}_n)^2 - (X_{n+1} - \overline{X}_n)^2 + \frac{n}{n+1}(X_{n+1} - \overline{X}_n)^2\right]$$

$$= \frac{1}{n+1}\left[\sum_{i=1}^{n+1}(X_i - \overline{X}_{n+1})^2 + (n+1)(\overline{X}_{n+1} - \overline{X}_n)^2 - \frac{1}{n+1}(X_{n+1} - \overline{X}_n)^2\right].$$

由(1)知 $\overline{X}_{n+1} = \overline{X}_n + \frac{1}{n+1}(X_{n+1} - \overline{X}_n)$,

从而右边 $= S_{n+1}^2 + \frac{1}{n+1}\left[\frac{1}{n+1}(X_{n+1} - \overline{X}_n)^2 - \frac{1}{n+1}(X_{n+1} - \overline{X}_n)^2\right] = S_{n+1}^2$.

6.(1) $$\sum_{i=1}^{n}(X_i - \mu)^2 = \sum_{i=1}^{n}X_i^2 - 2n\mu\overline{X} + n\mu^2$$
$$= \sum_{i=1}^{n}X_i^2 - n(\overline{X})^2 + n(\overline{X})^2 - 2n\mu\overline{X} + n\mu^2$$
$$= \sum_{i=1}^{n}(X_i - \overline{X})^2 + n(\overline{X} - \mu)^2.$$

(2) $$\sum_{i=1}^{n}(X_i - \overline{X})^2 = \sum_{i=1}^{n}[X_i^2 - 2X_i\overline{X} + (\overline{X})^2] = \sum_{i=1}^{n}X_i^2 - 2\overline{X}\sum_{i=1}^{n}X_i + n(\overline{X})^2$$
$$= \sum_{i=1}^{n}X_i^2 - 2n(\overline{X})^2 + n(\overline{X})^2 = \sum_{i=1}^{n}X_i^2 - n(\overline{X})^2.$$

7. $$F_{10}(x) = \begin{cases} 0, & x < 2 \\ 1/5, & 2 \leqslant x < 3 \\ 3/5, & 3 \leqslant x < 4 \\ 7/10, & 4 \leqslant x < 5 \end{cases};\quad F_{10}(x) = \begin{cases} 4/5, & 5 \leqslant x < 7 \\ 9/10, & 7 \leqslant x < 9. \\ 1, & x \geqslant 9 \end{cases}$$

8. 样本的联合分布为 $L = \theta^{-n}\exp\left\{-\frac{1}{\theta}\sum_{i=1}^{n}x_i\right\} = \theta^{-n}\exp\left\{-\frac{n}{\theta}T\right\}, x_i > 0$.

令 $c(\theta) = (\theta^n)^{-1}, b(\theta) = -n(\theta)^{-1}, T = \overline{x}, h(x_1, x_2, \cdots, x_n) = 1$.
由于样本的分布是指数族分布，所以 $\overline{X}$ 是参数 θ 的充分完备统计量.

9. $f(x) = (\sqrt{2\pi}\sigma)^{-1}\exp\left\{-\frac{x^2}{2\sigma^2}\right\}, -\infty < x < +\infty$.

$$\prod_{i=1}^{n}f(x_i;\sigma^2) = [(\sqrt{2\pi})^n(\sigma^2)^{\frac{n}{2}}]^{-1}\mathrm{e}^{-\frac{1}{2\sigma^2}\sum\limits_{i=1}^{n}x_i^2} = [(\sqrt{2\pi})^n(\sigma^2)^{\frac{n}{2}}]^{-1}\mathrm{e}^{\frac{-1}{2\sigma^2}T}.$$
令 $c(\sigma^2) = [(\sqrt{2\pi})^n(\sigma^2)^{\frac{n}{2}}]^{-1}, b(\sigma^2) = -1/2\sigma^2, h(x_1, x_2, \cdots, x_n) = 1$.

所以 $T = \sum_{i=1}^{n}X_i^2$ 是 σ^2 的充分完备统计量.

10. $$\prod_{i=1}^{n}P\{X = x_i\} = \prod_{i=1}^{n}C_N^{x_i}p^{\sum\limits_{i=1}^{n}x_i}(1-p)^{nN-\sum\limits_{i=1}^{n}x_i} = \prod_{i=1}^{n}C_N^{x_i}p^{n\overline{x}}(1-p)^{nN-n\overline{x}}$$
$$= \prod_{i=1}^{n}C_N^{x_i}(1-p)^{nN}\left(\frac{p}{1-p}\right)^{n\overline{x}} = (1-p)^{nN}\mathrm{e}^{n\overline{x}\ln\frac{p}{1-p}}\prod_{i=1}^{n}C_N^{x_i}.$$

令 $C(p) = (1-p)^{nN}, b(p) = n\ln\frac{p}{1-p}, T = \overline{x}, h(x_1, x_2, \cdots, x_n) = \prod_{i=1}^{n}C_N^{x_i}$，可知 $\overline{X}$ 是 p 的充分完备统计量.

11. $\frac{X_i}{\sigma}$ 服从 $N(0,1)$，$\sum_{i=1}^{n}\left(\frac{X_i}{\sigma}\right)$ 服从 $N(0,n)$，所以 $\left(\sum_{i=1}^{n}\frac{X_i}{\sigma}\right)(\sqrt{n})^{-1}$ 服从 $N(0,1)$.

又 $\frac{1}{\sigma^2}\sum_{i=n+1}^{2n}(X_i)^2$ 服从 $\chi^2(n)$，所以 $T=\left[\left(\frac{1}{\sigma}\sum_{i=1}^{n}X_i\right)(\sqrt{n})^{-1}\right]\left[\sqrt{\frac{1}{\sigma^2}\sum_{i=n+1}^{2n}X_i^2/n}\right]^{-1}=$ $\frac{X_1+X_2+\cdots+X_n}{\sqrt{X_{n+1}^2+X_{n+2}^2+\cdots+X_{2n}^2}}$ 服从 $t(n)$.

12. $\frac{X_i-\mu}{\sigma}$ 服从 $N(0,1)$，所以 $Y=\sum_{i=1}^{n}\left(\frac{X_i-\mu}{\sigma}\right)^2$ 服从 $\chi^2(n)$.

$T=\sigma^2Y=\sum_{i=1}^{n}(X_i-\mu)^2$.

$P\{T\leqslant t\}=P\{\sigma^2Y\leqslant t\}=P\left\{Y\leqslant\frac{t}{\sigma^2}\right\}$.

又 $f_Y(y)=\left[2^{\frac{n}{2}}\Gamma\left(\frac{n}{2}\right)\right]^{-1}y^{\frac{n}{2}-1}e^{-\frac{y}{2}},y>0,f_Y(y)=0,y\leqslant 0,$

所以 $f_T(t)=[\sigma^n2^{\frac{n}{2}}\Gamma(n/2)]^{-1}t^{\frac{n}{2}-1}e^{-\frac{t}{2\sigma^2}},t>0;f_T(t)=0,t\leqslant 0$.

13. (1) 因为 $\frac{X_i}{\sigma}$ 服从 $N(0,1),i=1,2,\cdots,n$，所以 $T=\sum_{i=1}^{n}\left(\frac{X_i}{\sigma}\right)^2$ 服从 $\chi^2(n)$，则 $Y_1=\sigma^2T=\sum_{i=1}^{n}X_i^2$，所以 $P\{Y_1\leqslant y\}=P\{\sigma^2T\leqslant y\}=P\left\{T\leqslant\frac{y}{\sigma^2}\right\}$.

$F_{Y_1}(y)=\int_0^{y/\sigma^2}\left[2^{\frac{n}{2}}\Gamma\left(\frac{n}{2}\right)\right]^{-1}t^{\frac{n}{2}-1}e^{-\frac{t}{2}}dt,\quad y>0;F_{Y_1}(y)=0,\quad y<0.$

$f_{Y_1}(y)=F'_{Y_1}(y)=\left[2^{\frac{n}{2}}\Gamma\left(\frac{n}{2}\right)\right]^{-1}\left(\frac{y}{\sigma^2}\right)^{\frac{n}{2}-1}e^{-\frac{y}{2\sigma^2}}\frac{1}{\sigma^2},y>0.$

(2) 因为 X_i/σ 服从 $N(0,1),i=1,2,\cdots,n$，所以 $T=\sum_{i=1}^{n}\left(\frac{X_i}{\sigma}\right)^2$ 服从 $\chi^2(n)$，则 $Y_2=\sigma^2T/n=n^{-1}\sum_{i=1}^{n}X_i^2$，所以 $P\{Y_2\leqslant y\}=p\left\{\frac{\sigma^2}{n}T\leqslant y\right\}=p\left\{T\leqslant\frac{ny}{\sigma^2}\right\}$.

$F_{Y_2}(y)=\int_0^{\frac{ny}{\sigma^2}}\left[2^{\frac{n}{2}}\Gamma\left(\frac{n}{2}\right)\right]^{-1}t^{\frac{n}{2}-1}e^{-\frac{t}{2}}dt,y>0;F_{Y_2}(y)=0,y<0.$

$f_{Y_2}(y)=F'_{Y_2}(y)=\left[2^{\frac{n}{2}}\Gamma\left(\frac{n}{2}\right)\right]^{-1}\left(\frac{ny}{\sigma^2}\right)^{\frac{n}{2}-1}e^{-\frac{ny}{2\sigma^2}}\frac{n}{\sigma^2},y>0.$

(3) 因为 $\sum_{i=1}^{n}X_i$ 服从 $N(0,n\sigma^2)$，$\frac{1}{\sigma\sqrt{n}}\left(\sum_{i=1}^{n}X_i\right)$ 服从 $N(0,1)$，所以 $T=\frac{1}{\sigma^2n}\left(\sum_{i=1}^{n}X_i\right)^2$ 服从 $\chi^2(1)$ 分布，则 $Y_3=\sigma^2nT$，所以 $P\{Y_3\leqslant y\}=P\{\sigma^2nT\leqslant y\}=P\left\{T\leqslant\frac{y}{\sigma^2n}\right\}$.

$F_{Y_3}(y)=\int_0^{\frac{y}{\sigma^2n}}\left[\sqrt{2}\Gamma\left(\frac{1}{2}\right)\right]^{-1}t^{-\frac{1}{2}}e^{-\frac{t}{2}}dt,y>0;F_{Y_3}(y)=0,y<0.$

$f_{Y_3}(y)=\frac{1}{\sqrt{2\pi}}\left(\frac{y}{\sigma^2n}\right)^{-\frac{1}{2}}e^{-\frac{y}{2\sigma^2n}}\frac{1}{\sigma^2n},y>0.$

(4) 因为 $\sum_{i=1}^{n}\frac{X_i}{\sigma\sqrt{n}}=\frac{1}{\sigma\sqrt{n}}\sum_{i=1}^{n}X_i$ 服从 $N(0,1)$，所以 $T=\frac{1}{\sigma^2n}\left(\sum_{i=1}^{n}X_i\right)^2$ 服从 $\chi^2(1)$，则 $Y_4=\sigma^2T=\frac{1}{n}\left(\sum_{i=1}^{n}X_i\right)^2$，所以 $P(Y_4\leqslant y)=P\{\sigma^2T\leqslant y\}=P\left\{T\leqslant\frac{y}{\sigma^2}\right\}$.

$F_{Y_4}(y)=\int_0^{\frac{y}{\sigma^2}}\frac{1}{\sqrt{2}\Gamma\left(\frac{1}{2}\right)}t^{-\frac{1}{2}}e^{-\frac{t}{2}}dt, y>0; F_{Y_4}(y)=0, y\leqslant 0.$

$f_{Y_4}(y)=\frac{1}{\sqrt{2\pi}}\left(\frac{y}{\sigma^2}\right)^{-\frac{1}{2}}e^{-\frac{y}{2\sigma^2}}\frac{1}{\sigma^2}, y>0.$

14. (1) $\sum_{i=1}^{n}\left(\frac{X_i}{\sigma\sqrt{n}}\right)$服从$N(0,1)$，$\sum_{i=n+1}^{n+m}\left(\frac{X_i}{\sigma}\right)^2$服从$\chi^2(m)$，且$\sum_{i=1}^{n}\left(\frac{X_i}{\sigma\sqrt{n}}\right)$，$\sum_{i=n+1}^{n+m}\left(\frac{X_i}{\sigma}\right)^2$相互独立.

所以$Y=\sqrt{m}\left(\sum_{i=n+1}^{n}X_i\right)\Big/\sqrt{n}\sqrt{\sum_{i=n+1}^{n+m}X_i^2}$服从$t(m)$.

(2) $\frac{1}{\sigma^2}\sum_{i=1}^{n}X_i^2$服从$\chi^2(n)$，$\frac{1}{\sigma^2}\sum_{i=n+1}^{n+m}X_i^2$服从$\chi^2(m)$，且$\frac{1}{\sigma^2}\sum_{i=1}^{n}X_i^2$与$\frac{1}{\sigma^2}\sum_{i=n+1}^{n+m}X_i^2$相互独立.

所以$Z=\frac{\left(\frac{1}{\sigma^2}\sum_{i=1}^{n}X_i^2\right)\Big/n}{\left(\frac{1}{\sigma^2}\sum_{i=n+1}^{n+m}X_i^2\right)\Big/m}=\frac{m\sum_{i=1}^{n}X_i^2}{n\sum_{i=n+1}^{n+m}X_i^2}$服从$F(n,m)$.

15. $X_{n+1}-\overline{X}$服从$N\left(0,\frac{n+1}{n}\sigma^2\right)$（$X_{n+1}$与$X_1,X_2,\cdots,X_n$独立）.

所以$(X_{n+1}-\overline{X})[\sigma\sqrt{n+1/n}]^{-1}$服从$N(0,1)$.

$\frac{nS_n^2}{\sigma^2}$服从$\chi^2(n-1)$且与$(X_{n+1}-\overline{X})\left[\sigma\sqrt{\frac{n+1}{n}}\right]^{-1}$独立.

所以$T=\frac{X_{n+1}-\overline{X}}{\sigma\sqrt{(n+1)/n}}\Bigg/\sqrt{\frac{nS_n^2}{\sigma^2}/(n-1)}=\frac{X_{n+1}-\overline{X}}{S_n}\sqrt{\frac{n-1}{n+1}}$服从$t(n-1)$.

16. $\alpha(\overline{X}-\mu_1)+\beta(\overline{Y}-\mu_2)$服从$N\left(0,\frac{\alpha^2}{m}\sigma^2+\frac{\beta^2}{n}\sigma^2\right)$

因为$X_1,X_2,\cdots,X_m$独立，$Y_1,Y_2,\cdots,Y_n$独立，且X与Y是独立正态总体，

$[\alpha(\overline{X}-\mu_1)+\beta(\overline{Y}-\mu_2)]\Big/\sigma\sqrt{\frac{\alpha^2}{m}+\frac{\beta^2}{n}}$服从$N(0,1)$，$\frac{mS_{1m}^2}{\sigma^2}$服从$\chi^2(m-1)$，

$\frac{nS_{2n}^2}{\sigma^2}$服从$\chi^2(n-1)$，因为$X$与$Y$独立，由$\chi^2$分布的可加性知：$[mS_{1m}^2+nS_{2n}^2]/\sigma^2$服从$\chi^2(m+n-2)$，

所以$z=[\alpha(\overline{X}-\mu_1)+\beta(\overline{Y}-\mu_2)]\Bigg/\sqrt{\frac{mS_{1m}^2+nS_{2n}^2}{m+n-2}}\sqrt{\frac{\alpha^2}{m}+\frac{\beta^2}{n}}$服从$t(m+n-2)$.

17.
$$\begin{aligned}P\{X_{(1)}\leqslant x\}&=1-P\{X_{(1)}>x\}\\&=1-P\{X_1>x,X_2>x,\cdots,X_n>x\}\\&=1-\prod_{i=1}^{n}P\{x_i>x\}\\&=1-\prod_{i=1}^{n}[1-P\{X_i\leqslant x\}]\\&=1-[1-F(x)]^n.\end{aligned}$$

所以 $F_{X_{(1)}}(x)=1-[1-F(x)]^n, f_{X_{(1)}}(x)=n[1-F(x)]^{n-1}f(x)$.

$P\{X_{(n)}\leqslant x\}=\prod_{i=1}^{n}P\{x_i\leqslant x\}=F^n(x)$.

所以 $F_{X_{(n)}}=F^n(x), f_{X_{(n)}}(x)=nF^{n-1}(x)f(x)$.

18. $f(x)=\begin{cases}2x, 0<x<1\\ 0, \quad 其他\end{cases}$.

所以其分布函数为 $F(x)=\begin{cases}x^2, & 0<x<1\\ 1, & x\geqslant 1\end{cases}$, $F(x)=0, x\leqslant 0$.

故 $f_{X_{(1)}}(x)=n[1-F(x)]^{n-1}f(x)=\begin{cases}2xn(1-x^2)^{n-1}, 0<x<1\\ 0, \quad 其他\end{cases}$.

$f_{X_{(n)}}(x)=n[F(x)]^{n-1}f(x)=\begin{cases}2nx^{2n-1}, 0<x<1\\ 0, \quad 其他\end{cases}$.

$f_{X_{(k)}}(x)=\begin{cases}n!(x^2)^{k-1}(1-x^2)^{n-k}\cdot 2x/(k-1)!(n-k)!, & 0<x<1\\ 0, & 其他\end{cases}$.

19. $f(x)=\begin{cases}1/\theta, & 0<x<\theta\\ 0, & 其他\end{cases}$.

$F(x)=\begin{cases}x/\theta, & 0\leqslant x<\theta\\ 1, & 其他\end{cases}$, $F(x)=0, x<0$.

故 $f_{X_{(1)}}(x)=\begin{cases}n(1-x/\theta)^{n-1}(1/\theta), & 0<x<\theta\\ 0, & 其他\end{cases}$.

$f_{X_{(n)}}(x)=\begin{cases}nx^{n-1}\theta^{-n}, & 0<x<\theta\\ 0, & 其他\end{cases}$.

$f_{X_{(k)}}(x)=\begin{cases}\dfrac{n!}{(k-1)!(n-k)!}\dfrac{x^{k-1}}{\theta^k}\left(1-\dfrac{x}{\theta}\right)^{n-k}, & 0<x<\theta\\ 0, & 其他\end{cases}$.

20. 次序统计量 $(x_{(1)},x_{(2)},\cdots,x_{(n)})^{\mathrm{T}}$ 的联合分布密度为

$$f(y_1,y_2,\cdots,y_n)=\begin{cases}n!\lambda^n \mathrm{e}^{-\lambda\sum_{i=1}^{n}y_i}, & 0<y_1<\cdots<y_n\\ 0, & 其他\end{cases}$$

$$\begin{aligned}f_{(X_{(1)},X_{(n)})}(x_1,x_n)&=n(n-1)[F(x_n)-F(x_1)]^{n-2}f(x_1)f(x_n), x_1<x_n\\ &=\lambda^2 n(n-1)(\mathrm{e}^{-\lambda x}-\mathrm{e}^{-\lambda y})^{n-2}\mathrm{e}^{-\lambda(x+y)}, 0<x<y\end{aligned}$$

21. 次序统计量为 (−4;−2.1;−2.1;−0.1;−0.1;0;0;1.2;1.2;2.0;2.22;3.2;3.21).
样本中位数为 $\tilde{x}=x_{(\frac{n+1}{2})}=x_{(7)}=0$，极差为 $R=x_{(n)}=x_{(1)}=3.21-(-4)=7.21$.
若增加 2.7，构成容量为14的样本中位数为 $\tilde{x}=\dfrac{1}{2}[x_{(n/2)}+x_{(n/2+1)}]=\dfrac{1}{2}(0+1.2)=0.6$.

22. 令 $p=P(X<1-\sqrt[3]{0.6})=\int_0^{1-\sqrt[3]{0.6}}3(1-x)^2\mathrm{d}x=0.4$，则

$P(X_{(4)}<1-\sqrt[3]{0.6})=\sum_{i=4}^{7}C_7^i p^i(1-p)^{7-i}=\sum_{i=4}^{7}C_7^i\times 0.4^i\times(1-0.4)^{7-i}=0.2898$.

23. 令 $U = X_i - \overline{X}, V = X_j - \overline{X}$，因 $DU = DV = (n-1)DX/n, \mathrm{Cov}(U,V) = -DX/n$，故 $\rho = \mathrm{Cov}(U,V)/\sqrt{DU}\sqrt{DV} = \dfrac{-1}{n-1}, i \neq j, i,j = 1,2,\cdots,n.$

24. $\chi^2 = 9S_{10}^{*2}/16 \sim \chi^2(9), P(S_{10}^{*2} > a) = P(\chi^2 > 9a/16) = 0.1.$

查表得 $9a/16 = 14.684$，故 $a = 26.105$.

25. 本章19题中给出了均匀分布 $U(0,\theta)$ 的最大、最小次序统计量的分布密度. 由此可算出

$$E(X_{(n)}) = \int_0^\theta [nx^n/\theta^n]\mathrm{d}x = n\theta/(n+1)$$

$$E(X_{(1)}) = \int_0^\theta \{nx[1-(x/\theta)]^{n-1}/\theta\}\mathrm{d}x = \theta/(n+1)$$

故 $ER = (n-1)\theta/(n+1)$.

第2章 参数估计

2.1 内容提要

2.1.1 点估计与优良性

1. 基本概念

(1) 点估计. 设总体 X 的分布函数 $F(x;\theta)$ 形式已知, θ 为未知参数, $(X_1,X_2,\cdots,X_n)$ 是来自 X 的一个样本, $(x_1,x_2,\cdots,x_n)$ 是相应的一个样本值. 所谓参数 θ 的点估计问题,就是要设法构造一个合适的统计量 $\hat{\theta}(X_1,X_2,\cdots,X_n)$,使其能在某种优良的意义上对 θ 作出估计.

(2) 估计量. 在数理统计中,称统计量 $\hat{\theta}(X_1,X_2,\cdots,X_n)$ 为 θ 的估计量. 对应于样本 $(X_1,X_2,\cdots,X_n)$ 的每个值 $(x_1,x_2,\cdots,x_n)$,估计量的值 $\hat{\theta}=\hat{\theta}(x_1,x_2,\cdots,x_n)$ 称为 θ 的估计值.

2. 无偏估计

(1) 无偏估计. 设 $\hat{\theta}=\hat{\theta}(X_1,X_2,\cdots,X_n)$ 是参数 θ 的估计量,若 $E\hat{\theta}=\theta$,则称 $\hat{\theta}$ 是 θ 的无偏估计量. 如果 $E\hat{\theta}\neq\theta$,那么 $E\hat{\theta}-\theta$ 称为估计量 $\hat{\theta}$ 的偏差.

(2) 渐近无偏估计. 若 $E\hat{\theta}\neq\theta$,但 $\lim\limits_{n\to\infty}E\hat{\theta}=\theta$,则称 $\hat{\theta}$ 是 θ 的渐近无偏估计.

3. 均方误差准则

(1) 均方误差. 设 θ 为一个未知参数, $\hat{\theta}$ 为 θ 的一个估计量, $\hat{\theta}$ 的均方误差定义为 $MSE(\hat{\theta},\theta)=E(\hat{\theta}-\theta)^2$.

(2) 估计量的有效性. 设 $\hat{\theta}_1$ 和 $\hat{\theta}_2$ 均为 θ 的无偏估计量,若对任意样本容量 n,有 $D\hat{\theta}_1<D\hat{\theta}_2$,称 $\hat{\theta}_1$ 比 $\hat{\theta}_2$ 有效(或优效).

(3) 最小方差无偏估计. 设 $\hat{\theta}^*$ 是 θ 的无偏估计量,若对于 θ 的任意一个无偏估计量 $\hat{\theta}$,有 $D\hat{\theta}^*\leqslant D\hat{\theta}$,则称 $\hat{\theta}^*$ 是 θ 的最小方差无偏估计(量)(Minimum Variance Unbiased Estimation,MVUE).

4. 相合估计与渐近正态估计

(1) 相合估计. 设 $\hat{\theta}_n=\hat{\theta}_n(X_1,X_2,\cdots,X_n)$ 是未知参数 θ 的估计序列,如果 $\{\hat{\theta}_n\}$ 依概率收敛于 θ,即对任意 $\in>0$,有 $\lim\limits_{n\to\infty}P\{|\hat{\theta}_n-\theta|<\in\}=1$(或 $\lim\limits_{n\to\infty}P\{|\hat{\theta}_n-\theta|\geqslant\in\}=0$),则称 $\hat{\theta}_n$ 是 θ 的相合估计(量)或一致估计(量).

(2) 渐近正态估计. 设 $\hat{\theta}_n=\hat{\theta}_n(X_1,X_2,\cdots,X_n)$ 是 θ 的估计量,如果存在一串 $\sigma_n>0$ 满足 $\lim\limits_{n\to\infty}\sqrt{n}\sigma_n=\sigma$,使得当 $n\to\infty$ 时,有 $\dfrac{\hat{\theta}_n-\theta}{\sigma_n}\sim N(0,1)$,则称 $\hat{\theta}_n$ 是 θ 的渐近正态估计, σ_n^2 称为 $\hat{\theta}_n$ 的渐

近方差.

定理 2.1　设 $\hat{\theta}_n$ 是 θ 的一个估计量,若 $\lim\limits_{n\to\infty}E\hat{\theta}_n=\theta$(渐近无偏),且 $\lim\limits_{n\to\infty}D\hat{\theta}_n=0$,则 $\hat{\theta}_n$ 是 θ 的相合估计.

定理 2.2　如果 $\hat{\theta}_n$ 是 θ 的相合估计,$g(x)$ 在 $x=\theta$ 处连续,则 $g(\hat{\theta}_n)$ 也是 $g(\theta)$ 的相合估计.

定理 2.3　渐近正态估计一定是相合估计.

2.1.2　点估计量的求法

1. 矩估计法

(1) 矩估计法的基本思想. 用样本的 k 阶原点矩 $A_k=\dfrac{1}{n}\sum\limits_{i=1}^{n}X_i^k$ 估计总体 X 的 k 阶原点矩 EX^k;用样本的 k 阶中心矩 $B_k=\dfrac{1}{n}\sum\limits_{i=1}^{n}(X_i-\overline{X})^k$ 估计总体 X 的 k 阶中心矩 $E(X-EX)^k$,并由此得到未知参数的估计量.

(2) 矩估计求解过程. 设总体 X 的分布函数 $F(x;\theta_1,\theta_2,\cdots,\theta_m)$ 中含有 m 个未知参数 $\theta_1,\theta_2,\cdots,\theta_m$,假定总体 X 的 k 阶矩存在,记总体 X 的 k 阶原点矩为 α_k,则

$$EX^k=\int_{-\infty}^{+\infty}x^k\mathrm{d}F(x;\theta_1,\theta_2,\cdots,\theta_m)\xlongequal{\text{def}}\alpha_k(\theta_1,\theta_2,\cdots,\theta_m)$$

其中 $k=1,2,\cdots,m$. 现用样本的 k 阶原点矩作为总体 k 阶原点矩的估计,即令

$$\frac{1}{n}\sum_{i=1}^{n}K_i^k=\alpha_k(\hat{\theta}_1,\hat{\theta}_2,\cdots,\hat{\theta}_m),k=1,2,\cdots,m$$

解上述方程组得 $\hat{\theta}_k=\hat{\theta}_k(X_1,X_2,\cdots,X_n),k=1,2,\cdots,m$,并以 $\hat{\theta}_k$ 作为参数 θ_k 的估计量,则称 $\hat{\theta}_k$ 为未知参数 θ_k 的矩估计量,这种求点估计量的方法称为矩估计法.

2. 极大似然估计

(1) 似然函数. 设总体 X 是连续型随机变量,其分布密度为 $f(x;\theta)$,其中 $\theta=(\theta_1,\theta_2,\cdots,\theta_m)^{\mathrm{T}}$ 是未知参数. 若 $(X_1,X_2,\cdots,X_n)^{\mathrm{T}}$ 是总体 X 的一个样本,则样本 $(X_1,X_2,\cdots,X_n)^{\mathrm{T}}$ 的联合分布密度为 $\prod\limits_{i=1}^{n}f(x_i;\theta)$,在取定样本值 $x_1,x_2,\cdots,x_n$ 后,它只是参数 $\theta=(\theta_1,\theta_2,\cdots,\theta_n)^{\mathrm{T}}$ 的函数,记为 $L(\theta)$,即

$$L(\theta)=\prod_{i=1}^{n}f(x_i;\theta)$$

这个函数 L 称为似然函数,即似然函数就是样本的联合分布密度.

对于离散型随机变量,其分布律为 $P\{X=x\}=p(x;\theta)$,其似然函数为

$$L(\theta)=\prod_{i=1}^{n}P\{X=x_i\}=\prod_{i=1}^{n}p(x_i;\theta)$$

(2) 似然方程. 令 $\ln L(\theta)=\sum\limits_{i=1}^{n}\ln f(x_i;\theta)$,称 $\dfrac{\partial\ln L}{\partial\theta_i}\big|_{\theta=\hat{\theta}}=0,i=1,2,\cdots,m$ 为似然方程,其中 $\theta=(\theta_1,\theta_2,\cdots,\theta_m)^{\mathrm{T}}$.

(3) 最大似然估计法. 如果似然函数 $L(\theta)=\prod\limits_{i=1}^{n}f(x_i;\theta)$ 在 $\hat{\theta}=(\hat{\theta}_1,\hat{\theta}_2,\cdots,\hat{\theta}_m)^{\mathrm{T}}$ 处达到最大值,即 $L(\hat{\theta})=\max\limits_{\theta}\ L(\theta)$,则称 $\hat{\theta}_1,\hat{\theta}_2,\cdots,\hat{\theta}_m$ 分别为 $\theta_1,\theta_2,\cdots,\theta_m$ 的最大似然估计值. 所得到

的 $\hat{\theta}_i = \hat{\theta}_i(X_1, X_2, \cdots, X_n), i = 1, 2, \cdots, m$，分别称为 θ_i 的最大似然估计量(MLE). 求最大似然估计量的一般步骤如下：

1) 求出似然函数 $L(\theta)$.

2) 求出 $\ln(L(\theta))$ 及似然方程为

$$\frac{\partial \ln L}{\partial \theta_i}\Big|_{\theta=\hat{\theta}} = 0, i = 1, 2, \cdots, m$$

3) 解似然方程得到最大似然估计值为

$$\hat{\theta}_i = \hat{\theta}_i(x_1, x_2, \cdots, x_n), i = 1, 2, \cdots, m$$

4) 得到最大似然估计量为

$$\hat{\theta}_i = \hat{\theta}_i(X_1, X_2, \cdots, X_n), i = 1, 2, \cdots, m$$

2.1.3 最小方差无偏估计和有效估计

(1) 有效估计. 若 θ(或 $g(\theta)$) 的一个无偏估计量 $\hat{\theta}$(或 $T(X)$) 的方差达到罗-克拉美下界，即 $D\hat{\theta} = \frac{1}{nI(\theta)}$(或 $D[T(x)] = \frac{[g'(\theta)]^2}{nI(\theta)}$)，则称 $\hat{\theta}$(或 $T(X)$) 为 θ(或 $g(\theta)$) 的有效估计(量).

(2) 估计的效率. 设 $\hat{\theta}$ 是 θ 的任一无偏估计，称 $e(\hat{\theta}) = \frac{1}{nI(\theta)}/D\hat{\theta}$ 为 $\hat{\theta}$ 的效率.

定理 2.4 设 $\hat{\theta}(X)$ 是 θ 的一个无偏估计，$D\hat{\theta} < \infty$，若对任何满足条件：$EL(X) = 0$，$DL(X) < \infty$ 的统计量 $L(X)$，有 $E[L(X)\hat{\theta}(X)] = 0$，则 $\hat{\theta}(X)$ 是 θ 的 MVUE，其中 $X = (X_1, X_2, \cdots, X_n)$.

定理 2.5 设总体 X 的分布函数为 $F(x;\theta)$，$\theta \in \Theta$ 是未知参数，$(X_1, X_2, \cdots, X_n)^{\mathrm{T}}$ 是来自总体 X 的一个样本. 如果 $T = T(X_1, X_2, \cdots, X_n)$ 是 θ 的充分统计量，$\hat{\theta}$ 是 θ 的任一无偏估计，记 $\hat{\theta}^* \xlongequal{\text{def}} E(\hat{\theta} \mid T)$，则有 $E\hat{\theta}^* = \theta$，$D\hat{\theta}^* \leqslant D\hat{\theta}$，$\forall \theta \in \Theta$，即 $\hat{\theta}^*$ 是 θ 的最小方差无偏估计. 如果 $T = T(X_1, X_2, \cdots, X_n)$ 是 θ 的充分完备统计量，则 $\hat{\theta}^* = E(\hat{\theta} \mid T)$ 为 θ 的唯一最小方差无偏估计.

2.1.4 区间估计

(1) 置信区间. 设总体 X 的分布函数为 $F(x;\theta)$，θ 为未知参数，$(X_1, X_2, \cdots, X_n)^{\mathrm{T}}$ 是来自总体 X 的样本. 如果存在两个统计量：

$$\hat{\theta}_1 = \hat{\theta}_1(X_1, X_2, \cdots, X_n), \hat{\theta}_2 = \hat{\theta}_2(X_1, X_2, \cdots, X_n)$$

对于给定的 $\alpha(0 < \alpha < 1)$，使得 $P\{\hat{\theta}_1 < \theta < \hat{\theta}_2\} = 1 - \alpha$，则称区间 $(\hat{\theta}_1, \hat{\theta}_2)$ 为参数 θ 的置信度为 $1 - \alpha$ 的置信区间，$\hat{\theta}_1$ 称为置信下限，$\hat{\theta}_2$ 称为置信上限.

(2) 正态总体参数的区间列于表 2-1 中.

表 2-1　正态总体参数的区间

	估计对象	对总体的要求	所用函数及其分布	双侧置信区间	单侧置信区间
单个正态总体 $N(\mu,\sigma^2)$	μ	σ^2 已知	$\frac{\overline{X}-\mu}{\sigma/\sqrt{n}} \sim N(0,1)$	$\left(\overline{X} \pm \mu_{\alpha/2}\frac{\sigma}{\sqrt{n}}\right)$	$(-\infty,\overline{X}+\mu_\alpha\frac{\sigma}{\sqrt{n}})$　$(\overline{X}-\mu_\alpha\frac{\sigma}{\sqrt{n}},+\infty)$
	μ	σ^2 未知	$\frac{\overline{X}-\mu}{S_n^*/\sqrt{n}} \sim t(n-1)$	$\left(\overline{X} \pm t_{\alpha/2}(n-1)\frac{S_n^*}{\sqrt{n}}\right)$	$(-\infty,\overline{X}+t_\alpha(n-1)\frac{S_n^*}{\sqrt{n}})$ $(\overline{X}-t_\alpha(n-1)\frac{S_n^*}{\sqrt{n}},+\infty)$
	σ^2	μ 未知	$\frac{(n-1)S_n^{*2}}{\sigma^2} \sim \chi^2(n-1)$	$\left(\frac{(n-1)S_n^{*2}}{\chi^2_{\frac{\alpha}{2}}(n-1)},\frac{(n-1)S_n^{*2}}{\chi^2_{1-\frac{\alpha}{2}}(n-1)}\right)$	$(0,\frac{(n-1)S_n^{*2}}{\chi^2_{1-\alpha}(n-1)}),(\frac{(n-1)S_n^{*2}}{\chi^2_\alpha(n-1)},+\infty)$
两个正态总体 $N(\mu_i,\sigma_i^2)$ $i=1,2$	$\mu_1-\mu_2$	σ_1^2,σ_2^2 已知	$\frac{(\overline{X}-\overline{Y})-(\mu_1-\mu_2)}{\sqrt{\sigma_1^2/n_1+\sigma_2^2/n_2}} \sim N(0,1)$	$\overline{X}-\overline{Y} \pm \mu_{\alpha/2}\sqrt{\sigma_1^2/n_1+\sigma_2^2/n_2}$	$(-\infty,\overline{X}-\overline{Y}+\mu_\alpha \times \sqrt{\sigma_1^2/n_1+\sigma_2^2/n_2})$ $(\overline{X}-\overline{Y}-\mu_\alpha\sqrt{\sigma_1^2/n_1+\sigma_2^2/n_2},+\infty)$
	$\mu_1-\mu_2$	σ_1^2,σ_2^2 未知但相等	$\frac{\overline{X}-\overline{Y}-(\mu_1-\mu_2)}{\sqrt{(n_1-1)S_{1n_1}^{*2}+(n_2-1)S_{2n_2}^{*2}}} \times \sqrt{\frac{n_1n_2(n_1+n_2-2)}{n_1+n_2}} \sim t(n_1+n_2-2)$	$(\overline{X}-\overline{Y}-\lambda,\overline{X}-\overline{Y}+\lambda)$ $\lambda = t_{\frac{\alpha}{2}}(n_1+n_2-2) \times$ $\sqrt{(n_1-1)S_{1n_1}^{*2}+(n_2-1)S_{2n_2}^{*2}} \times$ $\sqrt{\frac{n_1+n_2}{n_1n_2(n_1+n_2-2)}}$	$(-\infty,\overline{X}-\overline{Y}+\lambda)$　$(\overline{X}-\overline{Y}-\lambda,+\infty)$ $\lambda = t_\alpha(n_1+n_2-2) \times$ $\sqrt{(n_1-1)S_{1n_1}^{*2}+(n_2-1)S_{2n_2}^{*2}} \times$ $\sqrt{\frac{n_1+n_2}{n_1n_2(n_1+n_2-2)}}$
	σ_1^2/σ_2^2	μ_1,μ_2 未知	$\frac{S_{2n_2}^{*2}/\sigma_2^2}{S_{1n_1}^{*2}/\sigma_1^2} \sim F(n_2-1,n_1-1)$	$\left(F_{1-\alpha/2}(n_2-1,n_1-1)\frac{S_{1n_1}^{*2}}{S_{2n_2}^{*2}},\right.$ $\left.F_{\alpha/2}(n_2-1,n_1-1)\frac{S_{1n_1}^{*2}}{S_{2n_2}^{*2}}\right)$	$\left(0,F_\alpha(n_2-1,n_1-1)\frac{S_{1n_1}^{*2}}{S_{2n_2}^{*2}}\right)$ $\left(F_{1-\alpha}(n_2-1,n_1-1)\frac{S_{1n_1}^{*2}}{S_{2n_2}^{*2}},+\infty\right)$

2.2 学习目的与要求

(1) 理解参数点估计的概念,熟练掌握矩估计法与极大似然估计法的基本思想和估计量的求法.

(2) 理解估计量的无偏性、均方误差、有效性、相合性和渐近正态性的概念,并掌握其判定方法.

(3) 掌握有效估计及最小方差无偏估计的定义及判定方法.

(4) 理解区间估计的概念,会求单个正态总体均值与方差的置信区间及两个正态总体均值差与方差比的置信区间.

(5) 了解单侧置信区间及非正态总体参数的置信区间.

2.3 典型例题精解

例 2-1 设总体 X 的概率密度为

$$f(x;\theta)=\begin{cases}\theta x^{\theta-1}, & 0<x<1\\ 0, & \text{其他}\end{cases}\quad(\theta>0)$$

试求未知参数 θ 的矩估计和极大似然估计.

【解】(1) 矩估计. 由 $\mu_1=EX=\int_0^1\theta x^\theta\mathrm{d}x=\frac{\theta}{\theta+1}$,可得 $\theta=\frac{\mu_1}{1-\mu_1}$,故 θ 的矩估计为 $\hat{\theta}=\frac{\overline{X}}{1-\overline{X}}$.

(2) 极大似然估计. 似然函数为

$$L(x_1,\cdots,x_n;\theta)=\prod_{i=1}^{n}\theta x_i^{\theta-1}=\theta^n\prod_{i=1}^{n}x_i^{\theta-1}$$

由此可得

$$\ln L=n\ln\theta+(\theta-1)\sum_{i=1}^{n}\ln x_i$$

建立似然方程

$$\frac{\mathrm{d}\ln L}{\mathrm{d}\theta}=\frac{n}{\theta}+\sum_{i=1}^{n}\ln x_i\xlongequal{\text{def}}0$$

可得 θ 的极大似然估计为

$$\hat{\theta}=-\left(\frac{1}{n}\sum_{i=1}^{n}\ln x_i\right)^{-1}$$

例 2-2 设总体 X 的概率分布见表 2-2,其中 $\theta\left(0<\theta<\frac{1}{2}\right)$ 是未知参数,利用总体的如下样本值 3,1,3,0,3,1,2,3,求 θ 的矩估计值和极大似然估计值.

表 2-2　X 的概率分布

X	0	1	2	3
P	θ^2	$2\theta(1-\theta)$	θ^2	$1-2\theta$

【解】(1)$E(X)=3-4\theta$,令 $E(X)=\overline{x}$,得 $\hat{\theta}=\dfrac{3-\overline{x}}{4}$,又 $\overline{x}=\sum\limits_{i=1}^{8}\dfrac{x_i}{8}=2$,

所以矩估计值 $\hat{\theta}=\dfrac{3-\overline{x}}{4}=\dfrac{1}{4}$.

(2) 似然函数

$$L=\prod_{i=1}^{8}P(x_i,\theta)=4\theta^6(1-\theta^2)(1-2\theta)^4$$

$$\ln L=\ln 4+6\ln\theta+2\ln(1-\theta)+4\ln(1-\theta)$$

$$\frac{\mathrm{d}\ln L}{\mathrm{d}\theta}=\frac{6}{\theta}-\frac{2}{1-\theta}-\frac{8}{1-2\theta}=\frac{6-28\theta+24\theta^2}{\theta(1-\theta)(1-2\theta)}=0$$

求解 $6-28\theta+24\theta^2=0$,得 $\theta_{1,2}=\dfrac{7\pm\sqrt{13}}{2}$.

由于$\dfrac{7+\sqrt{13}}{12}>\dfrac{1}{2}$,所以 θ 的极大似然估计值为 $\hat{\theta}=\dfrac{7-\sqrt{13}}{2}$.

例 2-3　设总体 X 的概率密度为

$$f(x;\theta)=\begin{cases}\theta, & 0<x<1\\ 1-\theta, & 1\leqslant x<2\\ 0, & \text{其他}\end{cases}$$

其中 θ 是未知参数($0<\theta<1$),$X_1,X_2,\cdots,X_n$ 为来自总体 X 的简单随机样本,记 N 为样本值 $x_1,x_2,\cdots,x_n$ 中小于 1 的个数,求 θ 的最大似然估计.

【解】似然函数为 $L(\theta)=\theta^N(1-\theta)^{n-N}$. 两边取对数得

$$\ln L(\theta)=N\ln\theta+(n-N)\ln(1-\theta)$$

令$\dfrac{\mathrm{d}\ln L(\theta)}{\mathrm{d}\theta}=\dfrac{N}{\theta}-\dfrac{n-N}{1-\theta}=0$,解得 $\hat{\theta}=\dfrac{N}{n}$ 为 θ 的最大似然估计.

例 2-4　设 $X_1,X_2,\cdots,X_n$ 为来自总体 X 的随机样本,X 的概率密度函数为

$$f(x)=\frac{1}{\beta}\exp\{-\frac{x^2}{\beta^2}\},\beta>0$$

试求未知参数 β 的矩估计和极大似然估计.

【解】(1) 由于 EX 为 0,则

$$EX^2=\int_{-\infty}^{+\infty}x^2f(x)\mathrm{d}x=2\int_0^{+\infty}x^2\frac{1}{\beta}\mathrm{e}^{-\frac{x^2}{\beta^2}}\mathrm{d}x$$

$$=2\int_0^{+\infty}(-\frac{\beta}{2})x\mathrm{e}^{-\frac{x^2}{\beta^2}}\mathrm{d}(-\frac{x^2}{\beta^2})=2\int_0^{+\infty}(-\frac{\beta x}{2})\mathrm{d}(\mathrm{e}^{-\frac{x^2}{\beta^2}})$$

$$=[-\beta x\mathrm{e}^{\frac{-x^2}{\beta^2}}]_0^{+\infty}+\beta\int_0^{+\infty}\mathrm{e}^{-\frac{x^2}{\beta^2}}\mathrm{d}x=\frac{1}{2}\beta^2\sqrt{\pi}$$

$$DX=EX^2-E^2X=\frac{1}{2}\beta^2\sqrt{\pi}$$

令 $DX=S_n^2$，得 β 的矩估计为 $\hat{\beta}=\sqrt{\frac{2}{\sqrt{\pi}}}S_n$.

(2)
$$L=\prod_{i=1}^{n}\frac{1}{\beta}e^{-\frac{x_i^2}{\beta^2}}=\frac{1}{\beta^n}e^{-\frac{1}{\beta^2}\sum_{i=1}^{n}x_i^2}$$

$$\ln L=-n\ln\beta-\frac{1}{\beta^2}\sum_{i=1}^{n}x_i^2,\quad \frac{d\ln L}{d\beta}=-\frac{n}{\beta}+\frac{2}{\beta^3}\sum_{i=1}^{n}x_i^2$$

令 $\frac{d\ln L}{d\beta}=0$，得 β 的极大似然估计为 $\hat{\beta}=\sqrt{\frac{2}{n}\sum_{i=1}^{n}x_i^2}$.

例 2-5　设总体 X 的概率密度函数为

$$\varphi(x;\alpha,\beta)=\begin{cases}\frac{1}{\beta}\exp[-(x-\alpha)/\beta], & x\geqslant\alpha\\ 0, & x<\alpha\end{cases}$$

其中 $\beta>0$，现从总体 X 中抽取一组样本，其观测值为

(2.21,2.23,2.25,2.16,2.14,2.25,2.22,2.12,2.05,2.13)

试分别用矩法和极大似然法估计其未知参数 α 和 β.

【解】(1) 矩法.经计算得：$\overline{X}=2.176, S=0.063$，则

$$EX=\int_{-\infty}^{+\infty}x\varphi(x)dx=\int_{\alpha}^{+\infty}x\,\frac{1}{\beta}e^{-\frac{x-\alpha}{\beta}}dx=-\int_{\alpha}^{+\infty}x\,d(e^{-\frac{x-\alpha}{\beta}})$$

$$=[-xe^{\frac{-x-\alpha}{\beta}}]_{\alpha}^{+\infty}+\int_{\alpha}^{+\infty}e^{-\frac{x-\alpha}{\beta}}dx=\alpha-\beta e^{-\frac{x-\alpha}{\beta}}\Big|_{\alpha}^{+\infty}=\alpha+\beta$$

$$EX^2=\int_{\alpha}^{+\infty}x^2\,\frac{1}{\beta}e^{-\frac{x-\alpha}{\beta}}dx=-\int_{\alpha}^{+\infty}x^2d(e^{-\frac{x-\alpha}{\beta}})$$

$$=[-x^2e^{\frac{-x-\alpha}{\beta}}]_{\alpha}^{+\infty}+\int_{\alpha}^{+\infty}2xe^{-\frac{x-\alpha}{\beta}}dx=\alpha^2+2\beta EX=\alpha^2+2\beta(\alpha+\beta)$$

$$DX=EX^2-(EX)^2=\beta^2$$

令 $\begin{cases}EX=\overline{X}\\ DX=S^2\end{cases}$，即 $\begin{cases}\alpha+\beta=\overline{X}\\ \beta^2=S^2\end{cases}$，故 $\hat{\alpha}=\overline{X}-S=2.116, \hat{\beta}=S=0.063$.

(2) 极大似然法.

$$L(x;\alpha,\beta)=\prod_{i=1}^{n}\frac{1}{\beta}e^{-\frac{X_i-\alpha}{\beta}}=\frac{1}{\beta^n}e^{-\frac{n}{\beta}(\overline{X}-\alpha)}$$

$$\ln L=-n\ln\beta-\frac{n}{\beta}(\overline{X}-\alpha)$$

$$\frac{\partial\ln L}{\partial\alpha}=\frac{n}{\beta}>0,\ \frac{\partial\ln L}{\partial\beta}=-\frac{n}{\beta}+\frac{n}{\beta^2}(\overline{X}-\alpha)$$

因为 $\ln L$ 是 L 的增函数，又 $X_1,X_2,\cdots,X_n\geqslant\alpha$，所以 $\hat{\alpha}=X_{(1)}=2.05$.

令 $\frac{\partial\ln L}{\partial\beta}=0$，得 $\hat{\beta}=\overline{X}-X_{(1)}=0.126$.

例 2-6　设 $X_1,X_2,\cdots,X_n$ 为来自总体 X 的样本，X 的分布密度函数为

$$f(x;\theta)=\begin{cases}\frac{1}{2}, & \theta-1\leqslant x\leqslant\theta+1\\ 0, & 其他\end{cases}$$

(1) 用矩法估计其未知参数 θ；

(2) 用极大似然法估计其未知参数 θ.

【解】(1)$EX=\theta$，令 $EX=\overline{X}$，得 θ 的矩估计为 $\hat{\theta}=\overline{X}$.

(2)$L(\theta)=\prod_{i=1}^{n}\frac{1}{2}=(\frac{1}{2})^n$，$\frac{\mathrm{d}L}{\mathrm{d}\theta}=0$，故 L 的单调性与 θ 无关，又 $\theta-1\leqslant x_1,x_2,\cdots,x_n\leqslant\theta+1$，所以 θ 的极大似然估计 $\hat{\theta}$ 可以取区间 $[X_{(n)}-1,X_{(1)}+1]$ 中的任何值.

例 2-7　设 $X_1,X_2,\cdots,X_n$ 为来自总体 X 的样本，X 的密度函数为

$$f(x)=\frac{3x^2}{\theta^3},\quad 0\leqslant x\leqslant\theta,\theta>0$$

(1) 求 θ 的最大似然估计 $\hat{\theta}$；

(2) 在均方误差意义下，求形如 $T_c=c\hat{\theta}$ 估计量中的最优估计量.

【解】(1)

$$L(\theta)=\prod_{i=1}^{n}f(x_i)=\begin{cases}3^n\left(\prod_{i=1}^{n}x_i\right)^2/\theta^{3n}, & 0\leqslant x_1,x_2,\cdots,x_n\leqslant\theta,\\ 3^n\left(\prod_{i=1}^{n}x_i\right)^2/\theta^{3n}, & \max_{1\leqslant i\leqslant n}\{x_i\}\leqslant\theta.\end{cases}$$

当 $\theta=\max_{1\leqslant i\leqslant n}\{x_i\}$ 时，$L(\theta)$ 达到最大，故 $\hat{\theta}=\max_{1\leqslant i\leqslant n}\{X_i\}=X_{(n)}$.

(2)

$$F(x)=\int_{-\infty}^{x}f(x)\mathrm{d}x=\begin{cases}0, & x<0\\ \frac{x^3}{\theta^3}, & 0\leqslant x\leqslant\theta\\ 1, & x>\theta\end{cases}$$

$$\hat{\theta}=X_{(n)}\sim g(x,\theta)=n[F(x)]^{n-1}f(x)=\begin{cases}\frac{3nx^{3n-1}}{\theta^{3n}}, & 0\leqslant x\leqslant\theta\\ 0, & \text{其他}\end{cases}$$

$$\begin{aligned}\mathrm{MSE}(T_c,\theta)&=E(T_c-\theta)^2=E(c\hat{\theta}-\theta)^2\\&=E[c^2\hat{\theta}^2-2c\hat{\theta}\theta+\theta^2]=c^2\int_0^\theta\frac{3nx^{3n+1}}{\theta^{3n}}\mathrm{d}x-2c\theta\int_0^\theta\frac{3nx^{3n}}{\theta^{3n}}\mathrm{d}x+\theta^2\\&=(c^2\frac{3n}{3n+2}-c\frac{6n}{3n+1}+1)\theta^2\end{aligned}$$

令

$$g^*(x)=c^2\frac{3n}{3n+2}-c\frac{6n}{3n+1}+1,\quad g^{*\prime}(x)=0$$

当 $c=\frac{3n+2}{3n+1}$ 时，T_c 为 θ 的最优估计.

例 2-8　设 $X_1,X_2,\cdots,X_n$ 为来自总体 X 的样本，X 的密度函数为

$$f(x)=\begin{cases}\frac{\theta^\alpha}{\Gamma(\alpha)}x^{\alpha-1}\mathrm{e}^{-\beta x}, & x\geqslant 0\\ 0, & x<0\end{cases},\alpha>0$$

(1) 求 θ 的最大似然估计；

(2) 求 θ 的最小方差无偏估计.

【解】(1)

$$L(\theta)=\prod_{i=1}^{n}f(x_i)=\begin{cases}\frac{\theta^{n\alpha}}{[\Gamma(\alpha)]^n}\prod_{i=1}^{n}x_i^{\alpha-1}\mathrm{e}^{-\theta\sum_{i=1}^{n}x_i}, & x_1,x_2,\cdots,x_n\geqslant 0\\ 0, & \text{其他}\end{cases}$$

$$\ln L(\theta) = n\alpha\ln\theta - n\ln\Gamma(\alpha) - \ln\prod_{i=1}^{n} x_i^{\alpha-1} - \theta\sum_{i=1}^{n} x_i$$

$$\frac{\partial\ln L(\theta)}{\partial\theta} = \frac{n\alpha}{\hat{\theta}} - \sum_{i=1}^{n} x_i = 0,\ \hat{\theta} = \frac{n\alpha}{\sum_{i=1}^{n} x_i} = \frac{\alpha}{\bar{x}},\text{即}\quad \hat{\theta} = \frac{\alpha}{\bar{X}}$$

(2) 由 $L(\theta)$ 知，$T = \sum_{i=1}^{n} X_i$ 是 θ 的充分完备统计量，且

$$T = \sum_{i=1}^{n} X_i \sim \Gamma(n\alpha,\theta),\quad T \sim p_T(x) = \begin{cases} \dfrac{\theta^{n\alpha}}{\Gamma(n\alpha)} x^{n\alpha-1}\mathrm{e}^{-\beta x}, & x \geqslant 0 \\ 0, & x < 0 \end{cases}$$

构造 $\hat{\theta} = g(T) = \dfrac{c}{T}$，使 $E\hat{\theta} = \theta$，求 c.

$$E\hat{\theta} = cE\left(\frac{1}{T}\right) = c\int_{-\infty}^{+\infty}\frac{1}{x}p_T(x)\mathrm{d}x = c\int_{0}^{+\infty}\frac{1}{x}\frac{\theta^{n\alpha}}{\Gamma(n\alpha)}x^{n\alpha-1}\mathrm{e}^{-\beta x}\mathrm{d}x = c\frac{1}{n\alpha-1}\theta = \theta$$

$c = n\alpha - 1$，故 $\hat{\theta} = \dfrac{n\alpha-1}{T}$ 是 θ 的最小方差无偏估计.

例 2-9 设 $(X_1, X_2, \cdots, X_n)$ 是来自总体 X 的一个样本，X 服从区间 $(0,\theta)$ 上均匀分布，求 θ 的最小方差无偏估计.

【解】 样本的联合分布密度为

$$L(\theta) = \prod_{i=1}^{n} f(x_i) = \begin{cases} \prod_{i=1}^{n}\dfrac{1}{\theta}, & 0 < x_{(1)} \leqslant x_{(n)} < \theta \\ 0, & \text{其他} \end{cases}$$

$$= \begin{cases} \theta^{-n}, & 0 < x_{(1)} \leqslant x_{(n)} < \theta \\ 0, & \text{其他} \end{cases} = \theta^{-n} I_{(0,\theta)}(x_{(n)})$$

其中 $x_{(1)}, x_{(n)}$ 为最小、最大次序统计量的取值，$I_{(0,\theta)}(x)$ 为示性函数，即

$$I_{(0,\theta)}(x) = \begin{cases} 1, & 0 < x < \theta \\ 0, & \text{其他} \end{cases}$$

由因子分解定理知，$X_{(n)}$ 是 θ 的充分统计量. 其分布密度为

$$f_{X_{(n)}}(x) = \begin{cases} \dfrac{n}{\theta^n}x^{n-1}, & 0 < x < \theta \\ 0, & \text{其他} \end{cases}$$

容易验证该分布族是完备的. 因而 $X_{(n)}$ 是 θ 的充分完备统计量.

又因 $EX_{(n)} = \int_0^{\theta}\dfrac{n}{\theta^n}x^n\mathrm{d}x = \dfrac{n}{n+1}\theta$，$E\left(\dfrac{n+1}{n}X_{(n)}\right) = \theta$，即 $\dfrac{n+1}{n}X_{(n)}$ 是 θ 的一个无偏估计，

故 $E\left(\dfrac{n+1}{n}X_{(n)} \mid X_{(n)}\right) = \dfrac{n+1}{n}X_{(n)}$ 是 θ 的最小方差无偏估计.

例 2-10 正态总体 X 服从正态分布 $N(3.4, 36)$，从中抽取容量为 n 的样本，如果其样本均值位于区间 $(1.4, 5.4)$ 内的概率不小于 0.95，问 n 至少应取多大？

【解】 $\bar{X} \sim N\left(3.4, \dfrac{36}{n}\right)$，则 $Z = \dfrac{\bar{X} - 3.4}{6/\sqrt{n}} \sim N(0,1)$，

$$P\{1.4<\overline{X}<5.4\}=P\left\{\frac{1.4-3.4}{6/\sqrt{n}}<Z<\frac{5.4-3.4}{6/\sqrt{n}}\right\}$$

$$=P\left\{-\frac{\sqrt{n}}{3}<Z<\frac{\sqrt{n}}{3}\right\}$$

$$=\Phi\left(\frac{\sqrt{n}}{3}\right)-\Phi\left(-\frac{\sqrt{n}}{3}\right)=2\Phi\left(\frac{\sqrt{n}}{3}\right)-1\geqslant 0.95$$

于是 $\Phi\left(\frac{\sqrt{n}}{3}\right)\geqslant 0.975$，则 $\frac{\sqrt{n}}{3}\geqslant 1.96$，所以 $n\geqslant 35$.

例 2-11　设总体 X 服从几何分布：$P\{X=k\}=p\,(1-p)^{k-1},k=1,2,\cdots,0<p<1$，证明样本均值 $\overline{X}=\frac{1}{n}\sum_{i=1}^{n}X_i$ 是 $E(X)$ 的相合、无偏和有效估计量.

【证明】因为总体 X 服从几何分布，所以 $E(X)=\frac{1}{p},D(X)=\frac{1-p}{p^2}$.

(1) 因为 $E(\overline{X})=E\left(\frac{1}{n}\sum_{i=1}^{n}X_i\right)=\frac{1}{n}E\left(\sum_{i=1}^{n}X_i\right)=\frac{1}{n}\cdot n\cdot\frac{1}{p}=\frac{1}{p}=E(X)$.

所样本均值 $\overline{X}$ 是 $E(X)$ 的无偏估计量.

(2) $D(\overline{X})=D\left(\frac{1}{n}\sum_{i=1}^{n}X_i\right)=\frac{1}{n^2}D\left(\sum_{i=1}^{n}X_i\right)=\frac{1}{n^2}\cdot n\cdot\frac{1-p}{p^2}=\frac{1-p}{np^2}$

$\ln f(X_1;p)=\ln[p\,(1-p)^{X_1-1}]=\ln p+(X_1-1)\ln(1-p)$

$\frac{\partial\ln f(X_1;p)}{\partial p}=\frac{1}{p}-\frac{X_1-1}{1-p}=\frac{1}{p}+\frac{1-X_1}{1-p}$

$\frac{\partial^2\ln f(X_1;p)}{\partial p^2}=-\frac{1}{p^2}+\frac{1-X_1}{(1-p)^2}$

$$I(p)=-E\left[\frac{\partial^2\ln f(X_1;p)}{\partial p^2}\right]=-E\left[-\frac{1}{p^2}+\frac{1-X_1}{(1-p)^2}\right]=E\left[\frac{1}{p^2}+\frac{X_1-1}{(1-p)^2}\right]$$

$$=\frac{1}{p^2}+\frac{1}{(1-p)^2}E(X_1-1)$$

$$=\frac{1}{p^2}+\frac{1}{(1-p)^2}\left(\frac{1}{p}-1\right)=\frac{1}{p^2}+\frac{1}{(1-p)^2}\frac{1-p}{p}$$

$$=\frac{1}{p^2}+\frac{1}{(1-p)p}=\frac{(1-p)+p}{p^2(1-p)}=\frac{1}{p^2(1-p)}$$

$\mathrm{e}_n=\frac{([1/p]')^2}{D(\overline{X})nI(p)}=1$

所以样本均值 $\overline{X}$ 是 $E(X)$ 的有效估计量.

(3) 证法一：因为 $\lim\limits_{n\to\infty}D(\overline{X})=\lim\limits_{n\to\infty}\frac{1-p}{np^2}=0,0<p<1$，所以样本均值样本均值 $\overline{X}$ 是 $E(X)$ 的相合估计量.

证法二：因为 $\mathrm{e}_n=\frac{[1/p]^2}{D(\overline{X})nI(p)}=1$，所以 $D(\overline{X})=\frac{([1/p]')^2}{nI(p)}$.

因为 $\lim\limits_{n\to\infty}D(\overline{X})=\lim\limits_{n\to\infty}\frac{[(1/p)']^2}{nI(p)}=0$，所以样本均值 $\overline{X}=\frac{1}{n}\sum_{i=1}^{n}X_i$ 是 $E(X)$ 的相合估计量.

例 2-12　设总体 X 服从泊松分布 $P(\lambda)$，$X_1,X_2,\cdots,X_n$ 为其样本. 试求参数 $\theta=\lambda^2$ 的无

偏估计量的罗-克拉美不等式下界.

【解】$\theta=\lambda^2, g(\lambda)=\lambda^2, g'(\lambda)=2\lambda, P\{X=k\}=\dfrac{\lambda^k}{k!}e^{-\lambda}.\quad k=0,1,2,\cdots$

$$\ln f(X_1;\lambda)=X_1\ln\lambda-\ln X_1!-\lambda$$

$$\frac{\partial\ln f(X_1;\lambda)}{\partial\lambda}=\frac{X_1}{\lambda}-1$$

$$\frac{\partial^2\ln f(X_1;\lambda)}{\partial\lambda^2}=-\frac{X_1}{\lambda^2}$$

$$I(\lambda)=-E\left[\frac{\partial^2\ln f(X_1;\lambda)}{\partial\lambda^2}\right]=-E\left[-\frac{X_1}{\lambda^2}\right]=E\left[\frac{X_1}{\lambda^2}\right]=\frac{E[X_1]}{\lambda^2}=\frac{\lambda}{\lambda^2}=\frac{1}{\lambda}$$

所以参数 $\theta=\lambda^2$ 的无偏估计量的罗-克拉美不等式下界为

$$\frac{[g'(\lambda)]^2}{nI(\lambda)}=\frac{\lambda\,(2\lambda)^2}{n}=\frac{4}{n}\lambda^3=\frac{4}{n}\theta^{\frac{3}{2}}$$

例 2-13 设 $X_1,X_2,\cdots,X_n$ 是来自总体 $X\sim N(\mu,\sigma^2)$ 的样本，μ 未知，但 σ^2 已知，试问 n 取何值时可以保证双侧 $1-\alpha$ 的置信区间长度不超过 L.

【解】因为总体方差 σ 已知，而总体均值 μ 未知，可构造枢轴量，所以 μ 的置信度为 $1-\alpha$ 的置信区间为 $\left(\overline{X}-u_{\frac{\alpha}{2}}\dfrac{\sigma}{\sqrt{n}},\overline{X}+u_{\frac{\alpha}{2}}\dfrac{\sigma}{\sqrt{n}}\right)$，所以区间的长度为 $L=2u_{\frac{\alpha}{2}}\dfrac{\sigma}{\sqrt{n}}$.

要使 $L\leqslant 2u_{\frac{\alpha}{2}}\dfrac{\sigma}{\sqrt{n}}$，则应有 $\sqrt{n}=2u_{\frac{\alpha}{2}}\dfrac{\sigma}{L}\quad\Rightarrow\quad n\geqslant\left(2u_{\frac{\alpha}{2}}\dfrac{\sigma}{L}\right)^2$. 由于 n 为整数，所以 n 至少取 $[4\sigma^2u_{\alpha/2}^2/L^2]$. 这里 $[x]$ 表示不小于 x 的最小整数.

例 2-14 设总体 $X\sim N(\mu,\sigma^2)$，σ^2 未知，样本 $X_1,X_2,\cdots,X_n$，μ 已知，求 σ^2 置信度为 $1-\alpha$ 的置信区间.

【解】用 $\hat{\sigma}^2=\dfrac{1}{n}\sum\limits_{i=1}^{n}(X_i-\mu)^2$ 估计 σ^2，构造函数

$$\chi^2=\sum_{i=1}^{n}(X_i-\mu)^2/\sigma^2\sim\chi^2(n)$$

给定 $1-\alpha$，使 $P\{\lambda_1<\chi^2<\lambda_2\}=1-\alpha$，取 $P\{\chi^2<\lambda_1\}=P\{\chi^2>\lambda_2\}=\dfrac{\alpha}{2}$，可得

$$\lambda_2=\chi^2_{\frac{\alpha}{2}}(n),\quad \lambda_1=\chi^2_{1-\frac{\alpha}{2}}(n)$$

代入得

$$P\left\{\chi^2_{1-\frac{\alpha}{2}}(n)<\frac{\sum\limits_{i=1}^{n}(X_i-\mu)^2}{\sigma^2}<\chi^2_{\frac{\alpha}{2}}(n)\right\}=1-\alpha$$

解得

$$P\left\{\frac{\sum\limits_{i=1}^{n}(X_i-\mu)^2}{\chi^2_{\frac{\alpha}{2}}(n)}<\sigma^2<\frac{\sum\limits_{i=1}^{n}(X_i-\mu)^2}{\chi^2_{1-\frac{\alpha}{2}}(n)}\right\}=1-\alpha$$

故 σ^2 的置信区间为 $\left(\dfrac{\sum\limits_{i=1}^{n}(X_i-\mu)^2}{\chi^2_{\frac{\alpha}{2}}(n)},\dfrac{\sum\limits_{i=1}^{n}(X_i-\mu)^2}{\chi^2_{1-\frac{\alpha}{2}}(n)}\right)$.

例 2－15　机床厂某日从两台机器加工的同一种零件中，分别抽取若干个样品，测得零件尺寸如下：

第一台：6.2　5.7　6.5　6.0　6.3　5.8　5.7　6.0　6.0　5.8　6.0

第二台：5.6　5.9　5.6　5.7　5.8　6.0　5.5　5.7　5.5

假设两台机器加工的零件尺寸均服从正态分布，且方差相同. 取置信度为 0.95，试对两机器加工的零件尺寸均值之差作区间估计.

【解】用 X 表示第一台机器加工的零件尺寸，Y 表示第二台机器加工的零件尺寸. 由题设 $n_1 = 11, n_2 = 9; 1-\alpha = 0.95, \alpha = 0.05, t_{0.025}(18) = 2.1009$，经计算得

$$\bar{y} = 5.7, (n_2 - 1)S_{2n_2}^{*2} = \sum_{i=1}^{n_2} y_i^2 - n_2\bar{y}^2 = 0.24$$

$$\bar{x} = 6.0, (n_1 - 1)S_{1n_1}^{*2} = \sum_{i=1}^{n_1} x_i^2 - n_1\bar{x}^2 = 0.64$$

置信下限为

$$\bar{x} - \bar{y} - t_{\frac{\alpha}{2}}(n_1 + n_2 - 2)\sqrt{(n_1 - 1)S_{1n_1}^{*2} + (n_2 - 1)S_{2n_2}^{*2}}\sqrt{\frac{n_1 + n_2}{n_1 n_2 (n_1 + n_2 - 2)}}$$

$$= 6.0 - 5.7 - 2.1009 \times \sqrt{0.64 + 0.24} \times \sqrt{\frac{11 + 9}{11 \times 9 \times 18}} = 0.0912$$

置信上限为

$$\bar{x} - \bar{y} + t_{\frac{\alpha}{2}}(n_1 + n_2 - 2)\sqrt{(n_1 - 1)S_{1n_1}^{*2} + (n_2 - 1)S_{2n_2}^{*2}}\sqrt{\frac{n_1 + n_2}{n_1 n_2 (n_1 + n_2 - 2)}}$$

$$= 6.0 - 5.7 + 2.1009 \times \sqrt{0.64 + 0.24} \times \sqrt{\frac{11 + 9}{11 \times 9 \times 18}} = 0.5088$$

故第一台机器加工的零件尺寸与第二台机器加工的零件尺寸的均值之差的置信区间为 (0.0912, 0.5088).

例 2－16　设两位化验员 A、B 用相同的方法独立地对某聚合物中含氯量各做 10 次测定，其测定值的修正样本方差依次为 $S_A^2 = 0.5419, S_B^2 = 0.6065$. 设 σ_A^2, σ_B^2 分别为 A，B 测定值总体的方差，设总体均为正态的，两样本独立，求方差比 σ_A^2/σ_B^2 的置信水平为 0.95 的置信区间.

【解】σ_A^2/σ_B^2 的置信水平为 0.95 的置信区间为

$$\left(\frac{S_A^2}{S_B^2}\frac{1}{F_{\alpha/2}(n_1 - 1, n_2 - 1)},\quad \frac{S_A^2}{S_B^2}\frac{1}{F_{1-\alpha/2}(n_1 - 1, n_2 - 1)}\right)$$

这里 $1-\alpha = 0.95, \alpha = 0.05, \alpha/2 = 0.025$. 查表得 $F_{\alpha/2}(9,9) = 4.03, F_{1-\alpha/2}(9,9) = \frac{1}{4.03}$，代入上式得(0.222, 3.601).

例 2－17　已知某炼铁厂的铁水含碳量(1%) 正常情况下服从正态分布 $N(\mu, \sigma^2)$，且标准差 $\sigma = 0.108$. 现测量五炉铁水，其含碳量分别是 4.28, 4.4, 4.42, 4.35, 4.37(1%)，试求未知参数 μ 的单侧置信水平为 0.95 的置信下限和置信上限.

【解】因为总体方差 σ 已知，而总体均值 μ 未知，可构造枢轴量 $U = \frac{\overline{X} - \mu}{\sigma/\sqrt{n}} \sim N(0,1)$，于是，其单侧置信水平为 0.95 的置信上限和下限为

$$P\left\{\frac{\overline{X}-\mu}{\sigma/\sqrt{n}}<u_{\alpha}\right\}=1-\alpha,\quad P\left\{\frac{\overline{X}-\mu}{\sigma/\sqrt{n}}>-u_{\alpha}\right\}=1-\alpha$$

即 $P\left\{\mu<\overline{X}+u_{\alpha}\frac{\sigma}{\sqrt{n}}\right\}=1-\alpha,P\left\{\mu>\overline{X}-u_{\alpha}\frac{\sigma}{\sqrt{n}}\right\}=1-\alpha.$

故 μ 的 $1-\alpha$ 单侧置信上限和单侧置信下限分别为

$$\overline{X}+u_{\alpha}\frac{\sigma}{\sqrt{n}},\quad \overline{X}-u_{\alpha}\frac{\sigma}{\sqrt{n}}$$

将 $\bar{x}=4.364\%,\sigma=0.108,n=5,\alpha=0.05,u_{\alpha}=1.64$ 代入上式可得

$$\overline{X}+u_{\alpha}\frac{\sigma}{\sqrt{n}}=4.443,\quad \overline{X}-u_{\alpha}\frac{\sigma}{\sqrt{n}}=4.285$$

故单侧置信上限为 4.443%，单侧置信下限为 4.285%.

例 2－18 为了比较 A、B 两种灯泡的寿命，从 A 型号中随机地抽取 80 只，测得平均寿命 $\bar{x}=2000$ h，修正样本标准差 $s_1=80$ h，从 B 型号中随机抽取 100 只，测得平均寿命 $\bar{y}=1900$ h，修正样本标准差 $s_2=100$ h，假定两种型号的灯泡寿命分别服从正态分布 $N(\mu_1,\sigma_1^2)$ 和 $N(\mu_2,\sigma_2^2)$ 且相互独立. 试求：

(1) 置信度为 0.99 的 $\mu_1-\mu_2$ 的置信区间；

(2) $\frac{\sigma_1^2}{\sigma_2^2}$ 的置信度为 0.90 的置信区间.

【解】(1) 由于两总体的样本容量都比较大，所以 $\mu_1-\mu_2$ 的置信区间为

$$\left((\bar{x}-\bar{y})-u_{\frac{\alpha}{2}}\sqrt{\frac{S_1^2}{n}+\frac{S_2^2}{m}},\quad (\bar{x}-\bar{y})+u_{\frac{\alpha}{2}}\sqrt{\frac{S_1^2}{n}+\frac{S_2^2}{m}}\right)$$

已知 $n=80,m=100,\bar{x}=2000,\bar{y}=1900,S_1^2=80,S_2^2=100$，经查表得 $u_{0.005}=2.57$，把数据代入上式，得 $\mu_1-\mu_2$ 的置信区间为(65.4,134.6).

(2) $\frac{\sigma_1^2}{\sigma_2^2}$ 置信度为 $1-\alpha$ 的置信区间为

$$\left(\frac{S_1^2/S_2^2}{F_{\alpha/2}(n-1,m-1)},\quad \frac{S_1^2/S_2^2}{F_{1-\alpha/2}(n-1,m-1)}\right)$$

经查表得 $F_{0.05}(79,99)\approx 1.4298,F_{0.95}(79,99)=\frac{1}{F_{0.05}(99,79)}\approx 0.6803$，将数据代入上式得 $\frac{\sigma_1^2}{\sigma_2^2}$ 置信度为 0.90 的置信区间为(0.4476,0.9408).

例 2－19 抽取 1000 人的随机样本，估计一个大的人口总体中拥有私人汽车的人的百分数，样本中有 543 人拥有私人汽车.

(1) 求样本中拥有私人汽车的人的百分数的标准差；

(2) 求总体中拥有私人汽车的人的百分数的 95% 的置信区间.

【解】设 X_i 为第 i 个人拥有私人汽车的百分数，则 $X_i\sim B(1,p)$，从而可以得到 $\sum_{i=1}^{1000}X_i^2=\sum_{i=1}^{1000}X_i$，从而其标准差为

$$S=\sqrt{\frac{1}{n-1}\sum_{i=1}^{n}(X_i-\overline{X})^2}=\sqrt{\frac{1}{n-1}\left[\sum_{i=1}^{n}X_i^2-n\overline{X}\right]}=\sqrt{\frac{n}{n-1}\hat{p}(1-\hat{p})}$$

其中，$\hat{p}$ 为样本均值 $\overline{X}$ 的成数，即 $\overline{X} = \hat{p}$，故代入可得 $S = 0.4991$.

(2) 拥有私人汽车的人的百分数的点估计为 $\hat{p} = \dfrac{543}{1000} = 0.543$，$\alpha = 0.05$，由于样本容量为 1000，较大，从而可代入 p 的置信度为 0.95 的置信区间为

$$\left(\hat{p} - u_{\frac{\alpha}{2}}\sqrt{\frac{\hat{p}(1-\hat{p})}{n}}, \hat{p} + u_{\frac{\alpha}{2}}\sqrt{\frac{\hat{p}(1-\hat{p})}{n}}\right) = (0.512, 0.5740)$$

故有 95% 的把握认为，总体中拥有私人汽车的百分数处于 51.2% 到 57.40% 之间.

2.4　教材习题详解

1. (1) $(X_{i+1} - X_i)$ 服从 $N(0, 2\sigma^2)$，$(X_{i+1} - X_i)/\sqrt{2}\sigma$ 服从 $N(0,1)$，

$$E(X_{i+1} - X_i)^2 = D(X_{i+1} - X_i) + [E(X_{i+1} - X_i)]^2 = DX_{i+1} + DX_i = 2\sigma^2$$

$E\hat{\sigma}^2 = \dfrac{1}{k}\sum\limits_{i=1}^{n-1} E(X_{i+1} - X_i)^2 = \dfrac{2\sigma^2(n-1)}{k}$，令 $\dfrac{2\sigma^2(n-1)}{k} = \sigma^2$，得 $k = 2(n-1)$.

(2) $X_i - \overline{X} = X_i - \dfrac{1}{n}X_i - \dfrac{1}{n}\sum\limits_{n} X_j = \left(\dfrac{n-1}{n}\right)X_i - \dfrac{1}{n}\sum\limits_{n} X_j$

这时 $\left(\dfrac{n-1}{n}\right)X_i$ 与 $\dfrac{1}{n}\sum\limits_{n} X_j$ 是独立的，$\left(\dfrac{n-1}{n}\right)X_i - \dfrac{1}{n}\sum\limits_{n} X_j$ 服从 $N\left(0, \dfrac{n-1}{n}\sigma^2\right)$

即 $X_i - \overline{X}$ 服从 $N\left(0, \dfrac{n-1}{n}\sigma^2\right)$，故 $\dfrac{X_i - \overline{X}}{\sigma\sqrt{\dfrac{n-1}{n}}}$ 服从 $N(0,1)$.

若 X 服从 $N(0,1)$，则 $E|X| = \sqrt{\dfrac{2}{\pi}}$.

所以 $E\hat{\sigma} = \dfrac{1}{k}\sum\limits_{i=1}^{n} E|x_i - \bar{x}| = \dfrac{1}{k}\sqrt{\dfrac{n-1}{n}}\sigma \sum\limits_{i=1}^{n} E\left|\dfrac{x_i - \bar{x}}{\sqrt{\dfrac{n-1}{n}}\sigma}\right| = \dfrac{1}{k}\sqrt{\dfrac{n-1}{n}}\sigma \times n\sqrt{\dfrac{2}{\pi}} = \sigma$，

则 $k = \sqrt{\dfrac{2n(n-1)}{\pi}}$.

2. (1) $E\sum\limits_{i=1}^{n}\alpha_i X_i = \sum\limits_{i=1}^{n}\alpha_i EX_i = EX\sum\limits_{i=1}^{n}\alpha_i = EX$.

(2) $D[\sum\limits_{i=1}^{n}\alpha_i X_i] = DX\sum\limits_{i=1}^{n}\alpha_i{}^2$，$D\overline{X} = DX/n$，由柯西许瓦斯不等式可得 $(\sum\limits_{i=1}^{n}\alpha_i 1)^2 \leqslant \sum\limits_{i=1}^{n}\alpha_i{}^2\sum\limits_{i=1}^{n}1^2 = n\sum\limits_{i=1}^{n}\alpha_i{}^2$，故 $D[\sum\limits_{i=1}^{n}\alpha_i X_i] = DX\sum\limits_{i=1}^{n}\alpha_i{}^2 \geqslant D\overline{X} = DX/n$.

3. $F(x) = \dfrac{x}{\theta}$，$x \in [0,\theta]$，$F(x) = 0$，$x < 0$，$F(x) = 1$，$x > \theta$，$EX = \int_0^\theta \dfrac{x}{\theta}\mathrm{d}x = \dfrac{\theta}{2}$，

$DX = \dfrac{\theta^2}{12}$.

令 $Y = \max\limits_{1\leqslant i\leqslant n}\{X_i\}$，则 $f_n(y) = \begin{cases} nF^{n-1}(y)f(y) = \dfrac{ny^{n-1}}{\theta^n}, & x \in (0,\theta) \\ 0, & \text{其他} \end{cases}$.

$$E(Y)=\frac{n}{n+1}\theta,DY=\frac{n}{(n+1)^2(n+2)}\theta^2$$

(1)$E\hat{\theta}_1=2E\overline{X}=2EX=\theta$，　$E\hat{\theta}_2=\frac{n+1}{n}\max\limits_{1\leqslant i\leqslant n}\{X_i\}=\frac{n+1}{n}\times\frac{n}{n+1}\times\theta=\theta$.

(2)$D\hat{\theta}_1=4\times D\overline{X}=4\times\frac{DX}{n}=\frac{\theta^2}{3n},D\hat{\theta}_2=\frac{(n+1)^2}{n^2}DY=\frac{1}{n(n+2)}\theta^2$

则 $D\hat{\theta}_1>D\hat{\theta}_2$，所以 $\hat{\theta}_2$ 更有效.

4. $E(-2)^{X_1}=\sum\limits_{x_1=0}^{+\infty}(-2)^{x_1}\times\frac{\lambda^{x_1}}{x_1!}\mathrm{e}^{-\lambda}=\mathrm{e}^{-\lambda}\sum\limits_{x_1=0}^{+\infty}\frac{(-2\lambda)^{x_1}}{x_1!}=\mathrm{e}^{-\lambda}\mathrm{e}^{-2\lambda}=\mathrm{e}^{-3\lambda}$，证毕.

5. $E\hat{u}=\frac{2}{n(n+1)}\sum\limits_{i=1}^{n}iEX_i=\frac{2}{n(n+1)}u\sum\limits_{i=1}^{n}i=u$，所以 $\hat{u}$ 为 u 的无偏估计.

$\mathrm{MSE}(\hat{u},u)=E(\hat{u}-u)^2=E(\hat{u}-E\hat{u}+E\hat{u}-u)^2=E(\hat{u}-E\hat{u})^2=D\hat{u}$

所以 $D\hat{u}=\frac{4}{n^2(n+1)^2}\sum\limits_{i=1}^{n}i^2DX_i=\frac{4\sigma^2}{n^2(n+1)^2}\sum\limits_{i=1}^{n}i^2=\frac{4\sigma^2}{n^2(n+1)^2}\cdot\frac{n(n+1)(2n+1)}{6}=\frac{2(2n+1)\sigma^2}{3n(n+1)}$.

6. $E\hat{\sigma}^2=\frac{1}{n}\sum\limits_{i=1}^{n}EX^2=EX^2=DX+(EX)^2=\sigma^2+0=\sigma^2$，无偏估计.

$\sum\limits_{i=1}^{n}\left(\frac{X_i}{\sigma}\right)^2$ 服从 $\chi^2(n)$，$D\hat{\sigma}^2=\frac{1}{n^2}D\sum\limits_{i=1}^{n}X_i^{\ 2}=\frac{\sigma^4}{n^2}D\sum\limits_{i=1}^{n}\left(\frac{X_i}{\sigma}\right)^2=\frac{\sigma^4}{n^2}\cdot 2n=\frac{2}{n}\sigma^4$

$\lim\limits_{n\to\infty}D\hat{\sigma}^2=\lim\limits_{n\to\infty}\frac{2}{n}\sigma^4=0$，所以 $\hat{\sigma}^2$ 是 σ^2 的相合估计，$\hat{\sigma}^2$ 服从 $N(\sigma^2,\frac{2}{n}\sigma^4)$.

7. $$ES_n^2=\frac{\sigma^2}{n}E\frac{nS_n^2}{\sigma^2}=\frac{\sigma^2}{n}\times(n-1)=\frac{n-1}{n}\sigma^2,\quad\lim_{n\to\infty}\frac{n-1}{n}\sigma^2=\sigma^2$$

$$DS_n^2=\frac{\sigma^4}{n^2}D\frac{nS_n^2}{\sigma^2}=\frac{\sigma^2}{n^2}\times 2(n-1)=\frac{2(n-1)}{n^2}\sigma^2,\quad\lim_{n\to\infty}\frac{2(n-1)}{n^2}\sigma^2=0$$

所以 S_n^2 是 σ^2 的相合估计.

8. $EX=\sum\limits_{x=1}^{+\infty}xp(1-p)^{x-1}=p\sum\limits_{x=1}^{+\infty}x(1-p)^{x-1}=\frac{1}{p}$，令 $\frac{1}{\hat{p}}=\overline{X}$，所以 $\hat{p}=\frac{1}{\overline{X}}$

$$L(X_1,X_2,\cdots,X_n;p)=\prod_{i=1}^{n}p\{X_i=x_i\}=p^n(1-p)^{\sum\limits_{i=1}^{n}X_i-n}$$

$$\ln L(X_i;p)=n\ln p+(\sum_{i=1}^{n}X_i-n)\ln(1-p)$$

$$\frac{\partial\ln L(X_i;p)}{\partial p}=\frac{n}{p}-(\sum_{i=1}^{n}X_i-n)\frac{1}{1-p}$$

令 $p=\hat{p}$ 使得 $n/\hat{p}-(\sum\limits_{i=1}^{n}X_i-n)\frac{1}{1-\hat{p}}=0\Rightarrow\hat{p}=1/\overline{X}$.

9. $EX=\int_0^{\theta}\frac{2}{\theta^2}x(\theta-x)\mathrm{d}x=\frac{\theta}{3}$，令 $\theta=\hat{\theta}$ 由矩法 $\frac{\hat{\theta}}{3}=\overline{X}\Rightarrow\hat{\theta}=3\overline{X}$.

10. (1) 矩估计法. 因为 $EX=\frac{\theta}{2}$，所以 $\frac{\hat{\theta}}{2}=\overline{X}$，$\hat{\theta}=2\overline{X}$，由样本值可得 $\overline{X}=1.2$，$S_n^2=0.407$，$\hat{\theta}=2.4$.

(2) 最大似然估计. $L(X_i;\theta)=\prod\limits_{i=1}^{n}f(X_i;\theta)=\frac{1}{\theta^n},X_i\in(0,\theta),\frac{\partial\ln L(X_i;\theta)}{\partial\theta}=-\frac{n}{\theta}<0.$

因为次序统计量：$X_{(1)}\leqslant X_{(2)}\leqslant\cdots\leqslant X_{(n)}\leqslant\theta$，所以 $\theta=X_{(n)}$，即 $\theta=\max\{X_{(i)}\}$，$L(X_i;\theta)$ 达到最大.

所以 $\hat{\theta}=\max\limits_{1\leqslant i\leqslant n}X_i=2.2$. 因为 $EX=\frac{\theta}{2}$，所以 $E\hat{X}=\frac{\hat{\theta}}{2}=\frac{1}{2}\max X_i=1.1$，$DX=\frac{\theta^2}{12}$，$D\hat{X}=\frac{\hat{\theta}^2}{12}=0.403$.

11. (1) $EX=\int_0^1(\theta+1)x^{\theta+1}\mathrm{d}x=\frac{\theta+1}{\theta+2}$，由 $\frac{\hat{\theta}+1}{\hat{\theta}+2}=\bar{x}\Rightarrow\theta=\frac{1-2\bar{x}}{\bar{x}-1}$，代入样本值得 $\hat{\theta}\approx0.3$.

(2) 最大似然估计. $L(X_i;\theta)=\prod\limits_{i=1}^{n}f(X_i;\theta)=(\theta+1)^n(\prod\limits_{i=1}^{n}X_i)^{\theta}$

$$\ln L(X_i;\theta)=n\ln(\theta+1)+\theta\ln\prod_{i=1}^{n}X_i=n\ln(\theta+1)+\theta\sum_{i=1}^{n}\ln X_i$$

$$\frac{\partial\ln L(X_i;\theta)}{\partial\theta}=\frac{n}{\theta+1}+\sum_{i=1}^{n}\ln X_i$$

令 $\theta=\hat{\theta}$，使得 $\frac{\partial\ln L(X_i;\theta)}{\partial\theta}=0$，$\hat{\theta}=-(1+n(\sum\limits_{i=1}^{n}\ln X_i)^{-1})$，代入样本值 $\hat{\theta}\approx0.2$.

12. (1)

$$L(X_i;\theta)=\prod_{i=1}^{n}f(X_i;\theta)=\frac{2^n}{\theta^{2n}}\prod_{i=1}^{n}X_i\mathrm{e}^{-\frac{1}{\theta^2}\sum\limits_{i=1}^{n}X_i^2}$$

$$\ln L(X_i;\theta)=n\ln2+\sum_{i=1}^{n}\ln X_i-\frac{1}{\theta^2}\sum_{i=1}^{n}X_i^2-2n\ln\theta$$

$$\frac{\partial\ln L(X_i;\theta)}{\partial\theta}=\frac{2\sum\limits_{i=1}^{n}X_i^2}{\theta^3}-\frac{2n}{\theta}$$

令 $\theta=\hat{\theta}$ 使 $\frac{\partial\ln L(X_i;\theta)}{\partial\theta}=0\Rightarrow\hat{\theta}=\sqrt{\frac{1}{n}\sum\limits_{i=1}^{n}X_i^2}$.

(2)

$$L(X_i;\theta)=(2\sigma)^{-n}\mathrm{e}^{-\frac{1}{\sigma}\sum\limits_{i=1}^{n}|X_i|}$$

$$\ln L(X_i;\theta)=-\sigma^{-1}\sum_{i=1}^{n}|X_i|-n\ln2-n\ln\sigma$$

$$\frac{\partial\ln L(X_i;\theta)}{\partial\theta}=\sum_{i=1}^{n}|X_i|/\sigma^2-n/\sigma$$

令 $\sigma=\hat{\sigma}$，由 $\frac{\partial\ln L(X_i;\theta)}{\partial\theta}=0$，得 $\hat{\sigma}=\frac{1}{n}\sum\limits_{i=1}^{n}|X_i|$.

(3) $L(X_i;\theta)=\mathrm{e}^{-\sum\limits_{i=1}^{n}X_i}\mathrm{e}^{n\theta}$，$(\theta\leqslant X)$，$\ln L(X_i;\theta)=-\sum\limits_{i=1}^{n}X_i+n\theta$，$\frac{\partial\ln L(X_i;\theta)}{\partial\theta}=n>0$

因为 $\theta\leqslant X_{(1)}\leqslant X_{(2)}\leqslant X_{(n)}$，所以 $\hat{\theta}=X_{(1)}=\min\limits_{1\leqslant i\leqslant n}X_i L(X_i;\theta)$ 最大，所以 $\hat{\theta}=\min\limits_{1\leqslant i\leqslant n}X_i$.

(4)

$$L(X_i;\alpha,\beta)=\beta^{-n}\mathrm{e}^{\frac{-1}{\beta}\sum\limits_{i=1}^{n}(X_i-\alpha)}=\beta^{-n}\mathrm{e}^{\frac{-1}{\beta}\sum\limits_{i=1}^{n}X_i+\frac{n\alpha}{\beta}}$$

$$\ln L(X_i;\alpha,\beta)=-\beta^{-1}\sum_{i=1}^{n}X_i+\beta^{-1}n\alpha-n\ln\beta$$

$$\frac{\partial \ln L(X_i;\alpha,\beta)}{\partial \alpha}=\frac{n}{\beta}>0$$

$$\frac{\partial \ln L(X_i;\alpha,\beta)}{\partial \beta}=\frac{\sum_{i=1}^{n}X_i}{\beta^2}-\frac{n\alpha}{\beta^2}-\frac{n}{\beta}$$

可知 $L(X_i;\alpha,\beta)$ 对 α 单调增，因为 $\alpha\leqslant X_{(1)}\leqslant X_{(2)}\leqslant\cdots\leqslant X_{(n)}$，所以 $\hat{\alpha}=\min\limits_{1\leqslant i\leqslant n}X_i$ 时 $L(X_i;\alpha,\beta)$ 为最大.

令 $\beta=\hat{\beta}$ 使 $\dfrac{\partial \ln L(X_i;\alpha,\beta)}{\partial \beta}=0\Rightarrow\hat{\beta}=\overline{X}-\hat{\alpha}$，$\hat{\alpha}=\min X_i$，$\hat{\beta}=\overline{X}-\min X_i$.

13. $\left\{\dfrac{X-\mu}{\sigma}\geqslant\dfrac{\theta-\mu}{\sigma}\right\}=1-P\left\{\dfrac{X-\mu}{\sigma}<\dfrac{\theta-\mu}{\sigma}\right\}=0.05$，

因为 $\dfrac{X-\mu}{\sigma}$ 服从 $N(0,1)$，所以 $P\left\{\dfrac{X-\mu}{\sigma}<\dfrac{\theta-\mu}{\sigma}\right\}=0.95$.

所以 $\Phi\left(\dfrac{\theta-\mu}{\sigma}\right)=0.95\Rightarrow\dfrac{\theta-\mu}{\sigma}=1.65$，所以 $\hat{\theta}=\mu+1.65\sigma$. 因为 $\theta(\mu,\sigma)$ 在 μ,σ 处连续，所以 $\hat{\theta}=\hat{\mu}+1.65\hat{\sigma}$. 其中 $\hat{\theta},\hat{\mu},\hat{\sigma}$ 分别为 θ,μ,σ 的最大似然估计，故 $\hat{\theta}=\overline{X}+1.65S_n$.

17. 设 $(X_1,X_2,\cdots,X_n)$ 是 X 的一个样本，其值为 $(x_1,x_2,\cdots,x_n)$，记 $\theta=(\mu,\sigma^2)$，则

$$L(\theta)=\prod_{i=1}^{n}\frac{1}{\sqrt{2\pi}\sigma}\exp\left[-\frac{(x_i-\mu)^2}{2\sigma^2}\right]$$

$$=\left(\frac{1}{\sqrt{2\pi}\sigma}\right)^n\exp\left[-\frac{1}{2\sigma^2}\sum_{i=1}^{n}(x_i-\mu)^2\right]$$

$$\ln L(\theta)=-n\ln\sqrt{2\pi}-\frac{n}{2}\ln\sigma^2-\frac{1}{2\sigma^2}\sum_{i=1}^{n}(x_i-\mu)^2$$

$$\left.\frac{\partial \ln L(\theta)}{\partial \mu}\right|=\frac{1}{\sigma^2}\sum_{i=1}^{n}(x_i-\mu)=0$$

$$\left.\frac{\partial \ln L(\theta)}{\partial \sigma^2}\right|=-\frac{n}{2\sigma^2}+\frac{1}{2(\hat{\sigma}^2)^2}\sum_{i=1}^{n}(x_i-\hat{\mu})^2=0$$

最大似然估计为

$$\hat{\mu}=n^{-1}\sum_{i=1}^{n}X_i=\overline{X},\hat{\sigma}^2=n^{-1}\sum_{i=1}^{n}(X_i-\overline{X})^2=S_n^2$$

将样本值 $(14.7,15.1,14.8,15.0,15.2,14.6)^{\mathrm{T}}$ 代入得 $\hat{\mu}=14.9$，$\hat{\sigma}^2=(0.216)^2$.

18. 似然函数为

$$L(x_i;p)=\prod_{i=1}^{n}P\{X_i=x_i\}=\prod_{i=1}^{n}C_N^{x_i}p^{\sum_{i=1}^{n}x_i}(1-p)^{nN-\sum_{i=1}^{n}x_i}$$

$$\ln L(x_i;p)=\ln\prod_{i=1}^{n}C_N^{x_i}+\left(\sum_{i=1}^{n}x_i\right)\ln p+\left(nN-\sum_{i=1}^{n}x_i\right)\ln(1-p)$$

$$\frac{\partial \ln L(x_i;p)}{\partial p}=p^{-1}\sum_{i=1}^{n}x_i+(1-p)^{-1}\left(\sum_{i=1}^{n}x_i-nN\right)$$

令 $p=\hat{p}$，$\dfrac{\partial \ln L(X_i;p)}{\partial p}=0\Rightarrow\hat{p}=N^{-1}\overline{X}$.

$$\prod_{i=1}^{n} P\{X_i = x_i\} = \prod_{i=1}^{n} C_N^{x_i} (1-p)^{nN} \left(\frac{p}{1-p}\right)^{\sum_{i=1}^{n} x_i}$$
$$= \prod_{i=1}^{n} C_N^{x_i} (1-p)^{nN} \left(\frac{p}{1-p}\right)^{n\overline{X}}$$
$$= (1-p)^{nN} e^{n\overline{X}\ln\frac{p}{1-p}} \prod_{i=1}^{n} C_N^{x_i}$$

$$c(p) = (1-p)^{nN}, b(p) = n\ln\frac{p}{1-p}, T = \overline{X}, h(X_1, X_2, \cdots, X_n) = \prod_{i=1}^{n} C_N^{x_i}$$

所以 $\overline{X}$ 是 p 的充分完备统计量.

$$E\hat{p} = N^{-1}E\overline{X} = N^{-1}EX = N^{-1}Np = p$$

所以 $\hat{p}$ 是无偏的，$\hat{p}^* = E(\hat{p}\overline{X}) = N^{-1}\overline{X}$ 是 p 的 MVUE.

19.
$$L(x_i;\theta) = \prod_{i=1}^{n} \theta^{-n} e^{-\frac{1}{\theta}\sum_{i=1}^{n} x_i}, x_i > 0$$
$$\ln L(x_i;\theta) = -\theta^{-1}\sum_{i=1}^{n} x_i - n\ln\theta$$
$$\frac{\partial \ln L(X_i;\theta)}{\partial\theta} = -\frac{\sum_{i=1}^{n} X_i}{\theta^2} - \frac{n}{\theta}$$

令 $\frac{\partial \ln L(X_i;\theta)}{\partial\theta} = 0$，有 $\hat{\theta} = \overline{X}$.

$E\hat{\theta} = E\overline{X} = EX = \theta$，($\Gamma$ 分布：$\alpha = 1, \beta = \frac{1}{\theta}, EX = \frac{\alpha}{\beta} = \theta$)，$\hat{\theta}$ 是 θ 的无偏估计.

$L(X_i;\theta) = \theta^{-n} e^{-\frac{1}{\theta}\sum_{i=1}^{n} X_i} = \theta^{-n} e^{-\frac{n}{\theta}\overline{X}}, c(\theta) = \theta^{-n}, b(\theta) = -n\theta^{-1}, T = \overline{X}, h(X_1, X_2, \cdots, X_n) = 1.$

所以 $\overline{X}$ 为 θ 的充分完备统计量，$\hat{\theta}^* = E(\hat{\theta} \mid T) = E(\overline{X} \mid T) = \overline{X}$ 是 θ 的 MVUE.

20. $L(x_i;\sigma^2) = \prod_{i=1}^{n} f(x_i) = -(\sqrt{2\pi})^{-n} (\sigma^2)^{-\frac{n}{2}} e^{-\frac{n}{2\sigma^2}T}, T = n^{-1}\sum_{i=1}^{n} X_i^2$

(1) 易验证 T 为 σ^2 的最大似然估计，$ET = n^{-1}nEX^2 = DX + (EX)^2 = \sigma^2$ 为无偏估计.

由 $L(X_i, \sigma^2)$ 的表达式可得，$c(\theta) = (\sqrt{2\pi})^{-n}(\sigma^2)^{-\frac{n}{2}}, T = \frac{1}{n}\sum_{i=1}^{n} X_i^2, b(\theta) = -\frac{n}{2\sigma^2}, h(X_1, X_2, \cdots, X_n) = 1.$

所以 T 是 σ^2 的充分完备统计量，故 $\hat{\sigma}^{2*} = E\left(n^{-1}\sum_{i=1}^{n} X_i^2 \middle| n^{-1}\sum_{i=1}^{n} X_i^2\right) = n^{-1}\sum_{i=1}^{n} X_i^2$ 为 σ^2 的 MVUE.

(2) 似然函数为 $L = (\sigma\sqrt{2\pi})^{-n}\exp\left\{-\frac{1}{2\sigma^2}\sum_{i=1}^{n} x_i^2\right\} = c(\theta)\exp\{b(\theta)T(x)\}h(x)$，其中 $h(x) = 1, T(x) = \sum_{i=1}^{n} X_i^2, b(\theta) = -(2\sigma^2)^{-1}, c(\theta) = (\sqrt{2\pi}\sigma)^{-n}$.

由定义它是指数型分布族，从而 $T(x) = \sum_{i=1}^{n} X_i^2$ 是 σ^2 的一个充分完备统计量.

令 $y = \frac{1}{\sigma^2}T(x) = \frac{1}{\sigma^2}\sum_{i=1}^{n} X_i^2$，则 Y 服从 $\chi^2(n)$，所以有 $f(y) = \left(2^{\frac{n}{2}}\Gamma(\frac{n}{2})\right)^{-1} y^{\frac{n}{2}-1} e^{-\frac{y}{2}}$

所以 $E(\sqrt{y})=\int_0^{+\infty}\sqrt{y}\left(2^{\frac{n}{2}}\Gamma(\frac{n}{2})\right)^{-1}y^{\frac{n}{2}-1}\mathrm{e}^{-\frac{y}{2}}\mathrm{d}y=\sqrt{2}\,\Gamma\left(\frac{n+1}{2}\right)\left(\Gamma(\frac{n}{2})\right)^{-1}$

$V_1=\dfrac{\Gamma(\frac{n}{2})T^{\frac{1}{2}}}{\sqrt{2}\,\Gamma\left(\frac{n+1}{2}\right)}$ 为 σ 的无偏估计.

同理 $E(\frac{T^2}{\sigma^4})=\int_0^{+\infty}[2^{\frac{n}{2}}\Gamma(\frac{n}{2})]^{-1}t^2\mathrm{e}^{-\frac{t}{2}}t^{\frac{n}{2}-1}\mathrm{d}t=n(n+2)$

从而 $V_2=\dfrac{3}{n(n+2)}T^2$ 为 $3\sigma^4$ 的无偏估计.

又 V_1 和 V_2 都是充分统计量 T 的函数，即 $E(V_1\mid T)=V_1$ 及 $E(V_2\mid T)=V_2$. 故 V_1,V_2 分别是 σ 和 $3\sigma^4$ 的最小方差无偏估计.

21. (1) $(X_1,X_2,\cdots,X_n)^{\mathrm{T}}$ 的联合分布密度为

$$\prod_{i=1}^{n}f(X_i)=(\sqrt{2\pi}\sigma)^{-n}\exp\left\{-\frac{1}{2\sigma^2}\sum_{i=1}^{n}(X_i-u)^2\right\}$$
$$=(2\pi\sigma^2)^{-\frac{n}{2}}\mathrm{e}^{-\frac{nu^2}{2\sigma^2}}\exp\left(-\frac{n}{2\sigma^2}\left(\frac{1}{n}\sum_{i=1}^{n}X_i^2\right)+\frac{n\mu}{\sigma^2}\overline{X}\right)$$

令 $c(\theta)=(2\pi\sigma^2)^{-\frac{n}{2}}\mathrm{e}^{-\frac{nu^2}{2\sigma^2}}$，$T=(T_1,T_2)=(\overline{X},\frac{1}{n}\sum_{i=1}^{n}X_i^2)^{\mathrm{T}}$，$B=(b_1,b_2)=\left(\frac{n\mu}{\sigma^2},-\frac{n}{2\sigma^2}\right)^{\mathrm{T}}$，$h(X_1,X_2,\cdots,X_n)=1$，

$(\overline{X},\frac{1}{n}\sum_{i=1}^{n}X_i^2)^{\mathrm{T}}$ 是 $(u,\sigma^2)^{\mathrm{T}}$ 的充分完备统计量，同时，$(\overline{X},S_n^2)^{\mathrm{T}}$ 也是 $(u,\sigma^2)^{\mathrm{T}}$ 的充分完备统计量.

又 $\overline{X}$ 是 u 的无偏估计，S_n^{*2} 是 σ^2 的无偏估计. 因此有 $E(3\overline{X}+4S_n^{*2})=3u+4\sigma^2$，也就是 $3\overline{X}+4S_n^{*2}$ 是 $3u+4\sigma^2$ 的无偏估计.

又 $E(3\overline{X}+4S_n^{*2}\mid(\overline{X},S_n^2))=3\overline{X}+4S_n^{*2}$，所以 $3\overline{X}+4S_n^{*2}$ 是 $3u+4\sigma^2$ 的最小方差无偏估计.

(2)
$$E\left(\frac{1}{n}\sum_{i=1}^{n}X_i^2-5S_n^{*2}\right)=\frac{1}{n}nEX^2-5ES_n^{*2}$$
$$=EX^2-5\sigma^2$$
$$=u^2-4\sigma^2$$

因此 $\frac{1}{n}\sum_{i=1}^{n}X_i^2-5S_n^{*2}$ 是 $u^2-4\sigma^2$ 的无偏估计.

$E\left(\frac{1}{n}\sum_{i=1}^{n}X_i^2-5S_n^{*2}\,\middle|\,(\overline{X},S_n^2)\right)=\frac{1}{n}\sum_{i=1}^{n}X_i^2-5S_n^{*2}$，是 $\mu^2-4\sigma^2$ 的 MVUE.

22. (1) 由于 X 服从 $N(\theta,1)$，则

$$f(x,\theta)=\frac{1}{\sqrt{2\pi}}\exp\{-(x-\theta)^2/2\}$$

$$\ln f(x,\theta)=-\ln\sqrt{2\pi}-\frac{(x-\theta)^2}{2}$$

$$I(\theta)=E\left[\frac{\partial\ln f(x,\theta)}{\partial\theta}\right]^2=E(x-\theta)^2=Dx=1$$

故下界为$[g'(\theta)]^2/nI(\theta)=\frac{4\theta^2}{n}$.

(2)$X\sim U(0,\theta)$,有 $DX=\frac{\theta^2}{12}=g(\theta)$,由于

$$f(x,\theta)=\frac{1}{\theta}$$

$$\ln f(x,\theta)=-\ln\theta$$

$$I(\theta)=E\left[\frac{\partial\ln f(x,\theta)}{\partial\theta}\right]^2=E\frac{1}{\theta^2}=\frac{1}{\theta^2}$$

故下界为$[g'(\theta)]^2/nI(\theta)=\left(\frac{\theta}{6}\right)^2\left(\frac{n}{\theta^2}\right)^{-1}=\frac{\theta^4}{36n}$.

(3) 由 $X\sim B(N,P)$ 得 $P(X=x)=C_N^x p^x(1-p)^{N-x}$,即

$$f(x,p)=C_N^x p^x(1-p)^{N-x}$$

$$\ln f(x,p)=\ln C_N^x+x\ln p+(N-x)\ln(1-p)$$

所以

$$\begin{aligned}I(p)&=E\left(\frac{\partial\ln f(x,p)}{\partial p}\right)^2\\&=E\left(x/p-(N-x)/(1-p)\right)^2\\&=[p(1-p)]^{-2}E(x-Np)^2\\&=N[p(1-p)]^{-1}\end{aligned}$$

下界为$[g'(p)]^2/nI(p)=4p^3(1-p)/Nn$.

23.(1) $E\hat{\sigma}^2=\frac{1}{n}nEX^2=(DX-(EX)^2)=\sigma^2$,

$D(\hat{\sigma}^2)=n^{-2}D(\sum_{i=1}^n x_i^{\ 2})=\frac{\sigma^4}{n^2}D[\sum_{i=1}^n(\frac{x_i}{\sigma})^2]=\frac{2\sigma^4}{n}$,

$I(\sigma^2)=-E(\frac{\partial^2\ln f(y_i,\sigma^2)}{\partial^2\sigma^2})=\frac{1}{2\sigma^4},\frac{1}{nI(\sigma^2)}=\frac{2\sigma^4}{n}$,

所以 $D\hat{\sigma}^2=\frac{1}{nI(\sigma^2)}$,即 $\hat{\sigma}^2$ 是 σ^2 的有效估计.

(2)$E\hat{\sigma}^2=ES_n^{*\,2}=\sigma^2$,

$D\hat{\sigma}^2=DS_n^{*\,2}=(n-1)^{-2}\sigma^4D(\frac{(n-1)S_n^{*\,2}}{\sigma^2})=2(n-1)^{-1}\sigma^4$,

$I(\sigma^2)=-E(\frac{\partial^2\ln f(x;\sigma^2)}{\partial^2\sigma^2})=(2\sigma^4)^{-1},\frac{1}{nI(\sigma^2)}=2\sigma^4n^{-1}$,

$\lim\limits_{n\to\infty}\frac{1}{nI(\sigma^2)/D(\hat{\sigma})^2}=\lim\limits_{n\to\infty}\frac{n-1}{n}=1$,所以 $S_n^{*\,2}$ 是 σ^2 的渐近有效估计.

24. X 服从 $N(0,1)$,则 $E|X|=\sqrt{\frac{2}{\pi}}$,$D|X|=EX^2-(E|X|^2)=1-\frac{2}{\pi}$.

$E\hat{\sigma}=\sqrt{\frac{\pi}{2}}\cdot\frac{1}{n}\cdot\sum_{i=1}^n E|X_i-\mu|=\frac{1}{n}\sqrt{\frac{\pi}{2}}n\sigma E|\frac{X-\mu}{\sigma}|=n\sigma\frac{1}{n}\sqrt{\frac{\pi}{2}}\sqrt{\frac{2}{\pi}}=\sigma$,所以 $\hat{\sigma}$ 是 σ 的无偏估计.

25. 先找 σ^2 的一个无偏估计 $\hat{\sigma}^2=n^{-1}\sum_{i=1}^n(X_i-1)^2$, $D\hat{\sigma}^2=2n^{-1}\sigma^4$,

由前知$\frac{1}{nI(\sigma^2)} = 2n^{-1}\sigma^4$，所以$\hat{\sigma}^2 = n^{-1}\sum_{i=1}^{n}(X_i - 1)^2$ 是σ^2 的有效估计.

26. 先求θ的最大似然估计$\hat{\theta}$.

$$L(x_i;\theta) = \prod_{i=1}^{n} f(x_i;\theta) = \frac{\theta^{n\alpha}}{\Gamma^n(\alpha)} e^{-\theta\sum_{i=1}^{n} x_i} \left(\prod_{i=1}^{n} x_i\right)^{\alpha-1} \frac{1}{2}$$

$$\ln L(x_i;\theta) = n\alpha\ln\theta - \theta\sum_{i=1}^{n} x_i + (\alpha-1)\sum_{i=1}^{n}\ln x_i - n\ln\Gamma(\alpha)$$

$$\frac{\partial \ln L(x_i;\theta)}{\partial\theta} = \frac{n\alpha}{\theta} - \sum_{i=1}^{n} x_i$$

令$\theta = \hat{\theta}$ 使$\frac{\partial \ln l}{\partial\theta} = 0 \Rightarrow \hat{\theta} = \frac{\alpha}{\bar{x}}$，由定理 3.4 中$g(\theta) = \frac{1}{\theta}$ 在θ处连续知$\hat{g}(\theta) = \frac{1}{\hat{\theta}} = \frac{\bar{x}}{\alpha}$.

$$E\hat{g}(\theta) = \frac{1}{\alpha}EX = \frac{1}{\alpha}\Gamma(\alpha+1)\frac{1}{\theta\Gamma(\alpha)} = \frac{\alpha\Gamma(\alpha)}{\alpha\theta\Gamma(\alpha)} = \frac{1}{\theta}$$

$$D\hat{g}(\theta) = \frac{1}{\alpha^2}\frac{DX}{n} = \frac{1}{n\alpha^2}[EX^2 - (EX)^2] = (n\alpha\theta^2)^{-1}$$

$$I(\theta) = -E\left(\frac{\partial^2 \ln f(x_i;\theta)}{\partial^2\theta}\right) = -E\left(\frac{-\alpha}{\theta^2}\right) = \frac{\alpha}{\theta^2}$$

而$\frac{[g'(\theta)]^2}{nI(\theta)} = \frac{1}{n\alpha\theta^2}$，所以$D\hat{g}(\theta) = \frac{[g'(\theta)]^2}{nI(\theta)}$，故$\hat{g}(\theta) = \frac{1}{\hat{\theta}} = \frac{\bar{x}}{\alpha}$ 是$\frac{1}{\theta}$ 的有效估计.

27. (1) 选取函数$U = (\bar{X} - \mu)[\sigma/\sqrt{n}]^{-1} = \frac{\bar{X} - \mu}{0.01/\sqrt{n}}$ 服从$N(0,1)$，

$P\{|U| < u_{\frac{\alpha}{2}}\} = 1 - \alpha = 0.9$，$P\{-u_{\alpha/2} < U < u_{\alpha/2}\} = 0.9$，$2\Phi(u_{\alpha/2}) - 1 = 0.9$，

所以$\Phi(u_{\alpha/2}) = 0.95 \Rightarrow u_{\alpha/2} = 1.65$.

故μ的 90% 置信区间为(2.120 875，2.129 125)，其中$\bar{x} = 2.125$.

(2) 选取函数$T = \frac{\bar{X} - \mu}{S_n^*}\sqrt{n} \sim t(n-1)$，　$P\{|T| < t_{\alpha/2}(n-1)\} = 1 - \alpha = 0.9$.

查t分布表得$t_{0.05}(15) = 1.7531$，从而得μ的置信区间为(2.1175，2.1325).

28. 选取函数$T = \frac{\bar{X} - \mu}{S_n^*}\sqrt{n} \sim t(n-1)$，$P\{|T| < t_{\alpha/2}(n-1)\} = 1 - \alpha = 0.95$，从而得$\mu$的置信区间为$(\bar{x} - t_{\alpha/2}(15) \times S_n^*/4, \bar{x} + t_{\alpha/2}(15) \times S_n^*/4)$，代入数据得(2.69，2.72).

29. $S_n^{*\,2} = \frac{n}{n-1}S_n^2 = 79.3$，选取函数$T = \frac{\bar{X} - \mu}{S_n^*/\sqrt{n}}$，$T$服从$t(n-1)$.

$P = \left\{\frac{|\bar{X} - \mu|}{S_n^*}\sqrt{n} < t_{\frac{\alpha}{2}}(n-1)\right\} = 0.95$，得$|\bar{X} - \mu| < \frac{t_{\frac{\alpha}{2}}(n-1)S_n^*}{\sqrt{107}} \approx u_{0.025} \times \frac{\sqrt{79.3}}{\sqrt{107}}$.

30. 取函数$U = \frac{\bar{X} - \mu}{\sigma/\sqrt{n}} \sim N(0,1)$，$P\{|U| < u_{\frac{\alpha}{2}}\} = 1 - \alpha$，$\Phi(u_{\frac{\alpha}{2}}) = 1 - \frac{\alpha}{2}$，从而得$\mu$的置信区间为$(\bar{x} - u_{\alpha/2}\sigma/\sqrt{n}, \bar{x} + u_{\alpha/2}\sigma/\sqrt{n})$，$L_0 = 2u_{\alpha/2}\sigma/\sqrt{n} \leqslant L$，则$n \geqslant 4u^2_{\ \alpha/2}\sigma^2/L^2$.

31. 样本均值与总体均值的绝对误差可表示为$|\bar{X} - \mu|$，函数$U = \frac{\bar{X} - \mu}{\sigma/\sqrt{n}} = \frac{\bar{X} - \mu}{0.5/\sqrt{n}}$ 服从$N(0,1)$，$P\left\{\frac{|\bar{X} - \mu|}{0.5/\sqrt{n}} < u_{\frac{\alpha}{2}}\right\} = 1 - \alpha = 0.95$，所以$|\bar{x} - \mu| < \frac{1.96 \times 0.5}{\sqrt{n}} = 0.1$，$n$至少取 97.

32. 因 μ_0 已知，故选择函数 $\chi^2=\sum_{i=1}^{n}(\frac{X_i-\mu_0}{\sigma})^2=\frac{1}{\sigma^2}\sum_{i=1}^{n}(X_i-\mu_0)^2$，$\chi^2$ 服从 $\chi^2(n)$，故 σ^2 的 $1-\alpha$ 置信区间为$(\sum_{i=1}^{n}(x_i-\mu_0)^2/\chi_{\frac{\alpha}{2}}^{\ 2}(n),\quad \sum_{i=1}^{n}(x_i-\mu_0)^2/\chi_{\frac{1-\alpha}{2}}^{\ 2}(n))$.

33. 由公式可得 σ 的 95% 置信区间为$(\sqrt{\frac{(n-1)S_n^{*\ 2}}{\chi_{\frac{\alpha}{2}}^{\ 2}(n-1)}},\sqrt{\frac{(n-1)S_n^{*\ 2}}{\chi_{1-\frac{\alpha}{2}}^{\ 2}(n-1)}})$，结果为$(\frac{5\times15}{\sqrt{40.6}},\frac{5\times15}{\sqrt{13.1}})$.

34. 由 $T=\frac{(\overline{X}-\overline{Y})-(\mu_1-\mu_2)}{\sqrt{(n_1-1)S_{n_1}^{*\ 2}+(n_2-1)S_{n_2}^{*\ 2}}}\sqrt{\frac{n_1n_2(n_1+n_2-2)}{n_1+n_2}}$ 服从 $t(n_1+n_2-2)$，

$P\{|T|<t_{\frac{\alpha}{2}}(n_1+n_2-2)\}=1-\alpha=0.95$，得$(\mu_1-\mu_2)$的置信区间为$((\bar{x}-\bar{y})-t_{\frac{\alpha}{2}}(n_1+n_2-2)A,\ (\bar{x}-\bar{y})+t_{\frac{\alpha}{2}}(n_1+n_2-2)A)$，其中 $A=\sqrt{(n_1-1)s_{n1}^{*\ 2}+(n_2-1)s_{n2}^{*\ 2}}/\sqrt{\frac{n_1n_2(n_1+n_2-2)}{n_1+n_2}}$，计算得置信区间为$(-6.24,17.74)$.

35. 选用函数 $F=S_{n_1}^{*2}\sigma_2{}^2/S_{n_2}^{*2}\sigma_1^2$ 服从 $F(n_1-1,n_2-1)$，由于 $P\{F_{1-\frac{\alpha}{2}}(4,4)<S_{n_1}^{*2}\sigma_2^2/S_{n_2}^{*2}\sigma_1^2<F_{\frac{\alpha}{2}}(4,4)\}=1-\alpha$，$\sigma_1^2/\sigma_2^2$ 的置信区间为 $(0.3159,12.9)$.

36. 由 $n=1$，$\bar{x}=6700$，$s_n^*=220$，故单侧置信下限为 $\overline{X}-t_\alpha(n-1)n^{-\frac{1}{2}}S_n^*$，其中 $\alpha=0.05$，代入值得 6592.471.

37. 选取函数$\frac{(n-1)S_n^{*2}}{\sigma^2}$，它服从 $\chi^2(n-1)$. 由

$$P\{\frac{(n-1)S_n^{*2}}{\sigma^2}<\chi_{1-\alpha}^2(n-1)\}=1-\alpha=0.95$$

得 $P\{\sigma<\sqrt{\frac{(n-1)S_n^{*2}}{\chi_{1-\alpha}^2(n-1)}}\}=0.95$，代入数据得 σ 的置信上限为 78.04.

38. 记抽到一等品为“1”，其他为“0” 则总体 X 服从二点分布 $B(1,p)$.

已知题意：$n=100$，$m=64$，由 $1-\alpha=95\%$ 得 $U_{\frac{\alpha}{2}}=1.96$，故置信下限为

$$\frac{m}{n}-u_{\frac{\alpha}{2}}\sqrt{\frac{1}{n}\times\frac{m}{n}\left(1-\frac{m}{n}\right)}=0.55$$

置信上限为

$$\frac{m}{n}+u_{\frac{\alpha}{2}}\sqrt{\frac{1}{n}\times\frac{m}{n}\left(1-\frac{m}{n}\right)}=0.73$$

39. 记次品为“1”，其他为“0”，则 $n=100$，$m=16$，$\alpha=0.05$，故置信上限为

$$\frac{m}{n}+u_{\frac{\alpha}{2}}\sqrt{\frac{1}{n}\times\frac{m}{n}\left(1-\frac{m}{n}\right)}=0.244$$

置信下限为

$$\frac{m}{n}-u_{\frac{\alpha}{2}}\sqrt{\frac{1}{n}\times\frac{m}{n}\left(1-\frac{m}{n}\right)}=0.101$$

40. 因为 $E(X)=\lambda$，$D(X)=\lambda$，由中心极限定理得，当 n 充分大时，有

$$\lim_{n\to\infty}P\left(\frac{\sum_{i=1}^{n}X_i-n\lambda}{\sqrt{n\lambda}}\leqslant x\right)=\int_{-\infty}^{x}\frac{1}{\sqrt{2\pi}}\mathrm{e}^{-\frac{t^2}{2}}\mathrm{d}t=\Phi(x)$$

又因置信度为 $1-\alpha$,所以有

$$P\left\{\left|\frac{\sum_{i=1}^{n}x_i-n\lambda}{\sqrt{n\lambda}}\right|\leqslant u_{\alpha/2}\right\}=1-\alpha$$

化简得 λ 的置信区间为 (λ_1,λ_2),λ_1、λ_2 为 $\lambda^2-(2\bar{x}+n^{-1}u_{\alpha/2}^2)\lambda+\bar{x}^2=0$ 的两个根.

第3章　统计决策与贝叶斯估计

3.1　内容提要

3.1.1　统计决策的基本概念

1. 统计决策问题的三个要素

设总体 X 的分布函数为 $F(x;\theta)$，θ 是未知参数 $\theta \in \Theta$，Θ 称为参数空间.

(1) 样本空间与分布族. 若 $(X_1, X_2, \cdots, X_n)$ 为取自总体 X 的一个样本，则样本所有可能值组成的集合称为样本空间，记为 χ. 由于 X_i 的分布函数为 $F(x_i;\theta)$，$i=1,2,\cdots,n$，则 $(X_1, X_2, \cdots, X_n)$ 的联合分布函数为 $F(x_1, x_2, \cdots, x_n;\theta) = \prod\limits_{i=1}^{n} F(x_i;\theta)$，$\theta \in \Theta$. 若记 $F^* = \{\prod\limits_{i=1}^{n} F(x_i;\theta):\theta \in \Theta\}$，则称 F^* 为样本 $(X_1, X_2, \cdots, X_n)$ 的概率分布族，简称"分布族".

注：若总体 X 为离散型变量，则 F^* 中的联合分布函数应换成联合分布律.

(2) 行动空间(或称判决空间). 对于一个统计问题，如参数 θ 的点估计、区间估计及其他统计问题，常常要给予适当的回答. 对参数 θ 的点估计，一个具体的估计值就是一个回答. 在统计决策中，每一个具体的回答称为一个决策，一个统计问题中可能选取的全部决策组成的集合称为决策空间，记为 $\mathscr{A}$.

值得注意的是，一个决策空间 $\mathscr{A}$ 至少应含有两个决策，假如 $\mathscr{A}$ 中只含有一个决策，那就无需选择，从而也形成不了一个统计决策问题. 在 $\mathscr{A}$ 中具体选取那个决策与抽取的样本和所采用的统计方法有关.

(3) 损失函数. 统计决策理论的一个基本思想是把上面所谈的优劣性以数量的形式表现出来，其方法是引入一个依赖于参数值 $\theta \in \Theta$ 和决策 $d \in \mathscr{A}$ 的二元实值非负函数 $L(\theta,d) \geqslant 0$，称之为损失函数，它表示当参数真值为 θ 而采取决策 d 时所造成的损失，决策越正确，损失就越小. 由于在统计问题中人们总是利用样本对总体进行推断，所以误差是不可避免的，因而总会带来损失，这就是损失函数定义为非负函数的原因.

常用损失函数：

1) 线性损失函数：

$$L(\theta,d) = \begin{cases} k_0(\theta - d), & d \leqslant \theta \\ k_1(d - \theta), & d > \theta \end{cases}$$

其中 k_0 和 k_1 是两个非负常数，它们的选择常反映行动 d 低于参数 θ 和高于参数 θ 的相对重要

性. 当 $k_0 = k_1$ 时就得到绝对值损失函数为

$$L(\theta,d)=\lambda(\theta)\,|\theta-d|$$

2) 平方损失函数：

$$L(\theta,d)=(\theta-d)^2$$

3) 凸损失函数：

$$L(\theta,d)=\lambda(\theta)W(|\theta-d|)$$

其中 $\lambda(\theta)>0$ 是 θ 的已知函数且有限, $W(t)$ 是 $t>0$ 上的单调非降函数且 $W(0)=0$.

4) 多元二次损失函数：

$$L(\theta,d)=(d-\theta)^{\mathrm{T}}\mathbf{A}(d-\theta)$$

其中 $\theta=(\theta_1,\theta_2,\cdots,\theta_p)^{\mathrm{T}}, d=(d_1,d_2,\cdots,d_p)^{\mathrm{T}}$, $\mathbf{A}$ 为 $p\times p$ 阶正定矩阵, p 为大于 1 的某个自然数.

2. 统计决策函数及其风险函数

(1) 统计决策函数. 定义在样本空间 χ 上, 取值于决策空间 $\mathscr{A}$ 内的函数 $d(x)$ 称为统计决策函数, 简称"决策函数".

形象地说, 决策函数 $d(x)$ 就是一个"行动方案". 有了样本 X 后, 按既定的方案采取行动(决策) $d(x)$. 在不致误解的情况下, 也称 $d(X)=d(X_1,X_2,\cdots,X_n)$ 为决策函数, 此时表示当样本值为 $x=(x_1,x_2,\cdots,x_n)$ 时采取决策 $d(x)=d(x_1,x_2,\cdots,x_n)$, 因此, 决策函数 $d(X)$ 本质上是一个统计量.

(2) 风险函数. 设样本空间和分布族分别为 χ 和 F^*, 决策空间为 $\mathscr{A}$, 损失函数为 $L(\theta,d)$, $d(X)$ 为决策函数, 则由下式确定的 θ 的函数 $R(\theta,d)$ 称为决策函数 $d(X)$ 的风险函数, 简称"风险函数".

$$R(\theta,d)=E_\theta[L(\theta,d(X))]=E_\theta[L(\theta,d(X_1,X_2,\cdots,X_n))]$$

$R(\theta,d)$ 表示当真参数为 θ 时, 采用决策(行动) d 所遭受的平均损失.

(3) 优良性准则.

1) 设 $d_1(X)$ 和 $d_2(X)$ 是统计决策问题中的两个决策问题, 若其风险函数满足不等式

$$R(\theta,d_1)\leqslant R(\theta,d_2),\ \forall\theta\in\Theta$$

且存在一些 θ 使上述严格不等式 $R(\theta,d_1)<R(\theta,d_2)$ 成立, 则称决策函数 $d_1(X)$ 一致优于 $d_2(X)$. 假如下列关系式成立：

$$R(\theta,d_1)=R(\theta,d_2),\ \forall\theta\in\Theta$$

则称决策函数 $d_1(X)$ 与 $d_2(X)$ 等价.

2) 设 $D=\{d(X)\}$ 是一切定义在样本空间上取值于决策空间 $\mathscr{A}$ 上的决策函数的全体, 若存在一个决策函数 $d^*(X)(d^*(X)\in D)$, 使对任一个 $d(X)\in D$, 都有

$$R(\theta,d^*)\leqslant R(\theta,d),\ \forall\theta\in\Theta$$

则称 $d^*(X)$ 为(该决策函数类 D 的) 一致最小风险决策函数, 或称为一致最优决策函数.

3.1.2 统计决策中的常用分布族

1. Gamma 分布族

若随机变量 X 的密度函数为

$$f(x;\alpha,\beta)=\begin{cases}\dfrac{\beta^{\alpha}}{\Gamma(\alpha)}x^{\alpha-1}e^{-\beta x}, & x>0\\ 0, & x\leqslant 0\end{cases}$$

则称 X 服从 Gamma 分布，记为 $X\sim\Gamma(\alpha,\beta)$ 其中 $\alpha>0,\beta>0$ 为参数，$\Gamma(\alpha)=\int_0^{+\infty}x^{\alpha-1}e^{-x}dx$，且有以下性质：

$$\Gamma(\alpha+1)=\alpha\Gamma(\alpha),\Gamma(n+1)=n!,\Gamma(1)=\Gamma(0)=1,\Gamma\left(\frac{1}{2}\right)=\sqrt{\pi}$$

Gamma 分布族记为 $\{\Gamma(\alpha,\beta):\alpha>0,\beta>0\}$. Gamma 分布族具有下列性质：

(1) $E(X^k)=\dfrac{\Gamma(\alpha+k)}{\Gamma(\alpha)\beta^k}=\dfrac{(\alpha+k-1)(\alpha+k-2)\cdots\alpha}{\beta^k}$

它的数学期望与方差分别为 $EX=\dfrac{\alpha}{\beta},D(X)=\dfrac{\alpha}{\beta^2}$.

(2) Gamma 分布的特征函数为 $g(t)=\left(1-\dfrac{it}{\beta}\right)^{-\alpha}$.

(3) 若 $X_j\sim\Gamma(\alpha_j,\beta),j=1,2,\cdots,n$，且 X_j 间相互独立，则

$$\sum_{j=1}^{n}X_j\sim\Gamma\left(\sum_{j=1}^{n}\alpha_j,\beta\right)$$

这个性质称为 Gamma 分布的可列可加性. 值得注意的是在 Gamma 分布中，若令 $\alpha=1$，则得指数分布 $\{e(\beta):\beta>0\}$. 其密度函数为 $f(x;\beta)=\begin{cases}\beta e^{-\beta x}, & x>0\\ 0, & x\leqslant 0\end{cases}$.

(4) 若 $X_1,X_2,\cdots,X_n$ 相互独立，同时服从指数 $e(\beta)$（即 $\Gamma(1,\beta)$）分布，则

$$\sum_{i=1}^{n}X_i\sim\Gamma(n,\beta)$$

(5) 若 $X\sim\Gamma(\alpha,1)$，则 $Y=\dfrac{X}{\beta}\sim\Gamma(\alpha,\beta)$.

2. Beta 分布族

若随机变量 X 的密度函数为

$$f(x;a,b)=\begin{cases}\dfrac{\Gamma(a+b)}{\Gamma(a)\Gamma(b)}x^{a-1}(1-x)b-1, & 0<x<1\\ 0, & \text{其他}\end{cases}$$

则称 X 服从 β 分布，记为 $\beta(a,b)$，其中 $a>0,b>0$ 是参数，β 分布族记为 $\{\beta(a,b):a>0,b>0\}$.

Beta 分布族具有下列性质：

(1) β 变量 X 的 k 阶矩为

$$E(X^k)=\frac{a(a+1)\cdots(a+k-1)}{(a+b)(a+b+1)\cdots(a+b+k-1)}=\frac{\Gamma(a+k)\Gamma(a+b)}{\Gamma(a)\Gamma(a+b+k)}$$

它的数学期望与方差分别为 $EX=\dfrac{a}{a+b},DX=\dfrac{ab}{(a+b)^2(a+b+1)}$.

(2) 设 $X\sim\Gamma(a,1),Y\sim\Gamma(b,1)$ 且独立，则

$$Z=\frac{X}{X+Y}\sim\beta(a,b)$$

(3) 若 $X\sim\chi^2(n_1),Y\sim\chi^2(n_2)$ 且相互独立，则 $Z=\dfrac{X}{X+Y}\sim\beta\left(\dfrac{n_1}{2},\dfrac{n_2}{2}\right)$.

3.1.3 贝叶斯估计

1. 先验分布与后验分布

设总体 X 的分布密度为 $p(x|\theta)$,$\theta\in\Theta$,Θ 为参数空间. 假如将未知参数 θ 看作定义在 Θ 上的一个随机变量,并设其密度函数为 $\pi(\theta)$,则称 $\pi(\theta)$ 为参数 θ 的先验分布.

设 $(X_1,X_2,\cdots,X_n)$ 为来自总体 X 的样本,在给定 θ 的条件下,样本 $(X_1,X_2,\cdots,X_n)$ 的联合密度函数为 $q(x\mid\theta)=\prod_{i=1}^{n}p(x_i\mid\theta)$,由此可得,总体 X 和 $(X_1,X_2,\cdots,X_n,\theta)$ 的联合概率分布为

$$f(x,\theta)=q(x|\theta)\pi(\theta)$$

由乘法公式知 $f(x,\theta)=\pi(\theta)q(x|\theta)=m(x)h(\theta|x)$. 于是有

$$h(\theta|x)=\frac{\pi(\theta)q(x|\theta)}{m(x)},(\theta\in\Theta)$$

称 $h(\theta|x)$ 为给定样本 $X=x$ 时 θ 的后验分布密度. 其中

$$m(x)=\int_{\Theta}f(x,\theta)\mathrm{d}\theta=\int_{\Theta}q(x|\theta)\pi(\theta)\mathrm{d}\theta$$

是 $(X_1,X_2,\cdots,X_n,\theta)$ 关于样本 X 的边缘分布密度.

如果 θ 是离散型随机变量,则

$$m(x)=\sum_{\theta}q(x|\theta)\pi(\theta)$$

2. 共轭先验分布

设总体 X 的分布密度为 $p(x\mid\theta)$,F^* 为 θ 的一个分布族,$\pi(\theta)$ 为 θ 的任意一个先验分布,$\pi(\theta)\in F^*$,若对样本的任意观察值 x,θ 的后验分布 $h(\theta\mid x)$ 仍在分布族 F^* 内,则称 F^* 是关于分布密度 $p(x\mid\theta)$ 的共轭先验分布族,或简称为“共轭族”.

3. 贝叶斯风险

设随机变量 $\theta\in\Theta$,θ 的先验分布密度函数为 $\pi(\theta)$,则风险函数 $R(\theta,d)$ 关于 θ 的数学期望(记为 $R(d)$),即 $R(d)=E[R(\theta,d)]=\int_{\Theta}R(\theta,d)\pi(\theta)\mathrm{d}\theta$. 称 $R(d)$ 为决策函数 d 在给定先验分布 $\pi(\theta)$ 下的贝叶斯风险,简称“d 的贝叶斯风险”.

当总体 X 和 θ 都是离散型随机变量时,d 的贝叶斯风险为

$$R(d)=\sum_{x}m(x)\left\{\sum_{\theta}L(\theta,d(x)h(\theta|x))\right\}$$

4. 贝叶斯点估计

设总体 X 的分布函数为 $F(x,\theta)$,θ 为随机变量,$\pi(\theta)$ 为 θ 的先验分布. 若在决策空间 D 中存在一个决策函数 $d^*(X)$,使得对决策空间 D 中任一决策函数 $d(X)$,均有

$$R(d^*)=\inf_{d}R(d),\ \forall\, d\in D$$

则称 $d^*(X)$ 为参数 θ 的贝叶斯估计量(点估计).

常见损失函数下未知参数 θ 的贝叶斯估计如下.

定理 3.1 设 θ 的先验分布 $\pi(\theta)$,损失函数为

$$L(\theta,d)=(\theta-d)^2$$

则 θ 的贝叶斯估计为

$$d^*(x)=E(\theta\mid X=x)=\int_\Theta \theta h(\theta|x)\mathrm{d}\theta$$

其中 $h(\theta|x)$ 为参数 θ 的后验密度.

定理 3.2　设 θ 的先验分布为 $\pi(\theta)$,损失函数为加权平方损失函数

$$L(\theta,d)=\lambda(\theta)\ (d-\theta)^2$$

则 θ 的贝叶斯估计为

$$d^*(x)=\frac{E[\lambda(\theta)\theta|x]}{E[\lambda(\theta)\,|\,x]}$$

定义 3.1　设 $d=d(x)$ 为决策类 D 中任一个决策函数,损失函数为 $L(\theta,d(x))$,则 $L(\theta,d(x))$ 对后验分布 $h(\theta|x)$ 的数学期望称为后验风险,记为

$$R(d|x)=E[L(\theta,d(x))\mid x]=\begin{cases}\int_\Theta L(\theta,d(x))h(\theta|x)\mathrm{d}\theta, & \theta\text{ 为连续型变量}\\ \sum_i L(\theta_i,d(x))h(\theta_i|x), & \theta\text{ 为离散型变量}\end{cases}$$

假如在 D 中存在这样一个决策函数 $d^*(x)$,使得

$$R(d^*|x)=\inf_d R(d|x),\ \forall\, d\in D$$

则称 $d^*(x)$ 为该统计决策问题在后验风险准则下的最优决策函数,或称为贝叶斯(后验型)决策函数,在估计问题中,它又称为贝叶斯(后验型)估计.

定理 3.4　设参数 $\theta=(\theta_1,\theta_2,\cdots,\theta_p)$ 为随机向量,对给定的先验分布 $\pi(\theta)$ 和二次损失函数 $L(\theta,d)=(d-\theta)^{\mathrm{T}}\boldsymbol{Q}(d-\theta)$,其中 $\boldsymbol{Q}$ 为正定矩阵,则 θ 的贝叶斯估计为

$$d^*(x)=E(\theta|x)=(E(\theta_1|x),E(\theta_2|x),\cdots,E(\theta_p|x))^{\mathrm{T}}$$

定理 3.5　对给定的统计决策问题(包括先验分布给定的情形)和决策函数类 D,当贝叶斯风险满足如下条件 $\inf_d R(d)<\infty,\forall\, d\in D$ 时,则贝叶斯决策函数 $d^*(x)$ 与贝叶斯后验型决策函数 $d^{**}(x)$ 是等价的.(即使后验风险最小的决策函数 $d^{**}(x)$ 同时也使贝叶斯风险最小.反之使贝叶斯风险最小的决策函数 $d^*(x)$ 同时也使后验风险最小.)

定理 3.6　设 θ 的先验分布为 $\pi(\theta)$,损失函数为绝对值损失 $L(\theta,d)=|d-\theta|$,则 θ 的贝叶斯估计 $d^*(x)$ 为后验分布 $h(\theta|x)$ 的中位数.

定理 3.7　设 θ 的先验分布为 $\pi(\theta)$,则在线形损失函数 $L(\theta,d)=\begin{cases}k_0(\theta-d), & d\leqslant\theta\\ k_1(d-\theta), & d>\theta\end{cases}$ 下,θ 的贝叶斯估计 $d^*(x)$ 为后验分布 $h(\theta|x)$ 的 $\dfrac{k_1}{k_0+k_1}$ 上侧分位数.

定理 3.8　设参数 θ 的先验分布为 $\pi(\theta)$,$g(\theta)$ 为 θ 的连续函数,则在平方损失函数下,$g(\theta)$ 的贝叶斯估计为 $d^*(x)=E[g(\theta)|x]$.

5. 贝叶斯估计的误差

设参数 θ 的后验分布为 $h(\theta|x)$,贝叶斯估计为 $\hat\theta$,则 $(\hat\theta-\theta)^2$ 的后验期望

$$\mathrm{MSE}(\hat\theta|x)=E_{\theta|x}(\hat\theta-\theta)^2$$

称为 $\hat\theta$ 的后验均方误差.而其平方根 $[\mathrm{MSE}(\hat\theta|x)]^{\frac{1}{2}}$ 称为 $\hat\theta$ 的后验标准误差,其中符号 $E_{\theta|x}$ 表示对条件分布 $h(\theta|x)$ 求期望.估计量 $\hat\theta$ 的后验均方误差越小,贝叶斯估计的误差越小.

6. 贝叶斯区间估计

设参数θ的后验分布为$h(\theta|x)$,对给定的样本$X=(X_1,X_2,\cdots,X_n)$和实数$1-\alpha(0<\alpha<1)$,若存在两个统计量$\hat{\theta}_L=\hat{\theta}_L(X)$和$\hat{\theta}_U=\hat{\theta}_U(X)$,使得

$$P(\hat{\theta}_L\leqslant\theta\leqslant\hat{\theta}_U|x)\geqslant 1-\alpha$$

则称区间$[\hat{\theta}_L,\hat{\theta}_U]$为参数$\theta$置信度为$1-\alpha$的贝叶斯置信区间,或称为$\theta$的$1-\alpha$可信区间.而满足$P(\theta\geqslant\hat{\theta}_L|x)\geqslant 1-\alpha$的$\hat{\theta}_L$称为$\theta$的$1-\alpha$(单侧)置信下限,满足$P(\theta\leqslant\hat{\theta}_U|x)\geqslant 1-\alpha$的$\hat{\theta}_U$称为$\theta$的$1-\alpha$(单侧)置信上限.

我们可以看出,求参数θ的贝叶斯置信区间只要利用θ的后验分布,而不需要再去寻求另外的分布.

3.1.4 最小最大(minimax)估计

1. 最小最大估计的定义

给定一个统计决策问题,设D是由全体决策函数组成的一个类,如果存在一个决策函数$d^*=d^*(x_1,x_2,\cdots,x_n)$,$d^*\in D$,使得对$D$中任意一个决策函数$d(x_1,x_2,\cdots,x_n)$,总有下式成立:

$$\max_{\Theta}R(\theta,d^*)\leqslant\max_{\Theta}R(\theta,d),\quad\forall d\in D$$

则称d^*为这个统计决策问题的最小最大(minimax)决策函数.如果讨论的问题是θ的一个估计问题,则称满足上式的决策函数d^*为θ的最小最大(minimax)估计(在这里假定风险函数R关于θ的最大值能达到,如果最大值达不到,可以理解为上确界).

2. 判别最小最大估计的充分条件

(1) 给定一个统计决策问题,如果存在某个先验分布,使得在这个先验分布下的贝叶斯决策函数$d_B(x_1,x_2,\cdots,x_n)$的风险函数是一个常数,那么$d_B(x_1,x_2,\cdots,x_n)$是这个统计决策问题的一个minimax决策函数.

(2) 给定一个贝叶斯决策问题,设$\{\pi_k(\theta):k\geqslant 1\}$为参数空间$\Theta$上的一个先验分布列,$\{d_k:k\geqslant 1\}$和$\{R(d_k):k\geqslant 1\}$分别为相应的贝叶斯估计列和贝叶斯风险列.若$d_0$是$\theta$的一个估计,且它的风险函数$R(\theta,d_0)$满足

$$\max_{\theta\in\Theta}R(\theta,d_0)\leqslant\lim_{k\to\infty}R(d_k)$$

则d_0为θ的minimax估计.

(3) 给定一个贝叶斯决策问题,若θ的一个估计d_0的风险函数$R(\theta,d_0)$在Θ上为常数ρ,且存在一个先验分布列$\{\pi_k(\theta):k\geqslant 1\}$,使得相应的贝叶斯估计$d_k$的贝叶斯风险满足

$$\lim_{k\to\infty}R(d_k)=\rho$$

则d_0是θ的minimax估计.

3.1.5 经验贝叶斯估计

1. 非参数经验贝叶斯估计

任何同时依赖于历史样本$X_1,X_2,\cdots,X_n$和当前样本X的决策函数$d_n=d_n(X\mid X_1,X_2,\cdots,X_n)$称为经验贝叶斯决策函数.

设F^*为θ的先验分布族,$R_G(d_G)$为贝叶斯解$d_G(X)$的贝叶斯风险,$R_G^*(d_n)$为d_n的全面贝叶斯风险,如果对任何先验分布$G(\theta)\in F^*$,有$\lim\limits_{n\to\infty}R_G^*(d_n)=R_G(d_G)$,则称$d_n$为渐近最优

(简记为 $a.o$) 的经验贝叶斯决策函数.

2. 参数经验贝叶斯估计

设随机变量 X 的分布密度(或分布律) 为 $p(x\mid\theta)$，参数 θ 的先验分布为 $G(\theta\mid\beta)\in F^*$，其中 β 是未知参数(一维或多维向量)，设 F^* 为 θ 的先验分布族，若 $X_1,X_2,\cdots,X_n$ 为历史样本，X 为当前样本，则 X 的边缘分布为

$$m_G(x\mid\beta)=\int_\Theta p(x\mid\theta)\mathrm{d}G(\theta\mid\beta)$$

当 β 的估计 $\hat{\beta}$ 存在时(如矩估计，最大似然估计)，θ 的先验分布可取为 $G(\theta\mid\hat{\beta})$，当损失函数给定时，根据上述结果可求出 θ 的经验贝叶斯估计.

3.2　学习目的与要求

(1) 理解统计决策的基本概念，主要包括统计决策问题的三个要素、决策函数及风险函数.

(2) 掌握贝叶斯统计的基本思想，了解贝叶斯统计与经典统计的主要区别. 理解先验分布、后验分布及贝叶斯决策的基本概念，掌握决策函数的贝叶斯风险及后验型风险的计算方法.

(3) 掌握参数的贝叶斯点估计及置信区间的计算方法，会计算贝叶斯估计的误差.

(4) 理解最小最大估计的概念及相应的定理.

3.3　典型例题精解

例 3-1　设 X 是来自二项分布总体 $B(n,\theta)$ 的一个样本，$\hat{\theta}_1=\dfrac{X}{n}$，$\hat{\theta}_2=\dfrac{X+\sqrt{n}/2}{n+\sqrt{n}}$ 是 θ 的两个估计，试在平方损失函数下分别计算它们的风险函数.

【解】 由于 X 服从二项分布 $B(n,\theta)$，所以 $EX=n\theta$，$DX=n\theta(1-\theta)$，

$$R_1(\theta,\hat{\theta}_1)=E_\theta\left(\frac{X}{n}-\theta\right)^2=\frac{\theta(1-\theta)}{n}$$

$$\begin{aligned}R_2(\theta,\hat{\theta}_2)&=E_\theta\left[\frac{X+\sqrt{n}/2}{n+\sqrt{n}}-\theta\right]^2\\&=D_\theta\left[\frac{X+\sqrt{n}/2}{n+\sqrt{n}}-\theta\right]+\left\{E_\theta\left[\frac{X+\sqrt{n}/2}{n+\sqrt{n}}-\theta\right]\right\}^2\\&=\frac{n\theta(1-\theta)}{(n+\sqrt{n})^2}+\left(\frac{n\theta+\sqrt{n}/2}{n+\sqrt{n}}-\theta\right)^2=\frac{1}{4\,(1+\sqrt{n})^2}\end{aligned}$$

例 3-2　设 $X_1,X_2,\cdots,X_n$ 为来自正态总体 $N(\mu,\sigma^2)$ 的一个样本，其中 σ^2 的估计有以下几种：

$$\hat{\sigma}_1^2=\frac{1}{n-1}\sum_{i=1}^n(X_i-\overline{X})^2,\hat{\sigma}_2^2=\frac{1}{n+1}\sum_{i=1}^n(X_i-\overline{X})^2,\quad\hat{\sigma}_3^2=\frac{1}{n+2}\sum_{i=1}^n(X_i-\overline{X})^2$$

试在损失函数

$$L(\sigma^2,\hat{\sigma}_i^2) = \frac{1}{\sigma^4}(\hat{\sigma}_i^2 - \sigma^2)^2$$

下分别计算它们的风险函数,并作比较.

【解】 由于 X 服从 $N(\mu,\sigma^2)$,所以 $Y_1 = \frac{1}{\sigma^2}\sum_{i=1}^{n}(X_i - \overline{X})^2$ 服从 $\chi^2(n-1)$,

$$EY_1 = n-1, DY_1 = 2(n-1)$$

$$E\sum_{i=1}^{n}(X_i - \overline{X})^2 = (n-1)\sigma^2, D\sum_{i=1}^{n}(X_i - \overline{X})^2 = 2(n-1)\sigma^4$$

$$R_1(\sigma^2,\hat{\sigma}_1^2) = \frac{1}{\sigma^4}E_{\sigma^2}(\hat{\sigma}_1^2 - \sigma^2)^2 = \frac{1}{\sigma^4}D_{\sigma^2}\hat{\sigma}_1^2 = \frac{1}{\sigma^4}D((n-1)^{-1}\sum_{i=1}^{n}(X_i - \overline{X})^2)$$

$$= (n-1)^{-2}\frac{1}{\sigma^4}D(\sum_{i=1}^{n}(X_i - \overline{X})^2) = \frac{1}{\sigma^4}(n-1)^{-1}2\sigma^4 = \frac{2}{n-1}$$

$$R_2(\sigma^2,\hat{\sigma}_2^2) = \frac{1}{\sigma^4}E(\hat{\sigma}_2^2 - \sigma^2)^2 = \frac{1}{\sigma^4}\{D(\hat{\sigma}_2^2 - \sigma^2) + [E(\hat{\sigma}_2^2 - \sigma^2)]^2\} = \frac{2}{n+1}$$

$$R_3(\sigma^2,\hat{\sigma}_3^2) = \frac{1}{\sigma^4}E(\hat{\sigma}_3^2 - \sigma^2)^2 = \frac{1}{\sigma^4}\{D(\hat{\sigma}_3^2 - \sigma^2) + [E(\hat{\sigma}_3^2 - \sigma^2)]^2\} = \frac{2}{n+2}$$

因为 $R_3 < R_2 < R_1$,所以 $\hat{\sigma}_1^2$ 的风险最大,$\hat{\sigma}_3^2$ 的风险最小.

例 3-3 设 θ 是一批产品的不合格率,已知它不是 0.1 就是 0.2,且其先验分布为 $\pi(0.1)=0.7,\pi(0.2)=0.3$,假如从这批产品中随机抽取 8 个进行检查,发现有两个不合格品.求 θ 的后验分布.

【解】 令 $\theta_1 = 0.1,\theta_2 = 0.2$,设 A 为从产品中随机取出 8 个,有 2 个不合格,则

$$P(A|\theta_1) = C_8^2 \times 0.1^2 \times 0.9^6 = 0.1488$$

$$P(A|\theta_2) = C_8^2 \times 0.2^2 \times 0.8^6 = 0.2936$$

从而得 θ 的后验分布为

$$h(\theta_1|A) = \frac{P(A|\theta_1)\pi(\theta_1)}{P(A|\theta_1)\pi(\theta_1) + P(A|\theta_2)\pi(\theta_2)} = 0.4582$$

$$h(\theta_2|A) = \frac{P(A|\theta_2)\pi(\theta_2)}{P(A|\theta_1)\pi(\theta_1) + P(A|\theta_2)\pi(\theta_2)} = 0.5418$$

例 3-4 设一卷磁带上的缺陷数服从泊松分布 $P(\lambda)$,其中 λ 可取 1 和 1.5 中的一个,又设 λ 的先验分布为 $\pi(1)=0.4,\pi(1.5)=0.6$.假如检查一卷磁带发现了 3 个缺陷,求 λ 的后验分布.

【解】 令 $\lambda_1 = 1,\lambda_2 = 1.5$,设 X 为一卷磁带上的缺陷数,则 $X \sim P(\lambda)$.所以

$$P(X=3|\lambda) = \frac{\lambda^3 e^{-\lambda}}{3!}$$

因而,

$$P(X=3) = P(X=3|\lambda_1)\pi(\lambda_1) + P(X=3|\lambda_2)\pi(\lambda_2) = 0.0998$$

从而有

$$h(\lambda_1|X=3) = \frac{P(X=3|\lambda_1)\pi(\lambda_1)}{P(X=3)} = 0.2457$$

$$h(\lambda_2|X=3) = \frac{P(X=3|\lambda_2)\pi(\lambda_2)}{P(X=3)} = 0.7543$$

例 3-5 设 θ 是一批产品的不合格率,从中抽取 8 个产品进行检验,发现 3 个不合格品,假

如先验分布为

(1)$\theta \sim U(0,1)$；

(2) $\theta \sim \pi(\theta) = \begin{cases} 2(1-\theta), & 0<\theta<1 \\ 0, & 其他 \end{cases}$.

分别求出 θ 的后验分布.

【解】设事件 A 表示从产品中随机取出 8 个，有 3 个不合格，则 $P(A|\theta) = C_8^3\theta^3(1-\theta)^5$.

(1) 由题意知 $\pi(\theta) = 1, 0<\theta<1$，从而得 θ 的后验分布为

$$h(\theta|A) = \frac{P(A|\theta)\pi(\theta)}{\int_0^1 P(A|\theta)\pi(\theta)\mathrm{d}\theta} = 504\theta^3(1-\theta)^5, 0<\theta<1$$

(2)θ 的后验分布为

$$h(\theta|A) = \frac{P(A|\theta)\pi(\theta)}{\int_0^1 P(A|\theta)\pi(\theta)\mathrm{d}\theta} = 470400\theta^3(1-\theta)^6, 0<\theta<1$$

例 3-6　设 $X_1, X_2, \cdots, X_n$ 为来自总体 X 的一个样本，X 服从指数分布 $\exp(\lambda)$，X 的密度函数为 $p(x \mid \lambda) = \lambda\exp(-\lambda x), x>0$. 验证伽玛分布 $\mathrm{Ga}(\alpha,\beta)$ 是参数 λ 的共轭先验分布.

【解】设 λ 的先验分布为 $\mathrm{Ga}(\alpha,\beta)$，其中 α,β 为已知，由题意可知

$$p(\vec{x}|\lambda) = \prod_{i=1}^{n} p(x_i|\lambda) = \lambda^n \mathrm{e}^{-\lambda\sum_{i=1}^{n}x_i}, x_i>0, i=1,2,\cdots,n$$

从而有

$$h(\lambda|\vec{x}) \propto p(\vec{x}|\lambda)\pi(\lambda) \propto \lambda^n \mathrm{e}^{-\lambda\sum_{i=1}^{n}x_i}\lambda^{\alpha-1}\mathrm{e}^{-\beta\lambda} = \lambda^{n+\alpha-1}\mathrm{e}^{-(\beta+\sum_{i=1}^{n}x_i)\lambda}$$

因此

$$\lambda|\vec{x} \sim \mathrm{Ga}(n+\alpha, \beta+\sum_{i=1}^{n}x_i)$$

所以 $\mathrm{Ga}(\alpha,\beta)$ 是参数 λ 的共轭先验分布. 其中 $\vec{x} = (x_1, x_2, \cdots, x_n)$，以下同.

例 3-7　从正态总体 $N(\theta,4)$ 中随机抽取容量为 100 的样本，又设 θ 的先验分布为正态分布. 证明：不管先验标准差为多少，后验标准差一定小于 1/5.

【证明】设 $\theta \sim N(u,\sigma^2)$，其中 u,σ^2 为已知. 又由于 $\overline{X}$ 是 θ 的充分统计量，从而有

$$\begin{aligned} p(\theta|\vec{x}) &= p(\theta|\overline{x}) \propto p(\overline{x}|\theta)\pi(\theta) \\ &\propto \exp\{-\frac{(\overline{x}-\theta)^2}{2\times 1/25}\}\exp\{-\frac{(\theta-u)^2}{2\sigma^2}\} \\ &\propto \exp\{-\frac{25+1/\sigma^2}{2}(\theta-\frac{25\overline{x}+u/\sigma^2}{25+1/\sigma^2})\} \end{aligned}$$

所以

$$\theta|\vec{x} \sim N(\frac{25\overline{x}+u/\sigma^2}{25+1/\sigma^2}, \frac{1}{25+1/\sigma^2})$$

又由于 θ 的后验方差 $\frac{1}{25+1/\sigma^2} \leqslant \frac{1}{25}$，所以 θ 的后验标准差一定小于 $\frac{1}{5}$.

例 3-8　设总体 X 服从几何分布，分布律为 $P(X=x) = \theta(1-\theta)^x, x=0,1,\cdots$，其中参数 θ 的先验分布为均匀分布 $U(0,1)$. 试在平方损失函数下分别根据下列条件，求出 θ 的贝叶斯估计.

(1) 若只对 X 作一次观察,观察值为 3;

(2) 若对 X 作三次观察,观察值为 3,2,5.

【解】 由题意可知 $\pi(\theta)=1, 0<\theta<1$,设 $X_1, X_2, \cdots, X_n$ 是来自总体 X 的随机样本,则

$$p(\vec{x}\mid\theta)=\prod_{i=1}^{n} p(x_i\mid\theta)=\theta^n(1-\theta)^{\sum_{i=1}^{n} x_i}$$

从而得 θ 的后验分布为

$$h(\theta\mid\vec{x}) \propto p(\vec{x}\mid\theta)\pi(\theta) \propto \theta^n(1-\theta)^{\sum_{i=1}^{n} x_i}, 0<\theta<1$$

所以 $\theta\mid\vec{x} \sim \mathrm{Beta}(n+1, \sum_{i=1}^{n} x_i+1)$.

(1) 由题意可知 $n=1, x=3$, 故 $\theta\mid\vec{x}\sim \mathrm{Beta}(2,4)$,所以 θ 的贝叶斯估计为 $\hat{\theta}=\frac{2}{2+4}=\frac{1}{3}$;

(2) 由题意可知 $n=3, x_1=3, x_2=2, x_3=5$,故 $\theta\mid\vec{x}\sim\mathrm{Beta}(4,11)$,所以 θ 的贝叶斯估计值 $\hat{\theta}=\frac{4}{4+11}=\frac{4}{15}$.

例 3-9 设 $X_1, X_2, \cdots, X_n$ 是来自正态分布 $N(\theta,4)$ 的一个样本,又设 θ 的先验分布也是正态分布,且其标准差为 1,若要使后验方差不超过 0.1,最少要取多少样本量?

【解】 设 $X\sim N(\theta,2^2)$,则 $\sigma^2=2^2$,令 $\sigma_0^2=\frac{\sigma^2}{n}=\frac{4}{n}$,$\theta$ 的先验分布为 $N(u,1)$,则 $\tau=1$,且 $\theta\mid\vec{x}\sim N(u_1, \tau_1{}^2)$,其中

$$u_1=\frac{\sigma_0{}^{-2}}{\sigma_0{}^{-2}+\tau^{-2}}\bar{x}+\frac{\tau^{-2}}{\sigma_0{}^{-2}+\tau^{-2}}u, \quad \frac{1}{\tau_1{}^2}=\frac{1}{\sigma_0{}^2}+\frac{1}{\tau^2}$$

$$\mathrm{MSE}(\hat{\theta}_E)=\mathrm{Var}(\theta\mid\vec{x})=\tau_1{}^2=\frac{4}{n+4}\leqslant 0.1$$

则得 $n\geqslant 36$.

例 3-10 设为一位顾客服务的时间(单位:min)服从指数分布 $\exp(\lambda)$,其中 λ 未知. 又设 λ 的先验分布是均值为 0.2,标准差为 1 的伽玛分布. 今为 20 顾客服务,平均服务时间是 3.8min. 分别求 λ 和 $\theta=\lambda^{-1}$ 的贝叶斯估计.

【解】 由于总体分布为指数分布 $\exp(\lambda)$,故样本的联合分布密度为

$$q(\vec{x}\mid\theta)=\lambda^n\exp(-\lambda\sum_{i=1}^{n} x_i)=\lambda^n\exp(-\lambda n\bar{x}), \quad x_i>0$$

设 λ 的先验分布为 $\mathrm{Ga}(a,b)$,由假设并利用伽玛分布参数与均值、方差的关系知 $\frac{a}{b}=0.2$, $\frac{a}{b^2}=1$,可得 $b=0.2, a=0.04$,故 λ 的先验分布为 $\mathrm{Ga}(0.04,0.2)$,其密度函数为

$$\pi(\lambda)\propto\frac{b^a}{\Gamma(a)}\lambda^{a-1}\exp(-b\lambda), \lambda>0$$

所以 λ 的后验分布为

$$h(\lambda\mid\vec{x})=\frac{q(\vec{x}\mid\lambda)\pi(\lambda)}{\int_0^{+\infty} q(\vec{x}\mid\lambda)\pi(\lambda)\mathrm{d}\lambda}=\frac{(b+n\bar{x})^{a+n}}{\Gamma(a+n)}\lambda^{a+n-1}\exp[-(b+n\bar{x})\lambda]$$

它是伽玛分布 $\mathrm{Ga}(a+n,b+n\bar{x})$，再由 $n=20,\bar{x}=3.8$，代入后得

$$a+n=24.04,\quad b+n\bar{x}=76.2$$

从而 λ 和 $\theta=\lambda^{-1}$ 的贝叶斯估计分别为

$$\hat{\lambda}_B=\int_0^{+\infty}\lambda h(\lambda\mid x)\mathrm{d}\lambda=0.263,\quad \hat{\theta}_B=\int_0^{+\infty}\lambda^{-1}h(\lambda\mid x)\mathrm{d}\lambda=4.002$$

例 3－11　设 $X_1,X_2,\cdots,X_n$ 是来自均匀分布 $U(0,\theta)$ 的一个样本，又设 θ 的先验分布为 Pareto 分布，θ 的密度函数为 $\pi(\theta)=\begin{cases}\alpha\theta_0^{\alpha}/\theta^{1+\alpha}, & \theta>\theta_0\\ 0, & \text{其他}\end{cases}$.

(1) 在加权平方损失函数 $L(\theta,\hat{\theta})=\theta^2(\hat{\theta}-\theta)^2$ 下求 θ 的贝叶斯估计；

(2) 求 θ 的后验方差.

【解】(1) 由题意可知 $p(x\mid\theta)=\dfrac{1}{\theta},0<x<\theta$，所以

$$p(\vec{x}\mid\theta)=\frac{1}{\theta^n},0<x_i<\theta,i=1,2,\cdots,n$$

令 $\theta_1=\max\{\theta_0,x_1,x_2,\cdots,x_n\}$，则

$$m(\vec{x})=\int_{\theta_1}^{+\infty}p(\vec{x}\mid\theta)\pi(\theta)\mathrm{d}\theta=\frac{\alpha\theta_0^{\alpha}}{(n+\alpha)\theta_1^{n+\alpha}}$$

从而有

$$h(\theta\mid\vec{x})=\frac{p(\vec{x}\mid\theta)\pi(\theta)}{m(\vec{x})}=\frac{(n+\alpha)\theta_1^{n+\alpha}}{\theta^{n+\alpha+1}},\theta>\theta_1$$

$$E(\theta^3\mid\vec{x})=\int_{\theta_1}^{+\infty}\theta^3\frac{(n+\alpha)\theta_1^{n+\alpha}}{\theta^{n+\alpha+1}}\mathrm{d}\theta=\frac{(n+\alpha)\theta_1^3}{(n+\alpha-3)}$$

$$E(\theta^2\mid\vec{x})=\int_{\theta_1}^{+\infty}\theta^2\frac{(n+\alpha)\theta_1^{n+\alpha}}{\theta^{n+\alpha+1}}\mathrm{d}\theta=\frac{(n+\alpha)\theta_1^2}{(n+\alpha-2)}$$

θ 的贝叶斯估计为

$$\hat{\theta}_B=\frac{E(\theta^3\mid\vec{x})}{E(\theta^2\mid\vec{x})}=\frac{(n+\alpha-2)\theta_1}{(n+\alpha-3)}$$

(2) $E(\theta^2\mid\vec{x})=\dfrac{(n+\alpha)\theta_1^2}{(n+\alpha-2)},E(\theta\mid\vec{x})=\dfrac{(n+\alpha)\theta_1}{(n+\alpha-1)}$，后验方差为

$$\mathrm{Var}(\theta\mid\vec{x})=E(\theta^2\mid\vec{x})-E^2(\theta\mid\vec{x})=\frac{(n+\alpha)\theta_1^2}{(n+\alpha-2)}-\left[\frac{(n+\alpha)\theta_1}{(n+\alpha-1)}\right]^2$$

例 3－12　设 $X\sim N(\theta,1),\theta\sim N(0,1)$，而损失函数为 $L(\theta,\delta)=\exp(3\theta^2/4)(\theta-\delta)^2$，证明：$\theta$ 的贝叶斯估计为 $\delta_B(x)=2x$，并且 $\delta_B(x)$ 的后验风险一致地小于 $\delta_0(x)=x$ 的后验风险.

【证明】(X,θ) 联合分布密度为

$$f(x,\theta)=\frac{1}{2\pi}\exp\left[-\frac{(x-\theta)^2}{2}-\frac{\theta^2}{2}\right]=\frac{1}{\sqrt{2\pi}}\exp\left(-\frac{x^2}{4}\right)\frac{1}{\sqrt{2\pi}}\exp[-(\theta-x/2)^2]$$

θ 的后验密度为

$$h(\theta\mid x)\propto\exp[-(\theta-x/2)^2]$$

令 $h(\theta\mid x)=C\exp[-(\theta-x/2)^2]$，由于 $\int_{-\infty}^{+\infty}Ch(\theta\mid x)\mathrm{d}\theta=1$，所以 $C=\dfrac{\sqrt{2}}{\sqrt{2\pi}}$，$h(\theta\mid x)=$

$\dfrac{\sqrt{2}}{\sqrt{2\pi}}\exp[-(\theta-x/2)^2]$，则 θ 的贝叶斯估计为

$$\delta_B=\frac{E(e^{\frac{3\theta^2}{4}}\theta\,|\,x)}{E(e^{\frac{3\theta^2}{4}}\,|\,x)}$$

$$E[e^{\frac{3\theta^2}{4}}\theta\,|\,x]=\frac{\sqrt{2}}{\sqrt{2\pi}}\int_{-\infty}^{+\infty}e^{\frac{3\theta^2}{4}}\theta e^{-(\theta-\frac{x}{2})^2}d\theta=2e^{\frac{3x^2}{4}}\int_{-\infty}^{+\infty}\frac{1}{\sqrt{2\pi}\sqrt{2}}\theta e^{-(\theta-2x)^2/4}d\theta=4xe^{\frac{3x^2}{4}}$$

$$E[e^{\frac{3\theta^2}{4}}\,|\,x]=\frac{\sqrt{2}}{\sqrt{2\pi}}\int_{-\infty}^{+\infty}e^{\frac{3\theta^2}{4}}e^{-(\theta-\frac{x}{2})^2}d\theta=2e^{\frac{3x^2}{4}}\int_{-\infty}^{+\infty}\frac{1}{\sqrt{2\pi}\sqrt{2}}e^{-(\theta-2x)^2/4}d\theta=2e^{\frac{3x^2}{4}}$$

所以 $\delta_B=E(e^{\frac{3\theta^2}{4}}\theta\,|\,x)/E(e^{\frac{3\theta^2}{4}}\,|\,x)=2x$.

δ_B 的后验风险为

$$\begin{aligned}R(\delta_B(x)\mid x)&=E_{\theta|x}[\exp(3\theta^2/4)\,(\theta-\delta)^2]\\&=\int_{-\infty}^{+\infty}L(\theta,\delta_B(x))h(\theta\mid x)d\theta\\&=\int_{-\infty}^{+\infty}2(2x-\theta)^2\exp(3\theta^2/4)\,\frac{2}{\sqrt{2\pi}\sqrt{2}}e^{-(\theta-2x)^2/4}d\theta\\&=2\exp(3\theta^2/4)\int_{-\infty}^{+\infty}(\theta-2x)^2\,\frac{2}{\sqrt{2\pi}\sqrt{2}}e^{-(\theta-2x)^2/(2\times2)}d\theta=4\exp(3\theta^2/4)\end{aligned}$$

$$\begin{aligned}R(\delta_0(x)\mid x)&=\exp(3\theta^2/4)\int_{-\infty}^{+\infty}(\theta-x)^2\,\frac{2}{\sqrt{2\pi}\sqrt{2}}e^{-(\theta-2x)^2/4}d\theta\\&=2\exp(3\theta^2/4)\int_{-\infty}^{+\infty}[(\theta-2x)^2+2x(\theta-2x)+x^2]\,\frac{1}{\sqrt{2\pi}\sqrt{2}}e^{-(\theta-2x)^2/4}d\theta\\&=2\exp(3\theta^2/4)[2+x^2]\geqslant4\exp(3\theta^2/4)\end{aligned}$$

所以 $\delta_B(x)$ 一致优于 $\delta_0(x)=x$.

例 3-13 对正态分布 $N(\theta,1)$ 作观察，获得三个观察值 2,4,3，若 θ 的先验分布为正态分布 $N(3,1)$，求 θ 的 0.95 可信区间.

【解】已知 $X\sim N(\theta,1)$，$\theta\sim N(3,1)$. 设 θ 的后验分布为 $N(\mu_1,\sigma_1^2)$，于是可得

$$\mu_1=\frac{\bar{x}\sigma_0^{-2}+\mu\tau^{-2}}{\sigma_0^{-2}+\tau^{-2}},\quad \frac{1}{\sigma_1^2}=\frac{1}{\sigma_0^2}+\frac{1}{\tau^2}$$

由已知得
$$\bar{x}=\frac{2+4+3}{3}=3,\sigma_0^2=\frac{\sigma^2}{n}=\frac{1}{3}$$

所以

$$\mu_1=\frac{3\times3+3\times1}{3+1}=3,\sigma_1^2=\frac{1}{1+3}=\frac{1}{4}$$

所以 θ 的 95% 的可信区间为 $[3-0.5\times1.96,\ 3+0.5\times1.96]=[2.02,3.98]$.

例 3-14 设 X 服从伽玛分布 $Ga(n/2,1/2\theta)$，θ 的先验分布为倒伽玛分布 $IGa(\alpha,\beta)$. 求 θ 的后验均值与后验方差.

【解】由题意可知 $p(x\,|\,\theta)\propto(1/2\theta)^{\frac{n}{2}}x^{\frac{n}{2}-1}e^{-\frac{x}{2\theta}}$， $\pi(\theta)\propto\theta^{-(\alpha+1)}\exp(-\beta/\theta)$

从而后验分布为

$$h(\theta\,|\,x)\propto(1/2\theta)^{\frac{n}{2}}x^{\frac{n}{2}-1}e^{-\frac{x}{2\theta}}\theta^{-(\alpha+1)}e^{-\frac{\beta}{\theta}}\propto\theta^{-(\frac{n}{2}+\alpha+1)}\exp(-(\beta+\frac{x}{2})/\theta)$$

所以 $\theta|x \sim \text{IGa}(\frac{n}{2}+\alpha, \beta+\frac{x}{2})$，$\theta$ 的后验均值与后验方差分别为

$$E(\theta|x)=(\beta+\frac{x}{2})/(\frac{n}{2}+\alpha-1)$$

$$\text{Var}(\theta|x)=(\beta+\frac{x}{2})^2/(\frac{n}{2}+\alpha-1)^2(\frac{n}{2}+\alpha-2),$$

例 3-15　设 $X_1, X_2, \cdots, X_n$ 是来自正态总体 $N(0,\sigma^2)$ 的一个样本，又设 σ^2 的先验分布为倒伽马分布 $\text{IGa}(\alpha,\lambda)$，求 σ^2 的 0.9 可信上限.

【解】已知总体服从 $N(0,\sigma^2)$，$\sigma^2 \sim \text{IGa}(\alpha,\lambda)$，可得 σ^2 的后验分布为

$$\text{IGa}\left(\alpha+\frac{n}{2},\lambda+\frac{1}{2}\sum_{i=1}^{n}X_i^2\right)$$

后验均值为

$$\hat{\theta}=(\lambda+\frac{1}{2}\sum_{i=1}^{n}X_i^2)/(\alpha+\frac{n}{2}-1)$$

后验方差为

$$\text{Var}(\sigma^2|x)=\left(\lambda+\frac{1}{2}\sum_{i=1}^{n}x_i^2\right)^2/\left(\alpha+\frac{n}{2}-1\right)^2\left(\alpha+\frac{n}{2}-2\right)$$

变换：$\frac{1}{\sigma^2}\sim \text{Ga}\left(\alpha+\frac{n}{2},\lambda+\frac{1}{2}\sum_{i=1}^{n}X_i^2\right)$，$\left[2\lambda+\sum_{i=1}^{n}X_i^2\right]\frac{1}{\sigma^2}\sim\chi^2\left(2\left(\alpha+\frac{n}{2}\right)\right)$

令 $P\left[\left(2\lambda+\sum_{i=1}^{n}X_i^2\right)\frac{1}{\sigma^2}\geqslant\chi_{0.1}^2(n+2\alpha)\right]=0.9$，可得 σ^2 的 0.9 可信上限为 $\frac{2\lambda+\sum_{i=1}^{n}X_i^2}{\chi_{0.1}^2(n+2\alpha)}$.

例 3-16　设 $X_1, X_2, \cdots, X_n$ 是来自均匀分布 $U(0,\theta)$ 的一个样本，又设 θ 的先验分布为 Pareto 分布，其密度函数为 $\pi(\theta)=\alpha\theta_0^\alpha/\theta^{\alpha+1}$，$\theta>\theta_0$，其中 $\theta_0>0$，$\alpha>0$ 均为已知常数.

(1) 在平方损失下求 θ 的贝叶斯估计.

(2) 求 θ 的 $1-\alpha$ 可信上限.

【解】(1) 令 $\theta_1=\max\{\theta_0, x_1, \cdots, x_n\}$，由题知

$$f(x,\theta)=\frac{\alpha\theta_1^\alpha}{\theta^{\alpha+n+1}},\theta>\theta_1$$

可得后验分布密度为

$$h(\theta|x)=(\alpha+n)\theta_1^{\alpha+n}/\theta^{\alpha+n+1},\theta>\theta_1$$

θ 的贝叶斯估计为

$$\int_{\theta_1}^{+\infty}\theta h(\theta|x)\mathrm{d}\theta=\frac{(\alpha+n)\theta_1}{\alpha+n-1}$$

(2) 设 θ 的 $1-\alpha$ 可信上限为 θ_U，则

$$\int_{\theta_1}^{\theta_U}h(\theta|x)\mathrm{d}\theta=1-\alpha$$

代入有

$$\int_{\theta_1}^{\theta_U}[(\alpha+n)\theta_1^{\alpha+n}/\theta^{\alpha+n+1}]\mathrm{d}\theta=1-\alpha$$

从而有 $\theta_1^{\alpha+n}[\theta_U^{\alpha+n}]^{-1}=\alpha$，所以 $\theta_U=\theta_1\alpha^{-\frac{1}{\alpha+n}}$.

3.4 教材习题详解

1. $n=1$,样本空间为$[0,+\infty)$,样本 X_1 的分布族为

$$p(x_1;\lambda)=\begin{cases}\lambda e^{-\lambda x_1}, & x_1\geqslant 0,\lambda>0\\ 0, & \text{其他}\end{cases}$$

2. 决策空间 $\mathscr{A}=\{(-\infty,a_2]:-\infty<a_2<+\infty\}$;
损失函数 $L(\theta,a)=1-I_{(-\infty,a_2]}(\theta),\theta\in\Theta,a=(-\infty,a_2]\in\mathscr{A}$.

3. X 服从 $N(0,\sigma^2)$,$Y_1=\dfrac{1}{\sigma^2}\sum\limits_{i=1}^{n}X_i^2$ 服从 $\chi^2(n)$,$Y_2=\dfrac{1}{\sigma^2}\sum\limits_{i=1}^{n}(X_i-\overline{X})^2$ 服从 $\chi^2(n-1)$

$EY_1=n,DY_1=2n,\ EY_2=n-1,\ DY_2=2(n-1).\ E\sum\limits_{i=1}^{n}X_i^2=n\sigma^2$

$D\sum\limits_{i=1}^{n}X_i^2=2n\sigma^4,\ E\sum\limits_{i=1}^{n}(X_i-\overline{X})^2=(n-1)\sigma^2,\ D\sum\limits_{i=1}^{n}(X_i-\overline{X})^2=2(n-1)\sigma^4$

$$\begin{aligned}R_1(\sigma^2,\hat\sigma_1^2)&=E(\hat\sigma_1^2-\sigma^2)^2=D\hat\sigma_1^2=D[(n-1)^{-1}\sum_{i=1}^{n}(X_i-\overline{X})^2]\\&=(n-1)^{-2}D[\sum_{i=1}^{n}(X_i-\overline{X})^2]=(n-1)^{-1}2\sigma^4\end{aligned}$$

$$\begin{aligned}R_2(\sigma^2,\hat\sigma_2^2)&=E[\hat\sigma_2^2-\sigma^2]^2=E(n^{-1}\sum_{i=1}^{n}(X_i-\overline{X})^2-\sigma^2]^2\\&=D[\frac{1}{n}\sum_{i=1}^{n}(X_i-\overline{X}]^2-\sigma^2)+[E(\frac{1}{n}\sum_{i=1}^{n}(X_i-\overline{X})-\sigma^2)]^2\\&=\frac{1}{n^2}2(n-1)\sigma^4+(\frac{n-1}{n}\sigma^2-\sigma^2)^2=\frac{2n-1}{n^2}\sigma^4\end{aligned}$$

$$R_3(\sigma^2,\hat\sigma_3^2)=E(\hat\sigma_3^2-\sigma^2)^2=D(\hat\sigma_3^2-\sigma^2)+[E(\hat\sigma_3^2-\sigma^2)]^2=\frac{2}{n+1}\sigma^4$$

$$R_4(\sigma^2,\hat\sigma_4^2)=E(\hat\sigma_4^2-\sigma^2)^2=D(\hat\sigma_4^2-\sigma^2)+[E(\hat\sigma_4^2-\sigma^2)]^2=\frac{2}{n}\sigma^4$$

$$R_5(\sigma^2,\hat\sigma_5^2)=E(\hat\sigma_5^2-\sigma^2)^2=D(\hat\sigma_5^2-\sigma^2)+[E(\hat\sigma_5^2-\sigma^2)]^2=\frac{2}{n+2}\sigma^4$$

因为 $R_5<R_3<R_2<R_4<R_1$,所以 $\hat\sigma_1^2$ 的风险最大,$\hat\sigma_5^2$ 的风险最小.

4. 因为 X 服 $N(\mu,\sigma^2)$,所以 $Y=\dfrac{1}{\sigma^2}\sum\limits_{i=1}^{n}(X_i-\overline{X})^2$ 服从 $\chi^2(n-1)$. $EY=n-1$,

$DY=2(n-1)$;$\hat\sigma_1^2=(n-1)^{-1}\sum\limits_{i=1}^{n}(X_i-\overline{X})^2$,所以 $E\hat\sigma_1^2=\sigma^2,D\hat\sigma_1^2=\dfrac{2\sigma^4}{n-1}$

$$R_1(\mu,\sigma^2,\hat\sigma_1^2)=E(\hat\sigma_1^2-\sigma^2)^2=D(\hat\sigma_1^2-\sigma^2)+[E(\hat\sigma_1^2-\sigma^2)]^2=\frac{2\sigma^4}{n-1}$$

$R_2(\mu,\sigma^2,\hat\sigma_2^2)=\dfrac{2n-1}{n^2}\sigma^4$,$R_3(\mu,\sigma^2,\hat\sigma_3^2)=\dfrac{2}{n+1}\sigma^4$. $R_3<R_2<R_1$.

5. 略.

6. 样本的似然函数为 $q(x\mid\lambda)=\lambda^{\sum\limits_{i=1}^{n}x_i}e^{-n\lambda}/\prod\limits_{i=1}^{n}x_i!$ 设 λ 的先验分布为 Γ 分布 $\Gamma(\alpha,\beta)$,其核

为 $\lambda^{\alpha-1}e^{-\beta\lambda}$，则 λ 的后验分布为 $h(\lambda \mid x) \propto \lambda^{\alpha+\sum_{i=1}^{n}X_i-1}e^{-(n+\beta)\lambda}$，$(\lambda > 0)$. 可以看出后验分布是 Γ 分布 $\Gamma(\alpha + \sum_{i=1}^{n} X_i, n+\beta)$ 的核，所以泊松分布 $P(\lambda)$ 中 λ 的共轭先验分布为 Γ 分布.

7. 样本的联合密度为 $q(x \mid \lambda) = \lambda^{\sum_{i=1}^{n}X_i}e^{-n\lambda} / \prod_{i=1}^{n} x_i! = k\lambda^{n\bar{x}}e^{-n\lambda}$，$(k = 1/\prod_{i=1}^{n} x_i!)$

样本与 λ 的联合密度为：$f(x,\lambda) = q(x \mid \lambda)\pi(\lambda)$，记为 $k\lambda^{n\bar{x}+1}e^{-(n+1)\lambda}$

X 的边际密度为 $g(x) = k\int_0^{+\infty} \lambda^{n\bar{x}+1}e^{-(n+1)\lambda}d\lambda = k\Gamma(n\bar{x}+2)(n+1)^{-(n\bar{x}+2)}$

$h(\lambda \mid x) = f(x,\lambda)(g(x))^{-1} = (n+1)^{n\bar{x}+2}(\Gamma(n\bar{x}+2))^{-1}\lambda^{n\bar{x}+1}e^{-(n+1)\lambda}$，

平方损失下 λ 的贝叶斯估计为

$$\begin{aligned}
\hat{\lambda} &= \int_0^{+\infty} \lambda h(\lambda \mid x)d\lambda \\
&= (n+1)^{n\bar{x}+2}(\Gamma(n\bar{x}+2))^{-1}\int_0^{+\infty} \lambda^{n\bar{x}+2}e^{-(n+1)\lambda}d\lambda \\
&= \frac{(n+1)^{n\bar{x}+2}}{\Gamma(n\bar{x}+2)} \times \frac{\Gamma(n\bar{x}+3)}{(n+1)^{n\bar{x}+3}} = \frac{n\bar{x}+2}{n+1}
\end{aligned}$$

8. 因为 X 服从二项分布 $B(n,p)$，所以 $q(x \mid p) = \prod_{i=1}^{n} C_n^{x_i}p^{x_i}(1-p)^{n-x_i} = kp^{n\bar{x}}(1-p)^{n^2-n\bar{x}}$，$(k = \prod_{i=1}^{n} C_n^{x_i})$

因为 $\pi(p) = 1, 0 < p < 1$

所以 $f(x,p) = \pi(p)q(x \mid p) = kp^{n\bar{x}}(1-p)^{n^2-n\bar{x}}$

$$\begin{aligned}
g(x) &= \int_0^1 f(x,p)dp = k\int_0^1 p^{n\bar{x}}(1-p)^{n^2-n\bar{x}}dp \\
&= k(\Gamma(n^2+2))^{-1}\Gamma(n\bar{x}+1)\Gamma(n^2-n\bar{x}+1)
\end{aligned}$$

$h(p \mid x) = \dfrac{f(x,p)}{g(x)} = \dfrac{\Gamma(n^2+2)}{\Gamma(n\bar{x}+1)\Gamma(n^2-n\bar{x}+1)}p^{n\bar{x}}(1-p)^{n^2-n\bar{x}}$，$p$ 的贝叶斯估计为

$$\begin{aligned}
\hat{p} &= E(p \mid x) = \int_0^1 ph(p \mid x)dp \\
&= \frac{\Gamma(n^2+2)}{\Gamma(n\bar{x}+1)\Gamma(n^2-n\bar{x}+1)}\int_0^1 p^{n\bar{x}+1}(1-p)^{n^2-n\bar{x}}dp = \frac{n\bar{x}+1}{n^2+2}.
\end{aligned}$$

9. 样本的似然函数为　　$q(x \mid \theta) = \mathop{\pi}_{i=1}^{n} \theta e^{-\theta x_i} = \theta^n e^{-n\theta\bar{x}}$

而 θ 的先验分布是

$$\pi(\theta) = (\Gamma(\alpha+1)\beta^{\alpha+1})^{-1}\theta^{\alpha}e^{-\theta/\beta} = k\theta^{\alpha}e^{-\theta/\beta}, (\theta > 0)$$

所以样本 $X = (X_1, X_2, \cdots, X_n)$ 与 θ 的联合密度为 $f(x,\theta) = g(x \mid \theta)\pi(\theta) = k\theta^{\alpha+n}e^{-(n\bar{x}+1/\beta)\theta}$

样本的边缘密度是

$$g(x) = \int_0^{+\infty} f(x,\theta)d\theta = k\int_0^{+\infty} \theta^{\alpha+n}e^{-(n\bar{x}+\frac{1}{\beta})\theta}d\theta = k\frac{\Gamma(n+\alpha+1)}{(n\bar{x}+1/\beta)^{\alpha+n+1}}$$

θ 的后验分布为

$$h(\theta \mid x) = \frac{f(x,\theta)}{g(x)} = \frac{(n\bar{x}+1/\beta)^{\alpha+n+1}}{\Gamma(\alpha+n+1)}\theta^{\alpha+n}e^{-(n\bar{x}+1/\beta)\theta}$$

在平方损失下，θ 的贝叶斯估计为

$$\hat{\theta}=\int_0^{+\infty}\theta h(\theta\mid x)\mathrm{d}\theta=\frac{(n\overline{x}+1/\beta)^{\alpha+n+1}}{\Gamma(n+\alpha+1)}\int_0^{+\infty}\theta^{\alpha+n+1}\mathrm{e}^{-(n\overline{x}+1/\beta)\theta}\mathrm{d}\theta=\frac{n+\alpha+1}{n\overline{x}+1/\beta}$$

10. (1) 样本的联合分布为 $q(x\mid\theta)=\theta^{2n}\prod_{i=1}^{n}x_i\exp\{-\theta\sum_{i=1}^{n}x_i\},\quad 0<x_i.$

θ 的后验分布为 $h(\theta\mid x)=Cq(x\mid\theta)\pi(\theta)=2C\theta^{2n}\prod_{i=1}^{n}x_i\exp\{-\theta(2+\sum_{i=1}^{n}x_i)\},\quad 0<x_i,$ $\theta>0.$

由于 $h(\theta\mid x)$ 的核服从 Gamma 分布 $\mathrm{Ga}(2n+1,(\sum_{i=1}^{n}X_i+2))$，

所以在平方损失下，$(n-1)/4n$ 的贝叶斯估计为

$$\hat{\theta}=\int_{-\infty}^{+\infty}\theta h(\theta\mid x)\mathrm{d}\theta=(2n+1)/[\sum_{i=1}^{n}X_i+2]$$

(2) 因 $EX=2/\theta$，所以在平方损失下 EX 的贝叶斯估计为

$$E\hat{X}=\int_{-\infty}^{+\infty}(2/\theta)h(\theta\mid x)\mathrm{d}\theta=[\sum_{i=1}^{n}X_i+2]/n$$

11. $h(p\mid x)=(n+1)![(\sum_{i=1}^{n}X_i)!(n-\sum_{i=1}^{n}X_i)!]^{-1}p^{\sum_{i=1}^{n}X_i}(1-p)^{n-\sum_{i=1}^{n}X_i}$

$$=kp^{\sum_{i=1}^{n}X_i}(1-p)^{n-\sum_{i=1}^{n}X_i},(0<p<1)$$

因为 $L(p,\hat{p})=\dfrac{(\hat{p}-p)^2}{p(1-p)}=\lambda(p)(p-\hat{p})^2$，$p$ 的贝叶斯估计为

$$\hat{p}=\frac{E(\lambda(p)p\mid x)}{E(\lambda(p)\mid x)}$$

$$=k\int_0^1\frac{1}{p(1-p)}pp^{\sum_{i=1}^{n}X_i}(1-p)^{n-\sum_{i=1}^{n}X_i}\mathrm{d}p[k\int_0^1\frac{1}{p(1-p)}p^{\sum_{i=1}^{n}X_i}(1-p)^{n-\sum_{i=1}^{n}X_i}\mathrm{d}p]^{-1}$$

$$=(\sum_{i=1}^{n}X_i)!(n-\sum_{i=1}^{n}X_i-1)!(n-1)![(\sum_{i=1}^{n}X_i-1)!(n-\sum_{i=1}^{n}X_i-1)!(n)!]^{-1}=\overline{X}$$

风险函数 $R(p,\hat{p})=E_p[L(p,\hat{p})]=E[\dfrac{1}{p(1-p)}(\dfrac{1}{n}\sum_{i=1}^{n}X_i-p)^2]$

$$=\frac{1}{p(1-p)}\{D(\frac{1}{n}\sum_{i=1}^{n}X_i-p)+[E(\frac{1}{n}\sum_{i=1}^{n}X_i-p)]^2\}$$

$$=\frac{1}{p(1-p)}\{\frac{1}{n^2}np(1-p)+(\frac{1}{n}np-p)^2\}=\frac{1}{n}.$$

12. 似然函数为 $q(x\mid\sigma^2)=(\dfrac{1}{2\pi\sigma^2})^{\frac{n}{2}}\exp\{-\dfrac{1}{2\sigma^2}\sum_{i=1}^{n}X_i^2\}$，因为 $\pi(\sigma^2)\propto 1$，所以

$f(x,\sigma^2)\propto(\dfrac{1}{2\sigma^2})^{\frac{n}{2}}\exp\{-\dfrac{1}{2\sigma^2}\sum_{i=1}^{n}X_i^2\}\propto(\dfrac{A}{2\sigma^2})^{\frac{n}{2}}\exp\{-\dfrac{A}{2\sigma^2}\}$，其中 $A=\sum_{i=1}^{n}X_i^2.$

由于样本的 X 的边缘分布与参数 σ^2 无关，故后验分布为

$$h(\sigma^2\mid x)=\frac{f(x,\sigma^2)}{m(x)}\propto(\frac{A}{2\sigma^2})^{\frac{n}{2}}\exp\{\frac{-A}{2\sigma^2}\}$$

它是倒 Gamma 分布 $I\Gamma(\dfrac{n}{2}+1,\dfrac{A}{2})$ 的核.

令 $T=\dfrac{A}{\sigma^2}$，则 T 的后验分布为

$$h(t\mid x)=\propto (t/2)^{\frac{n}{2}}\mathrm{e}^{-\frac{1}{2}t}\ |-A/t^2\ |\propto (t)^{\frac{n-2}{2}-1}\mathrm{e}^{-\frac{1}{2}t}$$

它是卡方分布 $\chi^2(n-2)$ 的核，从而 T 的后验分布为卡方分布 $\chi^2(n-2)$. 给定 α 查卡方表得分位数 $\chi^2_{\alpha/2}(n-2)$，$\chi^2_{1-\alpha/2}(n-2)$，使得 $P\{\chi^2_{1-\alpha/2}(n-2)<T<\chi^2_{\alpha/2}(n-2)\}=1-\alpha$，从而得 σ^2 的置信度为 $1-\alpha$ 的置信区间为$\left(\sum\limits_{i=1}^{n}x_i^2/\chi^2_{\alpha/2}(n-2),\quad \sum\limits_{i=1}^{n}x_i^2/\chi^2_{1-\alpha/2}(n-2)\right)$.

13. X 的分布密度为

$$p(x\mid\theta)=\frac{1}{\theta^{\alpha}}\frac{x^{\alpha-1}}{\Gamma(\alpha)}\mathrm{e}^{-x/\theta},x>0$$

在加权损失下风险函数

$$\begin{aligned}R(\theta,\hat{\theta})&=\int_0^{+\infty}\frac{1}{\theta^{\alpha+2}}\frac{1}{\Gamma(\alpha)}\left(\frac{x}{1+\alpha}-\theta\right)^2x^{\alpha-1}\mathrm{e}^{-x/\theta}\mathrm{d}\theta=\frac{1}{\Gamma(\alpha)}\int_0^{+\infty}\left(\frac{u}{1+\alpha}-1\right)^2u^{\alpha-1}\mathrm{e}^{-u}\mathrm{d}u\\&=\frac{1}{\Gamma(\alpha)}\left[\frac{\Gamma(\alpha+2)}{(1+\alpha)^2}-\frac{2\Gamma(\alpha+1)}{1+\alpha}+\Gamma(\alpha)\right]=\frac{1}{1+\alpha}\end{aligned}$$

由定理 3.9 知，$\hat{\theta}=\dfrac{X}{1+\alpha}$ 为 θ 的最小最大估计.

第4章　假设检验

4.1　内容提要

4.1.1　假设检验的基本概念

1. 零假设与备选假设

在数理统计中，参数假设检验的形式为

$$H_0:\theta \in \Theta_0, H_1:\theta \in \Theta_1 \tag{4-1}$$

其中 $\Theta_0 \cup \Theta_1 \subset \Theta, \Theta_0 \cap \Theta_1 = \varnothing$. Θ 为参数空间.

一般把 $H_0:\theta \in \Theta_0$ 称为"零假设"或"原假设"，H_1 称为备选假设. 当 $\Theta_1 = \Theta - \Theta_0$ 时，备选假设称为零假设的对立假设. 若 Θ_0、Θ_1 只含有一个值，称 H_0、H_1 是简单假设，否则称 H_0、H_1 是复合假设.

2. 检验规则与检验的步骤

假设检验的统计思想是：概率很小的事件在一次试验中可以认为基本上是不会发生的，即小概率原理.

为了检验一个假设 H_0 是否成立. 先假定 H_0 是成立的. 如果这个假定导致了一个不合理的事件发生，那就表明原来的假定 H_0 是不正确的，拒绝接受 H_0；如果由此没有导出不合理的现象，则接受假设 H_0.

这里所说的小概率事件就是事件 $\{K \in R_\alpha\}$，其概率就是检验水平 α，通常我们取 $\alpha = 0.05$，有时也取 0.01 或 0.10.

假设检验的基本步骤为：

(1) 根据实际问题的要求，提出原假设 H_0 及备选假设 H_1.

(2) 构造一个合适的统计量 $T = T(X_1, X_2, \cdots, X_n)$ 并确定该统计量的分布，由样本观测值计算出统计量 T 的值.

(3) 给定显著水平 α，按 $P\{$拒绝 $H_0 \mid H_0$ 为真$\} \leqslant \alpha$ 确定拒绝域 W，一般地，确定临界值就确定了拒绝域.

(4) 作出判断：若 $T \in W$，则拒绝原假设 H_0，否则接受原假设 H_0.

3. 两类错误的概率和检验的水平

给定一个检验，记它的拒绝域为 W，检验函数为：$\delta(x) = \begin{cases} 1, & x \in W \\ 0, & x \notin W \end{cases}$，当用它来检验 (4-1) 时，有可能犯两类错误.

第一类错误：零假设成立时，由于样本落在拒绝域中而错误的拒绝零假设. 第一类错误又可称为“弃真错误”，其概率为 $E_\theta(\delta(X)) = P_\theta(X \in W), \theta \in \Theta_0$.

第二类错误：零假设不成立时，由于样本落在接受域中而错误的接受零假设. 第二类错误又可称为“存伪错误”，其概率为 $E_\theta(1-\delta(X)) = P_\theta(X \notin W), \theta \in \Theta_1$.

若想减少犯第一类错误的概率，犯第二类错误的概率就会增加；反之亦然. 对于这种两难问题，根据保护零假设的原则，Neyman-Pearson 提出了如下处理原则：事先指定一个小的正数 α，要求一个检验 $\delta(x)$ 犯第一类错误的概率应该受到限制，不能超过 α，即满足

$$\sup_{\theta \in \Theta_0} E(\delta(X)) = \sup_{\theta \in \Theta_0} P_\theta(X \in W) \leqslant \alpha$$

一般称 α 为检验的显著水平（简称“水平”）. 若一个检验 $\delta(x)$ 满足上式，则称这个检验 $\delta(x)$ 为水平 α 的检验. 根据这一原则，可进一步定义检验的比较.

定义 4.1　设 δ_1, δ_2 是检验问题 $H_0: \theta \in \Theta_0, H_1: \theta \in \Theta_1$ 的水平为 α 的两个检验，$\sup\limits_{\theta \in \Theta_0} E(\delta_i(X)) = \sup\limits_{\theta \in \Theta_0} P_\theta(X \in W) \leqslant \alpha$，$i = 1,2$. 若 $E_\theta(\delta_1(X)) \geqslant E_\theta(\delta_2(X)), \theta \in \Theta_1$，即 $1 - E_\theta(\delta_1(X)) \leqslant 1 - E_\theta(\delta_2(X)), \theta \in \Theta_1$ 对一切 $\theta \in \Theta_1$ 成立，则称检验 δ_1 一致地优于检验 δ_2.

这一定义表明，如果限制两个检验犯第一类错误概率的最大值均小于或等于 α，则哪个检验犯第二类错误的概率小，哪个检验为优. 这一定义可推广到多个检验的比较，为此，先引入势函数的概念.

4. 势函数与无偏检验

定义 4.2　对于检验 $\delta(x)$，可以定义一个函数

$$\beta(\theta) = E_\theta(\delta(X)) = P_\theta(X \in W), \quad \theta \in \Theta$$

称 $\beta(\theta)$ 为这个检验的势函数（power function），又称为功率函数. 根据上式知，当 $\theta \in \Theta_0$ 时，$\beta(\theta)$ 为犯第一类错误的概率；当 $\theta \in \Theta_1$ 时，$1-\beta(\theta)$ 为犯第二类错误的概率，或者说 $\beta(\theta)$ 为一个正确决策的概率.

因此 $\beta(\theta)$ 在 Θ_0 上越小越好，在 Θ_1 上越大越好. 对于许多统计模型，势函数 $\beta(\theta)$ 是 θ 的连续函数，因此在 Θ_0 和 Θ_1 的边界上弃真错误的概率与正确决策的概率之间有连续的过渡. 对于一个合理的检验，应该要求它满足

$$\beta(\theta_1) \geqslant \beta(\theta_0), \quad \forall \theta_1 \in \Theta_1, \theta_0 \in \Theta_0$$

满足上述条件的水平 α 的检验称为无偏检验. 对一个真实水平为 α 的检验，上式等价于

$$\beta(\theta) \geqslant \alpha, \quad \forall \theta \in \Theta_1$$

定义 4.3　如果存在检验 δ_0，对于任何水平小于或等于 α 的检验 δ，均有 $E_\theta(\delta_0(X)) \geqslant E_\theta(\delta(X)), \forall \theta \in \Theta_1$ 成立，则称检验 δ_0 是水平为 α 的一致最优势检验.

4.1.2　正态总体均值与方差的假设检验

1. U 检验法

U 检验适应在方差已知的情况下，对均值的检验（一个总体或两个总体）.

(1) 单个正态总体情形.

设总体 $X \sim N(\mu, \sigma^2)$，样本 $(X_1, X_2, \cdots, X_n)$ 来自总体 X，σ^2 已知.

检验假设：

$$H_0: \mu = \mu_0; \ H_1: \mu \neq \mu_0$$

检验统计量为

$$U=\frac{\overline{X}-\mu_0}{\sigma/\sqrt{n}}$$

在 H_0 成立的条件下，$U=\dfrac{\overline{X}-\mu_0}{\sigma/\sqrt{n}}\sim N(0,1)$，给定显著性水平 α，查正态表可得临界值 $u_{\alpha/2}$，进而获得拒绝域

$$W=\{(x_1,x_2,\cdots,x_n):|U|\geqslant u_{\alpha/2}\}$$

若 $|U|\geqslant u_{\alpha/2}$，则拒绝 H_0；反之，若 $|U|<u_{\alpha/2}$，则接受 H_0.

(2) 两个正态总体均值是否相等的检验.

设 $(X_1,X_2,\cdots,X_{n_1})$ 为出自 $N(\mu_1,\sigma_1^2)$ 的样本，$(Y_1,Y_2,\cdots,Y_{n_2})$ 为出自 $N(\mu_2,\sigma_2^2)$ 的样本，σ_1、σ_2 已知，两个总体的样本之间相互独立.

需要检验假设

$$H_0:\mu_1=\mu_2;\ H_1:\mu_1\neq\mu_2$$

选取检验统计量为

$$U=(\overline{X}-\overline{Y})/\sqrt{\frac{\sigma_1^2}{n_1}+\frac{\sigma_2^2}{n_2}}$$

在 H_0 成立的条件下，$U=(\overline{X}-\overline{Y})/\sqrt{\dfrac{\sigma_1^2}{n_1}+\dfrac{\sigma_2^2}{n_2}}\sim N(0,1)$. 给定显著性水平 α，查正态分布表可得临界值 $u_{\alpha/2}$，进而获得拒绝域为

$$W=\{(x_1,x_2,\cdots,x_{n_1};y_1,y_2,\cdots,y_{n_2}):|U|<u_{\alpha/2}\}$$

由样本值计算 U 的观察值 u_0. 若 $u_0\in W$，则拒绝 H_0；否则，若 $u_0\notin W$，则接受 H_0.

2. t 检验

(1) 方差未知时单个正态总体均值的检验.

设总体服从正态分布 $N(\mu,\sigma^2)$，μ、σ^2 均为未知参数，$X_1,X_2,\cdots,X_n$ 是总体容量为 n 的样本.

欲检验假设

$$H_0:\mu=\mu_0\leftrightarrow H_1:\mu\neq\mu_0$$

选取统计量

$$T=(\overline{X}-\mu_0)\sqrt{n}/S_n^*$$

其中 $S_n^{*2}=\dfrac{1}{n-1}\sum\limits_{i=1}^{n}(X_i-\overline{X})^2$. 当 H_0 成立时，T 服从自由度为 $n-1$ 的 t 分布，给定显著性水平 $0<\alpha<1$，查 t 分布表得临界值 $t_{\alpha/2}(n-1)$，进而可得拒绝域

$$W=\{x:\frac{|\overline{x}-\mu_0|}{S_n{}^*/\sqrt{n}}\geqslant t_{\alpha/2}(n-1)\}$$

若 $|T|\geqslant t_{\alpha/2}(n-1)$，拒绝假设 H_0；若 $|T|<t_{\alpha/2}(n-1)$，则接受 H_0. 这种利用服从 t 分布的统计量作为检验统计量的检验方法称为 t 检验法.

(2) 方差未知时两个正态总体均值的检验.

设 $X_1,X_2,\cdots,X_{n_1}$ 和 $Y_1,Y_2,\cdots,Y_{n_2}$ 分别是来自相互独立的正态总体 $N(\mu_1,\sigma^2)$ 和 $N(\mu_2,\sigma^2)$ 的样本.

要检验假设

$$H_0:\mu_1=\mu_2 \leftrightarrow H_1:\mu_1\neq\mu_2$$

选择统计量

$$T=\frac{\overline{X}-\overline{Y}}{\sqrt{(n_1-1)S_{1n_1}^{*2}+(n_2-1)S_{2n_2}^{*2}}}\sqrt{\frac{n_1n_2(n_1+n_2-2)}{n_1+n_2}}$$

在假设 H_0 成立的条件下,T 服从自由度为 n_1+n_2-2 的 t 分布. 给定显著水平 α,由 t 分布表可得 $t_{\alpha/2}(n_1+n_2-2)$,检验的拒绝域为

$$W=\{\left|\frac{\overline{x}-\overline{y}}{\sqrt{(n_1-1)S_{1n_1}^{*2}+(n_2-1)S_{2n_2}^{*2}}}\sqrt{\frac{n_1n_2(n_1+n_2-2)}{n_1+n_2}}\right|\geqslant t_{\alpha/2}(n_1+n_2-2)\}$$

其中 $S_{n1}{}^{*2}=\dfrac{1}{n_1-1}\sum\limits_{i=1}^{n_1}(X_i-\overline{X})^2, S_{n_2}{}^{*2}=\dfrac{1}{n_2-1}\sum\limits_{i=1}^{n_2}(Y_i-\overline{Y})^2$.

若 $|T|\geqslant t_{\alpha/2}(n_1+n_2-2)$,拒绝 H_0;反之,若 $|T|<t_{\alpha/2}(n_1+n_2-2)$,则接受 H_0.

3. 正态总体方差的检验

(1) 单个正态总体方差的检验 ——χ^2 检验.

设 $X_1,X_2,\cdots,X_n$ 是正态总体 $N(\mu,\sigma^2)$ 的一个样本,均值未知.

欲检验假设

$$H_0:\sigma^2=\sigma_0^2 \leftrightarrow H_1:\sigma^2\neq\sigma_0^2$$

选择统计量

$$\chi^2=nS_n^2/\sigma_0^2=\sum_{i=1}^{n}(X_i-\overline{X})^2/\sigma_0^2$$

在假设 H_0 成立时,统计量服从自由度为 $n-1$ 的 χ^2 分布. 给定检验水平 α,查 χ^2 分布表可得 $\chi^2_{1-\alpha/2}(n-1),\chi^2_{\alpha/2}(n-1)$,进而获得拒绝域

$$W=\{\chi^2\leqslant\chi^2_{1-\alpha/2}(n-1)\}\cup\{\chi^2\geqslant\chi^2_{\alpha/2}(n-1)\}$$

(2) 两个正态总体方差的检验 ——F 检验.

设 $X_1,X_2,\cdots,X_{n_1}$ 是来自总体 $N(\mu_1,\sigma_1^2)$ 的样本,$Y_1,Y_2,\cdots,Y_{n_2}$ 是来自 $N(\mu_2,\sigma_2^2)$ 的样本且相互独立,μ_1、σ_1^2、μ_2、σ_2^2 均为未知参数.

欲检验假设

$$H_0:\sigma_1^2=\sigma_2^2 \leftrightarrow H_1:\sigma_1^2\neq\sigma_2^2$$

选择统计量

$$F=S_{1n_1}^{*2}/S_{2n_2}^{*2}$$

当 H_0 成立时,统计量 F 服从 $F(n_1-1,n_2-1)$ 分布. 根据给定的显著水平 α,查表可得临界值 $F_{1-\alpha/2}(n_1-1,n_2-1)$ 和 $F_{\alpha/2}(n_1-1,n_2-1)$,进而得检验的拒绝域为

$$W=\{F\geqslant F_{1-\alpha/2}(n_1-1,n_2-1)\}\cup\{F\leqslant F_{\alpha/2}(n_1-1,n_2-1)\}$$

根据样本值计算出 $S_{1n_1}^{*2}$ 和 $S_{2n_2}^{*2}$ 的值,从而计算出 F 的值,若 $F\leqslant F_{1-\alpha/2}(n_1-1,n_2-1)$ 或 $F\geqslant F_{\alpha/2}(n_1-1,n_2-1)$,则拒绝 H_0,否则接受 H_0. 这种利用服从 F 分布的统计量所作的检验常称为 F 检验.

4. 单边检验

若备选假设 H_1 的参数区域在原假设 H_0 的参数区域的一侧,则相应的假设检验被称为单

边检验.例如:

$$H_0:\mu \leqslant \mu_0, H_1:\mu > \mu_0 \text{ 及 } H_0:\sigma^2 \geqslant \sigma_0^2, H_1:\sigma^2 < \sigma_0^2$$

均称为单边检验问题.下面仅通过一个例子说明单边假设检验的方法.

设总体 X 服从正态 $N(\mu_1,\sigma_1^2)$,总体 Y 服从正态 $N(\mu_2,\sigma_2^2)$ 分布,σ_1^2、σ_2^2 未知,但 $\sigma_1^2=\sigma_2^2$,X_1,X_2,…,X_{n_1} 和 Y_1,Y_2,…,Y_{n_2} 分别是来自 X 和 Y 的独立样本.

欲检验假设

$$H_0:\mu_1 \leqslant \mu_2 \leftrightarrow H_1:\mu_1 > \mu_2$$

由于随机变量

$$T_1=\frac{\overline{X}-\overline{Y}-(\mu_1-\mu_2)}{\sqrt{(n_1-1)s_{1n_1}^{*2}+(n_2-1)s_{2n_2}^{*2}}}\sqrt{\frac{n_1n_2(n_1+n_2-2)}{n_1+n_2}}$$

服从自由度为 n_1+n_2-2 的 t 分布,所以给定显著水平 α,由 t 分布表可查得 $t_\alpha(n_1+n_2-2)$,使得 $P\{T_1 \geqslant t_\alpha(n_1+n_2-2)\}=\alpha$.当假设 H_0 成立时,

$$T_1 \geqslant \frac{(\overline{X}-\overline{Y})}{\sqrt{(n_1-1)S_{1n_1}^{*2}+(n_2-1)S_{2n_2}^{*2}}}\sqrt{\frac{n_1n_2(n_1+n_2-2)}{n_1+n_2}}=T$$

因此

$$P\{T \geqslant t_\alpha(n_1+n_2-2)\} \leqslant P\{T_1 \geqslant t_\alpha(n_1+n_2-2)\}=\alpha$$

即事件$\{T \geqslant t_\alpha(n_1+n_2-2)\}$是一个比事件$\{T_1 \geqslant t_\alpha(n_1+n_2-2)\}$的概率还要小的"小概率事件".如果事件$\{T \geqslant t_\alpha(n_1+n_2-2)\}$在一次抽样中发生了,应拒绝原假设 H_0,否则应接受 H_0,故检验的拒绝域为

$$W=\{T \geqslant t_\alpha(n_1+n_2-2)\}$$

为了方便读者,将总体参数的假设检验总结列于表 4-1 和表 4-2 中。

表 4-1　单个总体均值和方差的假设检验

条件	H_0	H_1	检验方法	统计量	拒绝域
正态总体 $N(\mu,\sigma_0^2)$ σ_0^2 已知	$\mu=\mu_0$	$\mu\neq\mu_0$	U 检验	$U=\dfrac{\overline{X}-\mu_0}{\sigma_0/\sqrt{n}}$	$\lvert u\rvert \geqslant u_{\alpha/2}$
	$\mu\leqslant\mu_0$	$\mu>\mu_0$			$u\geqslant u_\alpha$
	$\mu\geqslant\mu_0$	$\mu<\mu_0$			$u\leqslant -u_\alpha$
正态总体 $N(\mu,\sigma^2)$ σ^2 未知	$\mu=\mu_0$	$\mu\neq\mu_0$	t 检验	$T=\dfrac{\overline{X}-\mu_0}{S_n^*/\sqrt{n}}$	$\lvert t\rvert \geqslant t_{\alpha/2}(n-1)$
	$\mu\leqslant\mu_0$	$\mu>\mu_0$			$t\geqslant t_\alpha(n-1)$
	$\mu\geqslant\mu_0$	$\mu<\mu_0$			$t\leqslant -t_\alpha(n-1)$
正态总体 $N(\mu,\sigma^2)$ μ 未知	$\sigma^2=\sigma^2$	$\sigma^2\neq\sigma_0^2$	χ^2 检验	$w=\dfrac{(n-1)S_n^{*2}}{\sigma_0^2}$	$w\leqslant\chi_{1-\alpha/2}^2(n-1)$ 或 $w\geqslant\chi_{\alpha/2}^2(n-1)$
	$\sigma^2\leqslant\sigma_0^2$	$\sigma^2>\sigma_0^2$			$w\geqslant\chi_\alpha^2(n-1)$
	$\sigma^2\geqslant\sigma_0^2$	$\sigma^2<\sigma_0^2$			$w\leqslant\chi_{1-\alpha}^2(n-1)$
非正态总体大样本情形	$\mu=\mu_0$	$\mu\neq\mu_0$	U 检验	$U=\dfrac{\overline{X}-\mu_0}{S_n/\sqrt{n}}$	$\lvert u\rvert \geqslant u_{\alpha/2}$
	$\mu\leqslant\mu_0$	$\mu>\mu_0$			$u\geqslant u_\alpha$
	$\mu\geqslant\mu_0$	$\mu<\mu_0$			$u\leqslant -u_\alpha$

表 4－2　两个总体均值和方差的假设检验

条件	原假设 H_0	备择假设 H_1	检验方法	统计量	拒绝域
正态总体 $N(\mu_1,\sigma_1^2)$ $N(\mu_2,\sigma_2^2)$ σ_1^2,σ_2^2 已知	$\mu_1 \leqslant \mu_2$	$\mu_1 > \mu_2$	U 检验	$U=\dfrac{\overline{X}-\overline{Y}}{\sqrt{\dfrac{\sigma_1^2}{n}+\dfrac{\sigma_2^2}{m}}}$	$u \geqslant u_\alpha$
	$\mu_1 \geqslant \mu_2$	$\mu_1 < \mu_2$			$u \leqslant -u_\alpha$
	$\mu_1 = \mu_2$	$\mu_1 \neq \mu_2$			$\lvert u \rvert \geqslant u_{\alpha/2}$
正态总体 $N(\mu_1,\sigma_1^2)$ $N(\mu_2,\sigma_2^2)$ $\sigma_1^2=\sigma_2^2=\sigma^2$ 未知	$\mu_1 \leqslant \mu_2$	$\mu_1 > \mu_2$	t 检验	$T=\dfrac{\overline{X}-\overline{Y}}{S_\omega\sqrt{\dfrac{1}{n}+\dfrac{1}{m}}}$ $S_\omega^2=\dfrac{(n-1)S_n^{*2}+(m-1)S_m^{*2}}{n+m-2}$	$t \geqslant t_\alpha(n+m-2)$
	$\mu_1 \geqslant \mu_2$	$\mu_1 < \mu_2$			$t \leqslant -t_\alpha(n+m-2)$
	$\mu_1 = \mu_2$	$\mu_1 \neq \mu_2$			$\lvert t \rvert \geqslant t_{\alpha/2}(n+m-2)$
正态总体 $N(\mu_1,\sigma_1^2)$ $N(\mu_2,\sigma_2^2)$ μ_1,μ_2 均未知	$\sigma_1^2 \leqslant \sigma_2^2$	$\sigma_1^2 > \sigma_2^2$	F 检验	$F=\dfrac{S_n^{*2}}{S_m^{*2}}$	$F \geqslant F_\alpha(n-1,m-1)$
	$\sigma_1^2 \geqslant \sigma_2^2$	$\sigma_1^2 < \sigma_2^2$			$F \leqslant F_{1-\alpha}(n-1,m-1)$
	$\sigma_1^2 = \sigma_2^2$	$\sigma_1^2 \neq \sigma_2^2$			$F \geqslant F_{\alpha/2}(n-1,m-1)$ 或 $F \leqslant F_{1-\alpha/2}(n-1,m-1)$
非正态总体大样本情形	$\mu_1 \leqslant \mu_2$	$\mu_1 > \mu_2$	U 检验	$U=\dfrac{\overline{X}-\overline{Y}}{\sqrt{\dfrac{S_n^2}{n}+\dfrac{S_m^2}{m}}}$	$\lvert u \rvert > u_{\alpha/2}$
	$\mu_1 \geqslant \mu_2$	$\mu_1 < \mu_2$			$u > u_\alpha$
	$\mu_1 = \mu_2$	$\mu_1 \neq \mu_2$			$u < -u_\alpha$

4.1.3　非参数检验法

1. 总体分布的 χ^2 检验法

设总体 X 分布函数为 $F(x)$，$X_1,X_2,\cdots,X_n$ 是来自 X 的样本，欲检验假设 $H_0:F(x)=F_0(x;\theta_1,\theta_2,\cdots,\theta_r)$（$F_0$ 的形式已知），$\theta=(\theta_1,\theta_2,\cdots,\theta_r)$.

(1) 分布中参数 θ 已知的 χ^2 检验法. 选取 $m-1$ 个实数 $a_1<a_2<\cdots<a_{m-1}$，它们将实轴分为 m 个互不包含的区间 $A_1=(-\infty,a_1)$，$A_2=[a_1,a_2)$，$\cdots$，$A_m=[a_{m-1},+\infty)$，记 $p_i=F_0(a_i;\theta_1,\theta_2,\cdots,\theta_r)-F_0(a_{i-1};\theta_1,\theta_2,\cdots,\theta_r)$，$i=1,2,\cdots,m$，设 $(x_1,x_2,\cdots,x_n)^{\mathrm{T}}$ 是容量为 n 的一组样本值，n_i 为样本值落入 A_i 的频数，$i=1,2,\cdots,m$. 在假设 $H_0:F(x)=F_0(x)$ 成立的条件下，统计量 $K^2=\sum\limits_{i=1}^{m}\dfrac{(n_i-np_i)^2}{np_i}$ 渐近服从自由度为 $m-1$ 的 χ^2 分布，对给定的 $\alpha(0<\alpha<1)$，当 $K_0^2=\sum\limits_{i=1}^{m}\dfrac{(n_i-np_i)^2}{np_i}>\chi_\alpha^2(m-1)$ 时，拒绝 H_0，否则，若 $K_0^2\leqslant\chi_\alpha^2(m-1)$，则接受 H_0，其中 $\chi_\alpha^2(m-1)$ 为 χ^2 分布 $\chi^2(m-1)$ 的上侧 α 分位数.

(2) 分布中参数 θ 未知的 χ^2 检验法. 若 $F_0(x,\theta)$ 中的参数 $\theta=(\theta_1,\theta_2,\cdots,\theta_r)$ 未知，要检验假设 $H_0:F(x)=F_0(x,\theta)$. 则可用最大似然估计法求出 θ 的极大似然估计 $\hat{\theta}$ 代替 θ，相应的得到 p_i 的估计值 $\hat{p}_i$ 为

$$\hat{p}_i=F_0(a_i,\hat{\theta})-F_0(a_{i-1},\hat{\theta}),i=1,2,\cdots,m$$

当 H_0 成立时，统计量 $\hat{\chi}^2=\sum_{i=1}^{m}\frac{(n_i-n\hat{p}_i)^2}{n\hat{p}_i}$ 渐近服从自由度为 $m-r-1$ 的 χ^2 分布. 由样本值计算统计量的观察值，当 $\hat{\chi}^2>\chi_\alpha^2(m-r-1)$ 时，拒绝原假设 H_0，否则接受 H_0. 其中，$\chi_\alpha^2(m-r-1)$ 为 $\chi^2(m-r-1)$ 分布的上侧 α 分位数.

2. 柯尔莫哥洛夫检验法

设 $X_1,X_2,\cdots,X_n$ 是来自具有连续分布函数 $F(x)$ 的总体 X 的样本.

欲检验假设

$$H_0:F(x)=F_0(x)\leftrightarrow H_1:F(x)\neq F_0(x)$$

选取统计量为

$$D_n=\sup_{-\infty<x<+\infty}|F_n(x)-F_0(x)|$$

其中 $F_n(x)$ 是样本的经验分布函数.

当 H_0 成立时，统计量 D_n 的分布由下式给出：

$$P\{D_n<y+\frac{1}{2n}\}=\begin{cases}0, & y\leqslant 0\\ \int_{\frac{1}{2n}-y}^{\frac{1}{2n}+y}\int_{\frac{3}{2n}-y}^{\frac{3}{2n}+y}\cdots\int_{\frac{2n-1}{2n}-y}^{\frac{2n+1}{2n}+y}f(x_1,x_2,\cdots,x_n)\mathrm{d}x_1\cdots\mathrm{d}x_n, & 0<y<\frac{2n-1}{2n}\\ 1, & y\geqslant\frac{2n-1}{2n}\end{cases}$$

其中

$$f(x_1,x_2,\cdots,x_n)=\begin{cases}n!, & 0<x_1<x_2<\cdots<x_n<1\\ 0, & \text{其他}\end{cases}$$

当 H_0 成立时，统计量 D_n 的极限分布为

$$\lim_{n\to\infty}P\{D_n<y/\sqrt{n}\}=\begin{cases}0, & y\leqslant 0\\ \sum_{k=-\infty}^{+\infty}(-1)^k\mathrm{e}^{-2k^2y^2}, & y>0\end{cases}$$

对给定的 $\alpha(0<\alpha<1)$，查表确定临界值 $D_{n,\alpha}$. 当 n 不太大时（通常要求 n 不超过 100），根据样本值 $(x_1,x_2,\cdots,x_n)$ 计算统计量 D_n 的观察值 $\hat{D}_n$，如果 $\hat{D}_n>D_{n,\alpha}$ 则拒绝假设 H_0，否则接受 H_0. 当 n 较大时（通常要求 $n>100$）. 可利用极限分布式得到 $D_{n,\alpha}$ 的近似值 $D_{n,\alpha}\approx\frac{\lambda_{1-\alpha}}{\sqrt{n}}$，$\lambda_{1-\alpha}$ 可由相关数值表查出. 如果 $\hat{D}_n>D_{n,\alpha}$，则拒绝假设 H_0，否则接受 H_0.

3. 斯米尔诺夫检验法

设总体 X 具有连续分布函数 $F(x)$，总体 Y 具有连续分布函数 $G(x)$. $(X_1,X_2,\cdots,X_{n_1})$ 是来自 X 的样本，$(Y_1,Y_2,\cdots,Y_{n_2})$ 是来自 Y 的样本，且假定两个样本相互独立.

欲检验假设

$$H_0:F(x)=G(x)\leftrightarrow H_1:F(x)\neq G(x),-\infty<x<\infty$$

设 $F_{n_1}(x)$ 和 $G_{n_2}(x)$ 分别是这两个样本所对应的经验分布函数. 选取统计量

$$D_{n_1,n_2}=\sup_{-\infty<x<\infty}|F_{n_1}(x)-G_{n_2}(x)|$$

当 H_0 成立时，统计量 D_{n_1,n_2} 的分布由下式给出：

$$P\{D_{n_1,n_2} \leqslant x\} = \begin{cases} 0, & x \leqslant 1/n \\ \sum\limits_{j=-[n/c]}^{[n/c]} (-1)^j C_{2n}^{n-j}/C_{2n}^{n}, & 1/n < x \leqslant 1 \\ 1 & x > 1 \end{cases}$$

其中 x 为任意实数，$c = -[-xn]$.

当 H_0 成立时，统计量 D_{n_1,n_2} 的极限分布由下式给出：

$$\lim_{\substack{n_1 \to \infty \\ n_2 \to \infty}} P\{\sqrt{n_1 n_2/(n_1+n_2)}\, D_{n_1,n_2} < x\} = \begin{cases} K(x), & x > 0 \\ 0, & x \leqslant 0 \end{cases}$$

其中

$$k(y) = \begin{cases} 0, & y \leqslant 0 \\ \sum\limits_{k=-\infty}^{+\infty} (-1)^k e^{-2k^2 y^2}, & y > 0 \end{cases}$$

对于给定的显著水平 α，令 $n = n_1 n_2/(n_1+n_2)$，由数值表查出 $D_{n,\alpha}$，或由数值表查出 $\lambda_{1-\alpha}$，得到 $D_{n,\alpha} \approx \lambda_{1-\alpha}/\sqrt{n}$，若 $D_{n_1,n_2} \geqslant D_{n,\alpha}$，则拒绝假设 H_0；若 $D_{n_1,n_2} < D_{n,\alpha}$，则接受假设 H_0.

4. 似然比检验

假设总体 $X \sim F(x;\theta)$，$\theta \in \Theta$，$(X_1, X_2, \cdots, X_n)$ 是来自总体 X 的一个样本. 欲检验假设

$$H_0: \theta \in \Theta_0 \leftrightarrow H_1: \theta \in \Theta_1$$

其中 $\Theta_0 \cup \Theta_1 = \Theta$，$\Theta_0 \cap \Theta_1 = \varnothing$.

假设 $F(x,\theta)$ 的密度函数为 $f(x,\theta)$（若 X 为离散型随机变量，$f(x,\theta)$ 表示分布律），则似然函数为 $L(x_1, x_2, \cdots, x_n; \theta) = \prod\limits_{i=1}^{n} f(x_i;\theta)$. 选取似然比统计量

$$\lambda(x_1, x_2, \cdots, x_n) = \frac{L_1(x_1, x_2, \cdots, x_n)}{L_0(x_1, x_2, \cdots, x_n)}$$

其中 $L_0(x_1, x_2, \cdots, x_n) = \sup\limits_{\theta \in \Theta_0} L(x_1, x_2, \cdots, x_n; \theta)$，$L_1(x_1, x_2, \cdots, x_n) = \sup\limits_{\theta \in \Theta} L(x_1, x_2, \cdots, x_n; \theta)$. 对于给定的检验水平 α，选择一常数 λ_α，使对于一切 $\theta \in \Theta_0$，满足条件：

$$P\{(x_1, x_2, \cdots, x_n): \lambda(x_1, x_2, \cdots, x_n) \geqslant \lambda_\alpha\} \leqslant \alpha$$

故可得检验的拒绝域为

$$W = \{(x_1, x_2, \cdots, x_n): \lambda(x_1, x_2, \cdots, x_n) \geqslant \lambda_\alpha\}$$

对于给定的样本值，计算似然比统计量 $\lambda(x_1, x_2, \cdots, x_n)$ 的值，当 $\lambda(x_1, x_2, \cdots, x_n) \geqslant \lambda_\alpha$ 时，拒绝 H_0，否则接受 H_0.

4.2　学习目的与要求

(1) 理解假设检验的基本思想，掌握假设检验的基本步骤，了解假设检验可能产生的两类错误.

(2) 了解检验的功效函数与无偏性检验的概念；掌握单个和两个正态总体的均值与方差的假设检验.

(3) 了解非参数的拟合优度检验、柯尔莫哥洛夫检验、斯米尔诺夫检验方法.

(4) 理解似然比检验的基本思想,掌握似然比检验的基本方法.

4.3　典型例题精解

例 4-1　设 $X_1, X_2, \cdots, X_{25}$ 取自正态总体 $N(\mu, 9)$,其中参数 μ 未知,$\overline{X}$ 是样本均值,如对检验问题 $H_0: \mu = \mu_0, H_1: \mu \neq \mu_0$,取检验的拒绝域:$W = \{x: |\overline{x} - \mu_0| \geqslant c\}$,其中 $x = (x_1, x_2, \cdots, x_{25})$,试决定常数 c,使检验的显著性水平为 $\alpha = 0.05$.

【解】依题意可知,给定的显著性水平为 $\alpha = 0.05$,临界值 c 应满足:当原假设 $H_0: \mu = \mu_0$ 为真时,$P\{|\overline{X} - \mu_0| \geqslant c\} = \alpha$. 选用统计量 $U = \dfrac{\overline{X} - \mu_0}{\sigma/\sqrt{n}}$,当 H_0 成立时,$U \sim N(0,1)$,于是 $P\left\{\left|\dfrac{\overline{X} - \mu_0}{\sigma/\sqrt{n}}\right| \geqslant \dfrac{c}{\sigma/\sqrt{n}}\right\} = \alpha$,从而 $P\{|U| \geqslant 5c/3\} = \alpha = 0.05$,查正态分布表得 $u_{\alpha/2} = u_{0.025} = 1.96$,故 $c = 3u_{\alpha/2}/5 = 1.176$.

例 4-2　某厂生产的合金钢,其抗拉强度 X 服从正态分布 $N(\mu, \sigma^2)$,现抽查 5 件样品,测得抗拉强度为 46.8,45.0,48.3,45.1,44.7,要检验假设 $H_0: \mu = 48, H_1: \mu \neq 48$.

【解】由于总体方差未知,所以选择统计量 $T = \dfrac{\overline{X} - \mu_0}{S_n^* / \sqrt{n}} \sim t(n-1)$,得拒绝域为

$$|T| \geqslant t_{\alpha/2}(n-1)$$

将 $n = 5, t_{0.025}(4) = 2.7764, \overline{X} = 45.98, S_n^* = 1.535$ 代入上式计算得 $|T| = 2.9425 > 2.7764$,所以拒绝原假设.

例 4-3　某厂生产的维尼纶的纤度 X 服从正态分布 $N(\mu, \sigma^2)$,已知在正常情况下有 $\sigma = 0.048$. 现从中抽查 5 根,测得纤度为 1.32,1.55,1.36,1.40,1.44,问:X 的标准差 σ 是否发生了显著的变化?(显著水平 $\alpha = 0.05$)

【解】由题意知,需检验假设 $H_0: \sigma^2 = \sigma_0^2 = (0.048)^2; H_1: \sigma^2 \neq (0.048)^2$. 由于总体均值未知,所以选择统计量 $\chi^2 = (n-1)S_n^{*2}/\sigma_0^2$,当 H_0 为真时,$\chi^2 = (n-1)S_n^{*2}/\sigma_0^2 \sim \chi^2(n-1)$,从而拒绝域为

$$\chi^2 \leqslant \chi^2_{1-\alpha/2}(n-1) \text{或} \chi^2 \geqslant \chi^2_{\alpha/2}(n-1)$$

将 $n = 5, \alpha = 0.05, S_n^{*2} = 0.007\,78, \sigma_0 = 0.048$ 代入检验统计量得 $\chi^2 \approx 13.2991$.

查表得 $\chi^2_{0.025}(4) = 11.14, \chi^2_{0.975}(4) = 0.48$,即有 $\chi^2 \approx 13.3 > \chi^2_{0.025}(4)$,所以拒绝原假设,即认为纤度的标准差发生了显著的变化.

例 4-4　设两组工人的完工时间分别为 $X \sim N(\mu_1, \sigma_1^2)$ 和 $Y \sim N(\mu_2, \sigma_2^2)$,第一组工人的人数为 $m = 10$,完工时间的样本方差为 $S_x^{*2} = 125.29$;第二组工人的人数为 $n = 9$,完工时间的样本方差为 $S_y^{*2} = 112.00$. 要检验 $H_0: \sigma_1^2 = \sigma_2^2; H_1: \sigma_1^2 \neq \sigma_2^2$(显著水平 $\alpha = 0.05$).

【解】选取检验统计量 $F = \dfrac{S_x^{*2}}{S_y^{*2}}$,当 H_0 为真时,$F = \dfrac{S_x^{*2}}{S_y^{*2}} \sim F(m-1, n-1)$,从而可得拒绝域为

$$F \geqslant F_{\alpha/2}(m-1, n-1) \text{或} F \leqslant F_{1-\alpha/2}(m-1, n-1)$$

其中 $m = 10, n = 9, \alpha = 0.05, S_x^2 = 125.29, S_y^2 = 112.00$,查表可知 $F_{0.025}(9,8) = 4.36$, $F_{0.025}(8,9) = 4.10, F_{0.975}(9,8) = \dfrac{1}{F_{0.025}(8,9)} = 0.244$,经计算 $F = \dfrac{S_x^{*2}}{S_y^{*2}} = 1.1187$,由于

$F_{0.975}(9,8) < F < F_{0.025}$，所以接受原假设.

例 4-5　任选 19 个工人分成两组，让他们每人做一件同样的工作，测得他们的完工时间（单位：min）如表 4-3 所示.

表 4-3　完工时间

饮酒者	30	46	51	34	48	45	39	61	58	67
未饮酒者	28	22	55	45	39	35	42	38	20	

问：饮酒对工作能力是否有显著的影响？（显著水平 $\alpha = 0.05$）

【解】设饮酒者完工时间 $X \sim N(\mu_1, \sigma_1^2)$，未饮酒者完工时间 $Y \sim N(\mu_2, \sigma_2^2)$，检验假设 H_0：$\sigma_1^2 = \sigma_2^2$. 由于 σ_1^2、σ_2^2 未知，选择统计量为

$$F = \frac{S_x^{*2}}{S_y^{*2}}$$

当 H_0 成立时，$F = \dfrac{S_x^{*2}}{S_y^{*2}} \sim F(9,8)$，计算得 $F = \dfrac{S_x^{*2}}{S_y^{*2}} = \dfrac{139.21}{126}$，对于 $\alpha = 0.05$，查表得 $F_{0.025}(9,8) = 4.36$，换算得 $F_{0.975}(9,8) = 0.244$. 由于 $F_{0.975}(9,8) = 0.244 < F < F_{0.025}(9,8) = 4.36$，故接受原假设 $H_0: \sigma_1^2 = \sigma_2^2$.

其次检验假设 $H_0: \mu_1 = \mu_2, H_1: \mu_1 \neq \mu_2$. 由于两总体方差相等但未知，所以可以选择检验统计量为

$$T = (\overline{X} - \overline{Y}) / S_\omega \sqrt{\frac{1}{n} + \frac{1}{m}}$$

当 H_0 为真时，$T = (\overline{X} - \overline{Y}) / S_\omega \sqrt{\dfrac{1}{n} + \dfrac{1}{m}} \sim t(n+m-2)$，从而可以确定拒绝域为

$$W = \{ | \overline{X} - \overline{Y} | / S_\omega \sqrt{\frac{1}{n} + \frac{1}{m}} \geqslant t_{\alpha/2}(n+m-2) \}$$

其中 $n = 10, m = 9, \alpha = 0.05, t_{0.025}(17) = 2.1098$，经计算得 $\overline{X} = 47.9, \overline{Y} = 36, S_\omega \approx 11.5323$，于是 $|t| = 2.2458 > t_{0.025}(17)$，因此拒绝原假设，即从检验得出的结论是：饮酒对工作能力有显著的影响.

例 4-6　一车床工人需要加工各种规格的工件，已知加工一个工件所需的时间服从正态分布 $N(\mu, \sigma^2)$，均值为 18 min，标准差为 4.62 min. 现希望测定，是否由于对工作的厌烦影响了他的工作效率. 今测得以下数据：21.01，19.32，18.76，22.42，20.49，25.89，20.11，18.97，20.90. 试依据这些数据，检验假设 $H_0: \mu \leqslant 18, H_1: \mu > 18$ $(\alpha = 0.05)$.

【解】这属于单边检验问题，检验统计量为

$$U = \frac{\overline{X} - 18}{\sigma / \sqrt{n}}$$

代入本题数据，得到 $U = \dfrac{20.874 - 18}{4.62 / \sqrt{9}} = 1.8665$，检验的临界值为 $u_{0.05} = 1.645$. 由于 $u = 1.8665 > 1.645$，故拒绝原假设 H_0，即认为该工人加工一个工件所需时间显著地大于 18 min.

例 4-7　自某种铜溶液测得 9 个铜含量的百分比的观察值为 8.3，标准差为 0.025. 设样本来自正态总体 $N(\mu, \sigma^2)$，μ、σ^2 均未知. 试依据这一样本取显著性水平 $\alpha = 0.01$ 检验假设 H_0：

$\mu \geqslant 8.42, H_1: \mu < 8.42$.

【解】这属于单边检验问题,检验统计量为

$$T = \frac{\overline{X} - 8.42}{S_n^* / \sqrt{n}}$$

拒绝域为

$$W = \{T < -t_\alpha(n-1)\}$$

代入本题数据得到 $t = \dfrac{8.3 - 8.42}{0.025/\sqrt{9}} = -14.4$. 检验的临界值为 $-t_{0.01}(8) = -2.8965$. 因为 $t = -14.4 < -2.8965$,故拒绝原假设 H_0,即认为铜含量显著地小于 8.42%.

例 4-8 以 X 表示新生儿的体重(以 g 计),设 $X \sim N(\mu, \sigma^2)$,μ、σ^2 均未知. 现测得一容量为 30 的样本,得样本均值为 3189,样本标准差为 488. 试检验假设($\alpha = 0.1$):

(1) $H_0: \mu \geqslant 3315$, $H_1: \mu < 3315$.

(2) $H'_0: \sigma \leqslant 525$, $H'_1: \sigma > 525$.

【解】 (1) 由于方差未知,且属于单边检验问题,故选择检验统计量为

$$T = \frac{\overline{X} - 3315}{S_n^* / \sqrt{n}}$$

代入本题数据,得到 $t = \dfrac{3189 - 3315}{488/\sqrt{30}} = -1.4142$.

检验的临界值为 $-t_{0.1}(29) = -1.3114$. 因为 $t = -1.4142 < -1.3114$,所以拒绝原假设 H_0,即认为 $\mu < 3315$.

(2) 题中所要求检验的假设实际上等价于要求检验假设

$$H'_0: \sigma^2 \leqslant 525^2, \quad H'_1: \sigma^2 > 525^2$$

这是一个单边检验问题,检验统计量为

$$\chi^2 = (n-1)S_n^{*2} / 525^2$$

代入本题数据得到 $\chi^2 = (30-1) \times 488^2 / 525^2 = 25.0564$. 临界值为 $\chi^2_{0.05}(29) = 42.557$. 因为 $\chi^2 = 25.0564 < 42.557$,所以接受原假设,即认为标准差不大于 525.

例 4-9 两个班级 A 和 B,参加数学课的同一期终考试. 分别在 A、B 两个班级中随机地抽取 9 个学生和 4 个学生,他们的得分如表 4-4 所示.

表 4-4 得分

A 班	65	68	72	75	82	85	87	91	95
B 班	50	59	71	80					

设 A 班、B 班考试成绩的总体分别为 $N(\mu_1, \sigma^2)$, $N(\mu_2, \sigma^2)$, μ_1、μ_2、σ^2 均未知,两样本独立. 试取 $\alpha = 0.05$,检验假设 $H_0: \mu_1 \leqslant \mu_2$, $H_1: \mu_1 > \mu_2$.

【解】检验统计量为

$$T = (\overline{X}_A - \overline{Y}_B) / S_w \sqrt{\frac{1}{n_1} + \frac{1}{n_2}}$$

代入本题数据得到 $t = (80-65)/11.3 \times \sqrt{\dfrac{1}{9} + \dfrac{1}{4}} = 2.21$. 检验的临界值为 $t_{0.05}(11) = 1.7959$.

因为 $t=2.21>1.7959$,所以拒绝原假设,即认为 A 班的考试成绩显著地大于 B 班的成绩.

例 4-10　对铁矿石中的含铁量,用旧方法测量 5 次,得到样本标准差 $S_x^*=5.68$,用新方法测量 6 次,得到样本标准差 $S_y^*=3.02$,设用旧方法和新方法测得的含铁量分别为 $X\sim N(\mu_1,\sigma_1^2)$,和 $Y\sim N(\mu_2,\sigma_2^2)$,问:新方法测得数据的方差是否显著地小于旧方法?($\alpha=0.05$)

【解】由题意可知,要检验假设

$$H_0:\sigma_1^2\geqslant\sigma_2^2,H_1:\sigma_1^2<\sigma_2^2$$

选取检验统计量

$$F=\frac{S_x^{*2}}{S_y^{*2}}$$

从而可以确定拒绝域为

$$W=\{F\geqslant F_\alpha(n-1,m-1)\}$$

其中 $n=5,m=6,\alpha=0.05,S_x=5.68,S_y=3.02,F_{0.05}(5,4)=5.19,F=3.5374$,由于 $F<F_{0.05}(4,5)$,接受原假设,即不能认为新方法测得的数据的方差显著地小于旧方法.

例 4-11　某地区成人中吸烟者占 75%,经过戒烟宣传之后,进行了抽样调查,发现了 100 名被调查的成人中,有 63 人是吸烟者,问:戒烟宣传是否有成效?($\alpha=0.05$)

【解】依题意可知,假设检验:$H_0:p=75\%;H_1:p<75\%$.当 H_0 为真时,$U=(\hat{p}-p_0)/\sqrt{\frac{p_0(1-p_0)}{n}}\sim N(0,1)$,拒绝域为

$$U=(\hat{p}-p_0)/\sqrt{\frac{p_0(1-p_0)}{n}}<-\mu_{0.05}=-1.65$$

已知 $\hat{p}=\frac{63}{100}=0.63,n=100,p=0.75$,计算得 $U=-2.7714<-1.65$,因此拒绝原假设,即可认为戒烟宣传收到成效.

例 4-12　孟德尔遗传定律表明,在纯种红花豌豆与白花豌豆杂交后所生的子二代豌豆中,红花对白花之比为 3∶1.某次种植试验的结果为:红花豌豆 352 株,白花豌豆 96 株.试在 $\alpha=0.05$ 的显著性水平下,检定孟德尔定律.

【解】依题意可知,需检验假设 $H_0:p=0.75;H_1:p\neq0.75$.当 H_0 为真时,$U=(\hat{p}-p_0)/\sqrt{\frac{p_0(1-p_0)}{n}}\sim N(0,1)$,于是得拒绝域为

$$W=\{|(\hat{p}-p_0)/\sqrt{p_0(1-p_0)/n}|\geqslant u_{\alpha/2}\}$$

已知 $\hat{p}=\frac{352}{448}\approx0.786,n=448,p=0.75$,计算得 $|U|=1.76<u_{\alpha/2}=1.96$,因此接受原假设.

例 4-13　假设六个整数 1,2,3,4,5,6 被随机地选择,重复 60 次独立试验中出现 1,2,3,4,5,6 的次数分别为 13,19,11,8,5,4.问:在显著性水平 $\alpha=0.05$ 下,是否可以认为下列假设成立:

$$H_0:p(X=1)=p(X=2)=\cdots=p(X=6)=\frac{1}{6}$$

【解】以 X_i 表示随机选择整数 $i(i=1,2,\cdots,6)$,检验假设:

$$H_0:P(X_i)=\frac{1}{6};H_1:P(X_i)\neq\frac{1}{6}$$

至少存在一个 i(其中 $i=1,2,\cdots,6$),当 H_0 为真时,$\sum_{i=1}^{6}\frac{(n_i-np_i)^2}{np_i}\sim\chi^2(6-1)$,$np_i=60\times\frac{1}{6}=10$,$\chi^2$ 检验统计量的相应计算过程如表 4-5 所示.

表 4-5　计算过程

整数 i	1	2	3	4	5	6
观测频数 n_i	13	19	11	8	5	4
期望频数 np_i	10	10	10	10	10	10
n_i-np_i	3	9	1	-2	-5	-6
$(n_i-np_i)^2$	9	81	1	4	25	36
$\frac{(n_i-np_i)^2}{np_i}$	0.9	8.1	0.1	0.4	2.5	3.6

由表 4-5 可得 $\chi^2=\sum_{i=1}^{6}\frac{(n_i-np_i)^2}{np_i}=15.6$,查表知 $\chi^2_{0.05}(5)=11.0705$,因 $\chi^2>\chi^2_{0.05}(5)$,所以拒绝 H_0,即等概率的假设不成立.

例 4-14　测量 100 根人造纤维的长度(单位:mm),所得数据如表 4-6 所示.

表 4-6　人造纤维长度

长度	5.5 ~ 6.0	6.0 ~ 6.5	6.5 ~ 7.0	7.0 ~ 7.5	7.5 ~ 8.0	8.0 ~ 8.5
频数	2	7	6	17	17	16
长度	8.5 ~ 9.0	9.0 ~ 9.5	9.5 ~ 10.0	10. ~ 10.5	10.5 ~ 11	
频数	14	10	7	3	1	

问:能否认为人造纤维长度服从正态分布 ($\alpha=0.05$)?

【解】记 X 为人造纤维的长度,由题意可知需检验:$H_0:X\sim N(\mu,\sigma^2)$.

由于 H_0 中含有两个未知参数,所以需先进行参数估计,μ 和 σ^2 的极大似然估计值分别为(x_i 表示组中值,n_i 表示频数)

$$\begin{aligned}\hat{\mu}=\bar{x}&=\sum_{i=1}^{n}x_in_i/\sum_{i=1}^{n}n_i\\&=[2\times5.75+7\times6.25+6\times6.75+17\times7.25+17\times7.75+16\times8.25+\\&\quad14\times8.75+10\times9.25+7\times9.75+3\times10.25+1\times10.75]/100\\&=8.075\end{aligned}$$

$$\begin{aligned}\hat{\sigma}^2&=\sum_{i=1}^{n}(x_i-\bar{x})^2n_i/\sum_{i=1}^{n}n_i\\&=[2\times(5.75-8.075)^2+7\times(6.25-8.075)^2+6\times(6.75-8.075)^2+\\&\quad17\times(7.25-8.075)^2+17\times(7.75-8.075)^2+16\times(8.25-8.075)^2+\\&\quad14\times(8.75-8.075)^2+10\times(9.25-8.075)^2+7\times(9.75-8.075)^2+\\&\quad3\times(10.25-8.075)^2+1\times(10.75-8.075)^2]/100\end{aligned}$$

由于 $\hat{p}_1 = P\{X \leqslant 6.5\} = \Phi((6.5-\hat{\mu})/\hat{\sigma})$，且 $\hat{p}_i = P\{a_{i-1} < X < a_i\} = \Phi((a_i-\hat{\mu})/\hat{\sigma}) - \Phi((a_{i-1}-\hat{\mu})/\hat{\sigma}), i = 2,\cdots,7, \hat{p}_8 = P\{9.5 < X < \infty\} = 1 - \Phi((9.5-\hat{\mu})/\hat{\sigma})$，计算结果如表 4－7 所示.

表 4－7　计算结果

A_i	n_i	$\hat{p}_i$	$n\hat{p}_i$	$n_i - n\hat{p}_i$	$(n_i - n\hat{p}_i)^2/n\hat{p}_i$
$X \leqslant 6.5$	9	0.075	7.5	1.5	0.3
$6.5 < X \leqslant 7$	6	0.088	8.8	−2.8	0.8909
$7 < X \leqslant 7.5$	17	0.137	13.7	3.3	0.794 89
$7.5 < X \leqslant 8$	17	0.174	17.4	−0.4	0.0092
$8 < X \leqslant 8.5$	16	0.1758	17.58	−1.58	0.142
$8.5 < X \leqslant 9$	14	0.1511	15.11	−1.11	0.0815
$9 < X \leqslant 9.5$	10	0.1023	10.23	−0.23	0.0517
$9.5 < X$	11	0.0968	9.68	1.32	0.18
合计					2.450 19

从而 $m = 8, \chi_{\alpha}^2(m-r-1) = \chi_{0.05}^2(8-2-1) = 11.07 > 2.450\,19$，因此接受原假设，即可认为人造纤维长度服从正态分布.

例 4－15　设 $X_1, X_2, \cdots, X_n$ 是来自总体 X 的样本，X 的密度函数为

$$f(x;\theta,\mu) = \begin{cases} \dfrac{1}{\theta}\exp\{-\dfrac{1}{\theta}(x-\mu), & x > \mu \\ 0, & x \leqslant \mu \end{cases}$$

其中 $\theta > 0, \mu > 0$ 为未知参数.

试求检验问题 $H_0: \theta = \theta_0 \leftrightarrow H_1: \theta \neq \theta_0$ 的似然比函数，其中 θ_0 为已知常数.

【解】记 $x^{\mathrm{T}} = (x_1, x_2, \cdots, x_n)$，依题意：

(1) $H_0: \theta = \theta_0 \leftrightarrow H_1: \theta \neq \theta_0$

$$\Theta = \{(\theta,\mu), 0 < \theta < +\infty, 0 < \mu < +\infty\}$$

$$\Theta_0 = \{(\theta,\mu), \theta = \theta_0, 0 < \mu < +\infty\}$$

(2) 令 $\omega = (\theta,\mu)$，则似然函数为

$$L(x^{\mathrm{T}};\omega) = \left(\frac{1}{\theta}\right)^n \exp\left\{-\frac{1}{\theta}\sum_{i=1}^{n}(x_i-\mu)\right\}, x_i > \mu$$

$$L_1(x^{\mathrm{T}};\omega) = \sup_{\omega\in\Theta} L(x^{\mathrm{T}};\omega) = \left(\frac{1}{\hat{\theta}}\right)^n \exp\left\{-\frac{1}{\hat{\theta}}\sum_{i=1}^{n}(x_i-\hat{\mu})\right\}$$

$$L_0(x^{\mathrm{T}};\omega) = \sup_{\omega\in\Theta_0} L(x^{\mathrm{T}};\omega) = \left(\frac{1}{\theta_0}\right)^n \exp\left\{-\frac{1}{\theta_0}\sum_{i=1}^{n}(x_i-\hat{\mu})\right\}$$

其中 $\hat{\mu} = x_{(1)}, \hat{\theta} = \sum\limits_{i=1}^{n}(x_i - x_{(1)})/n, x_{(1)}$ 为样本最小次序统计量的观察值.

于是似然比为

$$\lambda(x^{T})=\left(\frac{n\theta_0}{\sum_{i=1}^{n}(x_i-x_{(1)})}\right)^n\exp\left\{-(n+\frac{1}{\theta_0}\sum_{i=1}^{n}(x_i-x_{(1)})\right\}$$

4.4 教材习题详解

1.(1) 使用统计量 $U=\dfrac{\overline{X}-\mu}{\sigma/\sqrt{n}}$，因为 $\left|\dfrac{\overline{X}-35}{1/\sqrt{100}}\right|=\left|\dfrac{5.32-35}{1/10}\right|>1.96=u_{\alpha/2}$，故拒绝 H_0，可认为原假设不成立.

(2) $\overline{W}=\{x:\left|\dfrac{\overline{X}-\mu}{\sigma/\sqrt{n}}\right|\leqslant u_{\alpha/2}\}=\{x:\left|\dfrac{\overline{X}-\mu}{\sigma/\sqrt{n}}\right|\leqslant 1.96\}$，根据效函数的定义知，犯第二类错误的概率为 $1-\beta(4.8)=\varphi(3.96)-\varphi(0.04)=0.4839$.

(3) $\beta(u)=E_u(\delta(x))=P_u(x\in W)$

$$\beta(\mu)=P_u\left\{\frac{|\overline{x_0}-\mu_0|}{\sigma/\sqrt{n}}\geqslant u_{\frac{\alpha}{2}}\right\}=P_u\left\{\overline{x}\geqslant\mu_0+u_{\frac{\alpha}{2}}\frac{\sigma_0}{\sqrt{n}}\right\}+P_u\left\{\overline{x}\leqslant\mu_0-u_{\frac{\alpha}{2}}\frac{\sigma_0}{\sqrt{n}}\right\}$$

$$=P_u\left\{\frac{\overline{x}-\mu}{\sigma_0/\sqrt{n}}\geqslant\frac{\mu_0-\mu}{\sigma_0/\sqrt{n}}+u_{\frac{\alpha}{2}}\right\}+P_u\left\{\frac{\overline{x}-\mu}{\sigma_0/\sqrt{n}}\leqslant\frac{\mu_0-\mu}{\sigma_0/\sqrt{n}}-u_{\frac{\alpha}{2}}\right\}$$

$$=1-\varphi\left(\frac{\mu_0-\mu}{\sigma_0/\sqrt{n}}+u_{\frac{\alpha}{2}}\right)+\varphi\left(\frac{\mu_0-\mu}{\sigma_0/\sqrt{n}}-u_{\frac{\alpha}{2}}\right)$$

$$=1-\varphi[10(5-\mu)+1.96]+\varphi[10(5-\mu)-1.96].$$

2.(1) H_0 成立时的拒绝域为

$$W=\{(\overline{X}-6)\sqrt{4}>u_\alpha\}=\{X:2(\overline{X}-6)>u_\alpha\}$$

检验函数：$\delta(x)=\begin{cases}1, & x\in W\\ 0, & x\notin W\end{cases}=\begin{cases}1, & 2(\overline{x}-6)>u_\alpha\\ 0, & 2(\overline{x}-6)\leqslant u_\alpha\end{cases}$.

若检验函数为 $\delta(X)=\begin{cases}1, & \overline{X}>7\\ 0, & \overline{X}<7\end{cases}$;

则有 $W=\{x:\overline{x}\geqslant 7\}$，则犯第一类错误的概率为

$$p=P\{\overline{x}>7|\mu=6\}=P\left\{\frac{\overline{x}-6}{1}\times\sqrt{4}>\frac{7-6}{1}\times\sqrt{4}\right\}=1-\varphi(2)=0.122\,75$$

犯第二类错误的概率为

$$p=P\{\overline{x}<7|\mu=7\}=P\left\{\frac{\overline{x}-7}{1}\times\sqrt{4}>\frac{7-7}{1}\times\sqrt{4}\right\}=\Phi(0)=0.5.$$

3. 选择统计量

$$U=\frac{\overline{x}-\mu}{1/2}=2(\overline{x}-\mu)$$

所以 $H_0:\mu\leqslant 0, H_1:\mu\geqslant 0,\quad \varphi(-u_\alpha)=0.05$

所以 $W=\left\{x:\dfrac{\overline{x}}{\sigma/\sqrt{n}}\geqslant u_\alpha\right\}=\left\{x:\dfrac{\overline{x}}{\sigma/\sqrt{n}}\geqslant 1.65\right\}\quad(\Phi(u_\alpha)=0.95)$

因为 $\dfrac{\overline{x}}{1/2}=\dfrac{-0.4}{0.5}=-0.8$，未落入拒绝域，所以接受原假设.

4. 原假设 $H_0:\mu=0.5 \leftrightarrow H_1:\mu\neq 0.5$，选用统计量

$$U=\frac{\overline{X}-\mu}{\sigma/\sqrt{n}}$$

$$W=\left\{x:\left|\frac{\overline{x}-0.5}{\sigma/\sqrt{n}}\right|\geqslant u_{\frac{\alpha}{2}}\right\}=\left\{x:\left|\frac{\overline{x}-0.5}{0.015/3}\right|\geqslant 1.96\right\}$$

因为 $\frac{\overline{x}-0.5}{0.015/3}=2.2$，所以拒绝 H_0.

5. (1) $T=[\overline{X}-\overline{Y}-(\mu_1-\mu_2)][\sqrt{\frac{\sigma_1^2}{n}+\frac{\sigma_2^2}{m}}]^{-1}$，当 H_0 成立时，T 服从 $N(0,1)$，拒绝域为

$$W=\{(x,y):T>u_\alpha\}=\{(x,y),(\overline{x}-\overline{y})/\sigma>u_\alpha\}$$

(2) $\beta(\mu_1,\mu_2)=P_{\mu_1=\mu_2}(x\in W)$

$$=P\{\frac{\overline{X}-\overline{Y}}{\sigma}>u_\alpha\}$$

$$=P\{\frac{\overline{X}-\overline{Y}-(\mu_1-\mu_2)}{\sigma}>u_\alpha-\frac{\mu_1-\mu_2}{\sigma}\}$$

$$=1-\varphi(u_\alpha-\frac{\mu_1-\mu_2}{\sigma}).$$

其中 $\sigma=\sqrt{\frac{\sigma_1^2}{n}+\frac{\sigma_2^2}{m}}$.

6. $H_0:\mu=\mu_0\leftrightarrow H_1:\mu\neq\mu_0$，$\mu_0=20.0$，设零件长度 X 服从 $N(\mu,\sigma)$，σ 未知，选取统计量

$$T=(\overline{X}-\mu_0)/S_n^*\sqrt{n}\sim t(n-1)(H_0\text{ 成立时})$$

拒绝域为

$$W=\{x:|T|>t_{\alpha/2}(n-1)\}=\{x:|\frac{\overline{x}-\mu_0}{S_n^*/\sqrt{n}}|>t_{\alpha/2}(n-1)\}$$

其中 $\alpha=0.05$，$t_{\alpha/2}(n-1)=2.3646$，$\overline{x}=20.1$.

$S_n^{*2}=\frac{1}{n-1}\sum_{i=1}^{n}(x_i-\overline{x})^2=0.037$，$S_n^*=0.193$，由于 $\left|\frac{\overline{x}-\mu_0}{S_n^*/\sqrt{n}}\right|=\left|\frac{20.1-20}{0.193/\sqrt{8}}\right|=1.465$ <2.3646. 所以接收 H_0.

7. $H_0:\mu=\mu_0\leftrightarrow H_1:\mu\neq\mu_0$，$(\mu_0=12\ 100)$，选取统计量 $T=\frac{\overline{X}-\mu}{S_n^*/\sqrt{n}}$ 服从 $t(n-1)$，$W=\{x:|\frac{\overline{x}-\mu_0}{S_n^*/\sqrt{n}}|>t_{\frac{\alpha}{2}}(n-1)\}$，计算得 $|\frac{\overline{x}-\mu_0}{S_n^*/\sqrt{n}}|>t_{\frac{\alpha}{2}}(n-1)$，所以拒绝 H_0.

8. (1) $H_0:\mu\geqslant 0.5\%\leftrightarrow H_1:\mu<0.5\%$，选取统计量

$$T=\frac{\overline{X}-\mu}{S_n^*/\sqrt{n}}$$

H_0 成立时，T 服从 $t(n-1)$. 拒绝域为

$$W=\{x:T<-t_{\alpha(n-1)}\}=\left\{x:\frac{\overline{x}-\mu_0}{S_n^*/\sqrt{n}}<-t_\alpha(n-1)\right\}$$

$t_{0.05}(9)=-1.8331$，$\frac{\overline{x}-\mu_0}{S_n^*/\sqrt{n}}=\frac{0.004\ 52-0.005}{0.000\ 37}\times\sqrt{10}=-6.83<-t_{0.05}(9)$，所以拒绝

H_0.

(2) $H_0:\sigma \geqslant 0.04\% \leftrightarrow H_1:\sigma < 0.04\%$, 令 $0.04\% = \sigma_0^2$. 选统计量

$$\chi^2 = (n-1)S_n^{*2}/\sigma_0^2$$

服从 $\chi^2(n-1)$(H_0 成立时). 拒绝域为

$$W = \{x:(n-1)S_n^{*2}/\sigma_0^2 < \chi^2_{0.95}(9)\} = \{x:\chi(n-1)S_n^{*2}/\sigma_0^2 < 3.33\}$$

由于 $(n-1)S_n^{*2}/\sigma_0^2 = \dfrac{9\times 0.037\%}{(0.0004)^2} = 208.125 > 3.33$, 因此接受 H_0.

9. $H_0:\mu_1 = \mu_2 \leftrightarrow H_1:\mu_1 \neq \mu_2$, 因含锌量服从正态分布且方差相等, 可选统计量

$$T = \frac{\overline{X}-\overline{Y}}{\sqrt{(n_1-1)S_{n_1}^{*2}+(n_2-1)S_{n_2}^{*2}}}\sqrt{\frac{n_1n_2(n_1+n_2-2)}{n_1+n_2}}$$

T 服从 $t(n_1+n_2-2)$(H_0 成立时).

由数据知 $|T| = \left|\dfrac{0.23-0.269}{\sqrt{8\times 0.1337+7\times 0.1736}}\sqrt{\dfrac{9\times 8\times 15}{17}}\right| = 0.206$, 而 $t_{\frac{\alpha}{2}}(n_1+n_2-2) = t_{0.025}(15) = 2.1315$, $|T| < t_{0.025}(15)$, 因此接受 H_0, 即认为含锌量均值相等.

10. $H_0:\sigma_1^2 = \sigma_2^2 \leftrightarrow H_1:\sigma_1^2 \neq \sigma_2^2$, 选取统计量

$$F = \frac{S_{n_1}^{*2}/\sigma_1^2}{S_{n_2}^{*2}/\sigma_2^2}$$

服从 $F(n_1-1,n_2-1)$. 拒绝域为

$$W = \left\{x:\frac{S_{n_1}^{*2}}{S_{n_2}^{*2}} > F_{\frac{\alpha}{2}}(n_1-1,n_2-1) \text{或} \frac{S_{n_1}^{*2}}{S_{n_2}^{*2}} < F_{1-\frac{\alpha}{2}}(n_1-1,n_2-1)\right\}$$

由计算结果可知: 可以认为 $\sigma_1^2 = \sigma_2^2$, 在这个条件下检验

$$H_0:\mu_1 = \mu_2 \leftrightarrow H_1:\mu_1 \neq \mu_2$$

选取统计量

$$T_1 = \frac{\overline{X}-\overline{Y}}{\sqrt{(n_1-1)S_{n_1}^{*2}+(n_2-1)S_{n_2}^{*2}}}\sqrt{\frac{n_1n_2(n_1+n_2-2)}{n_1+n_2}}$$

H_0 成立时, T_1 服从 $t(n_1+n_2-2)$. 拒绝域为

$$W = \left\{x:\left|\frac{(\overline{x}-\overline{y})}{\sqrt{(n_1-1)S_{n_1}^{*2}+(n_2-1)S_{n_2}^{*2}}}\sqrt{\frac{n_1n_2(n_1+n_2-2)}{n_1+n_2}}\right| > t_{\frac{\alpha}{2}}(n_1+n_2-2)\right\}$$

$$= \left\{x:\left|\frac{(\overline{x}-\overline{y})}{\sqrt{(n_1-1)S_{n_1}^{*2}+(n_2-1)S_{n_2}^{*2}}}\sqrt{\frac{n_1n_2(n_1+n_2-2)}{n_1+n_2}}\right| > 2.8784\right\}$$

因为 $\left|\dfrac{(\overline{x}-\overline{y})}{\sqrt{(n_1-1)S_{n_1}^{*2}+(n_2-1)S_{n_2}^{*2}}}\sqrt{\dfrac{n_1n_2(n_1+n_2-2)}{n_1+n_2}}\right| = 0.853 < 2.8784$, 所以接受 H_0, 即可以认为两种产品来自同一正态分布.

11. 先检验方差是否显著相等, $H_0:\sigma_1^2 = \sigma_2^2 \leftrightarrow H_1:\sigma_1^2 \neq \sigma_2^2$.

选取统计量

$$F = \frac{S_{n_1}^{*2}/\sigma_1^2}{S_{n_2}^{*2}/\sigma_2^2}$$

服从 $F(n_1-1,n_2-1)$(当 H_0 成立时). 拒绝域为

$$W=\{x:\frac{S_{n_1}^{*2}}{S_{n_2}^{*2}}>F_{\frac{\alpha}{2}}(n_1-1,n_2-1)\text{或}\frac{S_{n_1}^{*2}}{S_{n_2}^{*2}}<F_{1-\frac{\alpha}{2}}(n_1-1,n_2-1)\}$$

即

$$W=\{x:\frac{S_{n_1}^{*2}}{S_{n_2}^{*2}}>4.43\text{ 或}\frac{S_{n_1}^{*2}}{S_{n_2}^{*2}}<0.226\},$$

$$S_{n_1}^{*2}=\frac{1}{8}\sum_{i=1}^{9}(x_i-60.2)^2=233.7$$

$$S_{n_2}^{*2}=\frac{1}{8}\sum_{i=1}^{9}(y_i-64.6)^2=297.28$$

由于 $S_{n_1}^{*2}/S_{n_2}^{*2}=0.786$，故接受 H_0.

由此可构造 T 统计量检验 $H_0:\mu_1=\mu_2\leftrightarrow H_1:\mu_1\neq\mu_2$.

$$T=\frac{\overline{X}-\overline{Y}}{\sqrt{(n_1-1)S_{n_1}^{*2}+(n_2-1)S_{n_2}^{*2}}}\sqrt{\frac{n_1n_2(n_1+n_2-2)}{n_1+n_2}}$$

H_0 成立时，T 服从 $t(n_1+n_2-2)$. 拒绝域为

$$W=\left\{x:\left|\frac{(\overline{x}-\overline{y})}{\sqrt{(n_1-1)S_{n_1}^{*2}+(n_2-1)S_{n_2}^{*2}}}\sqrt{\frac{n_1n_2(n_1+n_2-2)}{n_1+n_2}}\right|>t_{\frac{\alpha}{2}}(n_1+n_2-2)\right\}$$
$$=\{x:|T|>2.1199\}$$

由于 $|T|=0.57<2.1199$，所以接受 H_0，说明无显著进步.

12.(1) 先验证 $H_{10}:\sigma_1^2=\sigma_2^2\leftrightarrow H_{11}:\sigma_1^2\neq\sigma_2^2$.

(2) 若接受，再验证 $H_{20}:\mu_1=\mu_2\leftrightarrow H_{21}:\mu_1\neq\mu_2$，与 11 题类似.

13. $H_0:\sigma^2=\sigma_0^{\ 2}=0.0004\leftrightarrow H_1:\sigma^2\neq0.0004$，选取统计量

$$\chi^2=\frac{(n-1)s_n^{*2}}{\sigma_0^2}$$

服从 $\chi^2(n-1)$（H_0 成立时）. 拒绝域为

$$W=\{x:\chi^2>x_{\frac{\alpha}{2}}^2(n-1)\text{ 或 }x^2<x_{1-\frac{\alpha}{2}}^2(n-1)\}$$

即

$$W=\{x:\chi^2>26.1\}\text{或 }W=\{x:x^2<5.63\}$$

$\chi^2=\frac{14\times0.025^2}{0.000\,4}=21.875\in W$，所以接受 H_0，则与规定的 σ^2 无显著差异.

14. $H_0:\sigma_1^2=\sigma_2^2\leftrightarrow H_1:\sigma_1^2\neq\sigma_2^2$，选取统计量

$$F=S_{n_1}^{*^2}/\sigma_1^2[S_{n_2}^{*^2}/\sigma_2^2]^{-1}$$

F 服从 $F(n_1-1,n_2-1)$（H_0 成立时）. 拒绝域为

$$W=\left\{x:\frac{S_{n_1}^{*^2}}{S_{n_2}^{*^2}}>F_{\frac{\alpha}{2}}(n_1-1,n_2-1)\text{或}\frac{S_{n_1}^{*^2}}{S_{n_2}^{*^2}}<F_{1-\frac{\alpha}{2}}(n_1-1,n_2-1)\right\}$$

计算 W 的值可知应接受 H_0.

15.(1) 选取统计量

$$F=S_{n_1}^{*^2}/\sigma_1^2[S_{n_2}^{*^2}/\sigma_2^2]^{-1}$$

F 服从 $F(n_1-1,n_2-1)$（H_0 成立时）. 拒绝域为

$$W = \{x: \frac{S_{n_1}^{*2}}{S_{n_2}^{*2}} > F_{\frac{\alpha}{2}}(n_1-1, n_2-1) \text{或} \frac{S_{n_1}^{*2}}{S_{n_2}^{*2}} < F_{1-\frac{\alpha}{2}}(n_1-1, n_2-1)\}$$

经计算接受 H_0.

(2) 选取统计量

$$T = \frac{\overline{X} - \overline{Y}}{\sqrt{(n_1-1)S_{n_1}^{*2} + (n_2-1)S_{n_2}^{*2}}} \sqrt{\frac{n_1 n_2 (n_1+n_2-2)}{n_1+n_2}}$$

H_0 成立时,T 服从 $t(n_1+n_2-2)$. 拒绝域为

$$W = \left\{x: \frac{|\overline{X} - \overline{Y}|}{\sqrt{(n_1-1)S_{n_1}^{*2} + (n_2-1)S_{n_2}^{*2}}} \times \sqrt{\frac{n_1 n_2 (n_1+n_2-2)}{n_1+n_2}} > t_{\frac{\alpha}{2}}(n_1+n_2-2)\right\}$$

经计算接受 H_0.

16. $H_0: \mu \geqslant 21$ mg$\leftrightarrow H_1: \mu < 21$ mg. 选取统计量

$$T = \frac{\overline{X} - \mu}{S_n^*} \sqrt{n}$$

H_0 成立时,$T \sim t(n-1)$. 拒绝域为

$$W = \left\{x: \frac{\overline{x} - 21}{S_n^*} \sqrt{n} < -t_\alpha(n-1)\right\}$$

经计算并判断应接受 H_0.

17. $H_0: \sigma_{甲}^2 < \sigma_{乙}^2 \leftrightarrow H_1: \sigma_{甲}^2 > \sigma_{乙}^2$. 选取统计量

$$F = S_{甲}^{*2} / \sigma_{甲}^2 [S_{乙}^{*2} / \sigma_{乙}^2]^{-1}$$

服从 $F(5,8)$. 拒绝域为

$$W = \left\{x: \frac{S_{甲}^{*2}}{S_{乙}^{*2}} > F_\alpha(5,8)\right\} = \left\{x: \frac{S_{甲}^{*2}}{S_{乙}^{*2}} > 3.69\right\}$$

又 $S_{甲}^{*2} / S_{乙}^{*2} = 0.65 < 3.69$,所以接受 H_0,可以认为甲的精度比乙高.

18. 采用函数:$X_i = \begin{cases} 1, \text{抽出的是次品} \\ 0, \text{抽出的是正品} \end{cases}$,记 $X = \sum_{i=1}^{n} X_i$,则 $X \sim B(480, p)$.

$$H_0: p < 0.02 \leftrightarrow H_1: p > 0.02$$

因为 $n = 480$ 较大,所以 $\frac{X - np}{\sqrt{npq}}$ 服从 $N(0,1)$,选取统计量

$$\frac{X - np}{\sqrt{npq}}$$

拒绝域为

$$W = \left\{x: \frac{x - 480 \times 0.02}{\sqrt{480 \times 0.02 \times 0.98}} > u_\alpha\right\} = \left\{x: \frac{x - 480 \times 0.02}{\sqrt{480 \times 0.02 \times 0.98}} > 1.645\right\}$$

$x = 12$ 时,$\frac{12 - 480 \times 0.02}{\sqrt{480 \times 0.02 \times 0.98}} = 0.7824 < u_\alpha$,所以接受 H_0,即可接受这批产品.

19. 设总体服从正态分布.

(1) 检验 $H_0: \sigma_1^2 = \sigma_2^2 \leftrightarrow H_1: \sigma_1^2 \neq \sigma_2^2$,利用统计量

$$F = S_{n_1}^{*2} / \sigma_1^2 [S_{n_2}^{*2} / \sigma_2^2]^{-1}$$

H_0 成立时，F 服从 $F(n_1-1,n_2-1)$，经计算接受 H_0.

(2) 在上述条件下，检验 $H_0:\mu_1=\mu_2 \leftrightarrow H_1:\mu_1\neq\mu_2$，利用统计量

$$T=\frac{\overline{X}-\overline{Y}}{\sqrt{(n_1-1)S_{n_1}^{*2}+(n_2-1)S_{n_2}^{*2}}}\sqrt{\frac{n_1n_2(n_1+n_2-2)}{n_1+n_2}}$$

H_0 成立时，T 服从 $t(n_1+n_2-2)$，经计算接受 H_0.

20. (1) $T_1=(\overline{X}-\mu)\sqrt{n}/S_n^*\sim t(n-1)$，　$P\{T_1<-t_\alpha(n-1)\}=\alpha$，给定 α，可查表得到 $t_\alpha(n-1)$，使得 $P\{T_1<-t_\alpha(n-1)\}=\alpha$，$H_0$ 成立时，$T_1\leqslant T=(\overline{X}-\mu_0)\sqrt{n}/S_n^*$，且 $P\{T<-t_\alpha(n-1)\}\leqslant P\{T_1<-t_\alpha(n-1)\}=\alpha$，故拒绝域为 $W==\{x:T<-t_\alpha(n-1)\}$.

(2) H_0 成立时，统计量 $\chi^2=(n-1)S_n^{*2}/\sigma_0^2\sim\chi^2(n-1)$. 给定 α 可查表得到 $\chi_\alpha^2(n-1)$，使得 $P\{\chi^2>\chi_\alpha^2(n-1)\}=\alpha$，拒绝域为 $W=\{\chi^2>\chi_\alpha^2(n-1)\}$.

21. 令 $p_1=P^2$，$p_2=2P(1-P)$，$p_3=(1-P)^2$，欲检验的假设为

$$H_0:\text{频率比为 } p_1:p_2:p_3$$

设观察到的三类数量分别为 $n_1,n_2,n_3(n_1+n_2+n_3=n)$. 采用最大似然估计法估计 P，似然函数为

$$L(P)=(P^2)^{n_1}[2P(1-P)]^{n_2}[(1-P)^2]^{n_3},(n_1=10,n_2=53,n_3=46)$$

由 $\dfrac{\partial \ln L(P)}{\partial P}=\dfrac{2n_1}{P}+\dfrac{n_2}{P}+\dfrac{(-n_2)}{1-P}+2n_3\dfrac{-1}{1-P}=0$ 得 P 的最大似然估计为 $\hat{P}=\dfrac{2n_1+n_2}{2n}$，其值为 $\hat{P}=\dfrac{20+53}{218}=0.335$，从而 $\hat{p}_1=\hat{P}^2=\left(\dfrac{20+53}{218}\right)^2=0.335^2=0.112$，$\hat{p}_2=2\hat{P}(1-\hat{P})=2\times0.335\times0.665=0.45$，$\hat{p}_3=(1-\hat{P})^2=0.665^2=0.44$. 统计量观察值为

$$\begin{aligned}K_0^2&=\sum_{i=1}^{3}\frac{(n_i-n\hat{p}_i)^2}{n\hat{p}_i}\\&=\frac{(10-109\times0.112)^2}{109\times0.112}+\frac{(53-109\times0.45)^2}{109\times0.45}+\frac{(46-109\times0.44)^2}{109\times0.44}\\&=\frac{4.875}{109\times0.112}+\frac{15.6}{109\times0.45}+\frac{3.842}{109\times0.44}=0.801.\end{aligned}$$

由 $\alpha=0.05$，自由度 $n-1-1=3-2=1$，查 χ^2 分布表得临界值 $\chi_{0.05}^2(1)=3.84$.

由于 $K_0^2=0.801<3.84=\chi_\alpha^2(1)$，故接受 H_0，可以认为数据与模型相符.

22. 以总体参数 μ,σ^2 的最大似然估计作为总体的参数估计值为

$$\hat{\mu}=\overline{X},\hat{\sigma}^2=\frac{1}{n}\sum_{i=1}^{n}(X_i-\overline{X})^2$$

$$\begin{aligned}\hat{\mu}&=\overline{X}\\&=\frac{1}{200}\begin{bmatrix}7\times(-17.5)+11\times(-12.5)+15\times(-7.5)+24\times(-2.5)+49\times2.5+\\41\times7.5+26\times12.5+17\times17.5+7\times22.5+3\times27.5\end{bmatrix}\\&=4.375\end{aligned}$$

$$\hat{\sigma}^2=\frac{1}{200}\sum_{i=1}^{10}n_i\times(X_i-\overline{X})^2=94.27\ ,X\sim N(4.375,94.27)$$

$p_{10}=\Phi\left(\dfrac{-15-4.375}{\sqrt{94.27}}\right)-\Phi\left(\dfrac{-20-4.375}{\sqrt{94.27}}\right)=0.0233-0.0061=0.0172$，算出 p_{20}，p_{30}，

$\cdots, p_{100}$.

$$H_0: p_{10} = 0.0172, \cdots, p_{100} = \cdots$$

又 $\chi_n^2 = \sum_{i=1}^{10} \frac{(N_i - np_{i0})^2}{np_{i0}}$，拒绝域为

$$W = \{\chi_n^2 > \chi_\alpha^2(10-2-1)\} = \{\chi_n^2 > 14.1\}$$

经计算接受 H_0，即可认为尺寸偏差服从正态分布.

23. 用 X 表示树木的胸径，欲检验假设

$$H_0: \text{总体 } X \text{ 服从正态分布 } N(\mu, \sigma^2)$$

设 n 为样品总数，N 为分组数，y_i 为第 i 组的组中值，f_i 为第 i 组中的样品数.

$$\hat{\mu} = \overline{X} = \frac{1}{n}\sum_{i=1}^{n} y_i f_i = \frac{1}{340}(12\times 4 + 16\times 11 + \cdots + 44\times 5) = \frac{9388}{340} = 27.61$$

$$\hat{\sigma}^2 = S_n^{*2} = \frac{1}{n}\sum_{i=1}^{n}(y_i - \overline{X})^2 f_i$$

$$= \frac{1}{340}[(12-27.61)^2\times 4 + (16-27.61)^2\times 11 + \cdots + (44-27.61)^2\times 5] = 32.74$$

$\hat{\sigma} = 5.72$，$S_n = 5.72$，检验林区全体树木胸径的分布是否服从正态分布 $N(27.61, 32.74)$.

作标准化变换 $U = \frac{X - 27.61}{5.72}$，则 $U \sim N(0,1)$. 利用正态分布表，可直接计算 $F(x_i)$的值.

$D_n = \sup\limits_{0<x<\infty} |F_n(x) - F(x)| \approx \max|F_n(x_i) - F(x_i)| = 0.034\,2$，$\sqrt{n}D_n = \sqrt{340}\times 0.0342 = 0.630\,6$，对 $a = 0.05$ 从 D_n 的极限分布表查得 $\lambda_{1-\alpha} = 1.36$.

因$\sqrt{n}D_n < \lambda_{1-\alpha}$，故接受假设 H_0，可认为全体树木胸径服从 $N(27.61, 32.74)$.

24. 分别用 X, Y 表示华沙及罗兹和上西里西亚的抽样总体，且 X 与 Y 分别服从连续分布 $F(x)$与$G(x)$. 欲检验

$$H_0: F(x) = G(x) \leftrightarrow H_1: F(x) \neq G(x), \quad -\infty < x < +\infty$$

先计算出 $F_{n_1}(x)$与$G_{n_2}(x)$的经验分布函数，易算出

$$\hat{D}_{65,57} = \sup_{-\infty<x<+\infty} |F_{65}(x) - G_{57}(x)| = 0.105$$

则 $n = \frac{n_1 n_2}{n_1 + n_2} = \frac{65\times 57}{65+57} \approx 30$.

由表查得 $D_{30,0.05} = 0.2417$，由于 $\hat{D}_{n_1,n_2} < D_{n,a}$，故接受原假设 H_0. 因此可认为这两个样本是从服从同一分布的两个总体中分别抽得的.

25. 以 X 表示设备寿命. 欲检验假设

$$H_0: \text{总体 } X \text{ 服从 } \theta = \frac{1}{1500} \text{ 的指数分布}$$

X 的分布函数为 $F(x) = 1 - \mathrm{e}^{-x/1500}$. 取 $\alpha = 0.05$，$D_{10,0.05} = 0.409$.

$\hat{D}_n = \sup|F(x) - F_n(x)| = 0.2068$，因 $\hat{D}_n < D_{10,0.05}$，故接受原假设 H_0. 可认为设备寿命服从 $\theta = \frac{1}{1500}$ 的指数分布.

26. 以 X 表示是否色盲，Y 表示男女，它们各取两个值. H_0：色盲与性别相互独立，所以 m

$= k = 2$，得 $\hat{p}_{1\cdot} = 0.956, \hat{p}_{2\cdot} = 0.044, \hat{p}_{\cdot 1} = 0.48, \hat{p}_{\cdot 2} = 0.52$.

$$\hat{\chi}_n^2 = 1000\left[\frac{\left(442 - 956 \times \frac{480}{1000}\right)^2}{956 \times 480} + \frac{\left(514 - 956 \times \frac{520}{1000}\right)^2}{956 \times 520} + \frac{\left(38 - 480 \times \frac{44}{1000}\right)^2}{956 \times 44} + \frac{\left(6 - 520 \times \frac{44}{1000}\right)^2}{520 \times 44}\right] = 27.1374$$

又 $\chi^2_{0.05}(1) = 3.84$，而 $\hat{\chi}_n^2 > \chi^2_{0.05}(1)$，故拒绝 H_0，认为是否为色盲与性别有关.

27. 用 X 表示性别，Y 表示赞成、反对或弃权. 则由表中数字可见，我们须检验

$$H_0\text{：提案态度与性别独立}$$

由于 $\hat{p}_{1\cdot} = \frac{6872}{8759} = 0.7846, \hat{p}_{2\cdot} = \frac{1887}{8759} = 0.2154, \hat{p}_{\cdot 1} = \frac{2237}{8759} = 0.2554$，$\hat{p}_{\cdot 2} = \frac{5917}{8759} = 0.6775, \hat{p}_{\cdot 3} = \frac{605}{8759} = 0.0691$，所以

$$\hat{\chi}_n^2 = 8759 \times \left\{\frac{\left(1154 - \frac{2237 \times 6872}{8759}\right)^2}{2237 \times 6872} + \frac{\left(5475 - \frac{5917 \times 6872}{8759}\right)^2}{5917 \times 6872} + \frac{\left(243 - \frac{605 \times 6872}{8759}\right)^2}{605 \times 6872} + \frac{\left(1083 - \frac{2237 \times 1887}{8759}\right)^2}{2237 \times 1887} + \frac{\left(442 - \frac{5917 \times 1887}{8759}\right)^2}{5917 \times 1887} + \frac{\left(362 - \frac{605 \times 1887}{8759}\right)^2}{605 \times 1887}\right\}$$

$$= [0.0235 + 0.0171 + 0.0129 + 0.0856 + 0.0621 + 0.0470] \times 8759 = 2175.9838$$

因 $\hat{\chi}_n^2 > \chi^2_{0.05}(2) = 5.99$，则拒绝假设 H_0，即公民对这项提案的态度与性别不相互独立.

28. 用 X 表示效果，Y 表示年龄，有 H_0：疗效与年龄相互独立.

$$\hat{p}_{1\cdot} = \frac{128}{300}, \hat{p}_{2\cdot} = \frac{117}{300}, \hat{p}_{3\cdot} = \frac{55}{300}, \hat{p}_{\cdot 1} = \frac{109}{300}, \hat{p}_{\cdot 2} = \frac{100}{300}, \hat{p}_{\cdot 3} = \frac{91}{300}$$

$$\hat{\chi}_n^2 = 300 \times \left\{\frac{\left(58 - \frac{109 \times 128}{300}\right)^2}{109 \times 128} + \frac{\left(38 - \frac{100 \times 128}{300}\right)^2}{100 \times 128} + \frac{\left(32 - \frac{91 \times 128}{300}\right)^2}{91 \times 128} + \frac{\left(28 - \frac{109 \times 117}{300}\right)^2}{109 \times 117} + \frac{\left(44 - \frac{100 \times 117}{300}\right)^2}{100 \times 117} + \frac{\left(45 - \frac{91 \times 117}{300}\right)^2}{91 \times 117} + \frac{\left(23 - \frac{109 \times 55}{300}\right)^2}{109 \times 55} + \frac{\left(18 - \frac{100 \times 55}{300}\right)^2}{100 \times 55} + \frac{\left(14 - \frac{91 \times 55}{300}\right)^2}{91 \times 55}\right\}$$

$$= 300 \times [0.0094 + 0.0017 + 0.0040 + 0.0165 + 0.0021 + 0.0085 + 0.0015 + 0.00002 + 0.0014]$$

$$= 13.536$$

又 $\chi^2_{0.05}(4) = 9.49$，故 $\chi_n^2 > \chi^2_{0.05}(4)$，则拒绝 H_0，可认为疗效与年龄之间不相互独立.

29. 正态总体均值未知的条件下检验 $H_0: \sigma^2 = \sigma_0^2$，$H_1: \sigma^2 \neq \sigma_0^2$，根据极大似然估计法可以得到：

$$L_0(x) = L(\hat{\mu}_\omega) = (2\pi\sigma_0^2)^{-n/2}\exp\left\{-\sum_{i=1}^{n}(x_i - \bar{x})^2/2\sigma_0^2\right\}, \quad \text{其中 } \hat{\mu}_\omega = \bar{x}$$

$$L_1(x) = L(\hat{\sigma}_\Omega^2) = (2\pi\hat{\sigma}_\Omega^2)^{-n/2}\exp\left\{-\frac{1}{2\hat{\sigma}_\Omega^2}\sum_{i=1}^{n}(x_i - \bar{x})^2\right\} = (2\pi\hat{\sigma}_\Omega^2)^{-n/2}\exp\left(-\frac{n}{2}\right)$$

这里 $\hat{\sigma}_{\Omega}^2 = \frac{1}{n}\sum_{i=1}^{n}(x_i - \bar{x})^2$，$x = (x_1, x_2, \cdots, x_n)$.

令 $u = \frac{1}{n}\sum_{i=1}^{n}\left(\frac{x_i - \bar{x}}{\sigma_0}\right)^2$，所以 $\lambda = \frac{L_1(x)}{L_0(x)} = \left(\frac{\hat{\sigma}_{\Omega}{}^2}{\sigma_0{}^2}\right)^{-n/2} \mathrm{e}^{-n/2}\exp\left[\frac{1}{2\sigma_0^2}\sum_{i=1}^{n}(x_i - \bar{x})^2\right] = [u\exp(1-u)]^{-n/2}$，$\lambda$ 的值较大时，拒绝 H_0. 考虑函数 $g(u) = u\mathrm{e}^{1-u}$ 的性质，$g(1) = 1$，当 $0 \leqslant u < 1$ 时，$g(u) = u\mathrm{e}^{1-u}$ 是严格增函数，相应地，λ 是严格减函数；当 $u > 1$ 时，$g(u) = u\mathrm{e}^{1-u}$ 是严格减函数，相应地，λ 是严格增函数. 因此当 u 取值很小或者很大时，$g(u)$ 的值较小，相应地，λ 的值较大.

所以当且仅当 $u < c$ 或者 $u > d$ 时拒绝 H_0，这里 $0 < c < d < \infty$.

在 H_0 成立的条件下，$\sum_{i=1}^{n}\left(\frac{X_i - \bar{X}}{\sigma_0}\right)^2 \sim \chi^2(n-1)$，记 $U = \frac{X}{n}$，则 $X \sim \chi^2(n-1)$，$P(U \leqslant C_1$ 或 $U \geqslant C_2) = P(X \leqslant nC_1$ 或 $X \geqslant nC_2) = \alpha$. 取 $nC_1 = \chi^2_{1-\alpha/2}(n-1)$，$nC_2 = \chi^2_{\alpha/2}(n-1)$.

拒绝域为

$$\left\{\sum_{i=1}^{n}\left(\frac{x_i - \bar{x}}{\sigma_0}\right)^2 \leqslant \chi^2_{1-\alpha/2}(n-1)\right\} \cup \left\{\sum_{i=1}^{n}\left(\frac{x_i - \bar{x}}{\sigma_0}\right)^2 > \chi^2_{\alpha/2}(n-1)\right\}$$

这个结果与 4.2 节的结论是一致的.

30. 方法与 29 题类似，故略.

第5章　方差分析与正交试验设计

5.1　内容提要

5.1.1　单因素方差分析

1.基本概念

(1) 指标与因素.通常把生产实践与科学实验中的结果,如产品的性能、产量等统称为指标,影响指标的因素用 $A,B,C,\cdots$ 表示.

(2) 水平.因素在试验中所取的不同状态称为水平,因素 A 的不同水平用 $A_1,A_2,\cdots$ 表示.

(3) 单因素试验及方差分析.在一项试验中,如果让一个因素的水平变化,其他因素水平保持不变,这样的试验叫作单因素试验.处理单因素试验的统计推断问题称为单因素方差分析或一元方差分析.类似地可定义多因素方差分析.

(4) 单因素方差分析的数学模型.设因素 A 有 r 个水平 $A_1,A_2,\cdots,A_r$,在水平 $A_i(i=1,2,\cdots,r)$ 下,进行 $n_i(n_i\geqslant 2)$ 次独立试验,假定各个水平 A_i 下的试验数据 $X_{ij}(j=1,2,\cdots,n_i)$ 服从正态分布 $N(\mu_i,\sigma^2)$,$i=1,2,\cdots,r$, μ_i 与 σ^2 均未知.单因素方差分析的数学模型可以表示为

$$\begin{cases}X_{ij}=\mu_i+\varepsilon_{ij}\\ \varepsilon_{ij}\sim N(0,\sigma^2)\end{cases},\quad i=1,2,\cdots,r;j=1,2,\cdots,n_i \tag{5-1}$$

其中诸 ε_{ij} 相互独立.对于上述模型,方差分析的任务为:

1) 检验 r 个总体 $N(\mu_1,\sigma^2),\cdots,N(\mu_r,\sigma^2)$ 的均值是否相等,即检验假设

$$H_0:\mu_1=\mu_2=\cdots=\mu_r,\quad H_1:\mu_1,\mu_2,\cdots,\mu_r \text{ 不全相等}$$

2) 求出未知参数 $\mu_1,\mu_2,\cdots,\mu_r,\sigma^2$ 的估计.

记 $\mu=\dfrac{1}{n}\sum\limits_{i=1}^{r}n_i\mu_i$,其中 $n=\sum\limits_{i=1}^{r}n_i$.称 $\alpha_i=\mu_i-\mu,i=1,2,\cdots,r$ 为水平 A_i 的效应.

从而试验数据的数学模型可以改写为

$$X_{ij}=\mu+\alpha_i+\varepsilon_{ij},\quad \varepsilon_{ij}\sim N(0,\sigma^2),\ i=1,2,\cdots,r,\quad j=1,2,\cdots,n_i$$

故单因素方差分析问题即为检验假设

$$H_0:\alpha_1=\alpha_2=\cdots=\alpha_r=0\leftrightarrow H_1:\text{至少有一个 }\alpha_i\neq 0(i=1,2,\cdots,r)$$

2.离差平方和分解与显著性检验

记 $\overline{X}_i=\dfrac{1}{n_i}\sum\limits_{j=1}^{n_i}X_{ij},i=1,2,\cdots,r,\quad \overline{X}=\dfrac{1}{n}\sum\limits_{i=1}^{r}\sum\limits_{j=1}^{n_i}X_{ij},\quad \overline{X}=\dfrac{1}{n}\sum\limits_{i=1}^{r}\sum\limits_{j=1}^{n_i}X_{ij}$

则总离差平方和分解式为

$$Q_T = \sum_{i=1}^{r}\sum_{j=1}^{n_i}(X_{ij}-\overline{X})^2 = Q_A + Q_E$$

其中，

$$Q_E = \sum_{i=1}^{r}\sum_{j=1}^{n_i}(X_{ij}-\overline{X}_i)^2, Q_A = \sum_{i=1}^{r} n_i(\overline{X}_i-\overline{X})^2$$

称 Q_E 为组内离差平方和，Q_A 为组间离差平方和，$\overline{X} = \frac{1}{n}\sum_{i=1}^{r}\sum_{j=1}^{n_i}X_{ij}$ 是数据的总平均，$n = \sum_{i=1}^{r} n_i$.

Q_E 与 Q_A 具有如下统计特性：

$\frac{Q_E}{\sigma^2} \sim \chi^2(n-r)$，当 H_0 为真时，$\frac{Q_A}{\sigma^2} \sim \chi^2(r-1)$，$\frac{Q_A/(r-1)}{Q_E/(n-r)} \sim F(r-1,n-r)$.

由此得检验问题的拒绝域为

$$F = \frac{Q_A/(r-1)}{Q_E/(n-r)} \geqslant F_\alpha(r-1,n-r)$$

上述问题可以总结为如表 5-1 所示的方差分析表.

表 5-1　方差分析表

方差来源	平方和	自由度	均方差	F 值
因素 A	Q_A	$r-1$	$\overline{Q}_A = \frac{Q_A}{r-1}$	$F = \frac{\overline{Q}_A}{\overline{Q}_E}$
误差	Q_E	$n-r$	$\overline{Q}_E = \frac{Q_E}{n-r}$	
总和	Q_T	$n-1$		

在实际中，人们可以引入如下公式来计算 Q_T、Q_A 和 Q_E. 令

$$Q = \sum_{i=1}^{r}\frac{1}{n_i}\left(\sum_{j=1}^{n_i}X_{ij}\right)^2,\ P = \frac{1}{n}\left(\sum_{i=1}^{r}\sum_{j=1}^{n_i}X_{ij}\right)^2,\ R = \sum_{i=1}^{r}\sum_{j=1}^{n_i}X_{ij}^2$$

可以证明 $Q_A = Q-P, Q_E = R-Q, Q_T = R-P$.

3. 参数估计

若用 $\hat{\alpha}_i$、$\hat{\mu}_i$、$\hat{\mu}$、$\hat{\sigma}^2$ 分别表示 α_i、μ_i、μ 及 σ^2 的估计，则有

$$\hat{\alpha}_i = \overline{X}_i - \overline{X}, \hat{\mu}_i = \overline{X}_i \quad i=1,2,\cdots,r, \hat{\mu} = \overline{X}, \hat{\sigma}^2 = Q_E/(n-r) = \overline{Q}_E$$

可以证明上述估计量都是无偏估计.

在单因素方差分析中，如果检验结果为 H_0 不成立，有时需要对 $\mu_i - \mu_k$ 作区间估计，其中 $i \neq k, i,k = 1,2,\cdots,r$. $\mu_i - \mu_k$ 的置信水平为 $1-\alpha$ 的置信区间为

$$\left(\overline{X}_i - \overline{X}_k \pm t_{\alpha/2}(n-r)\sqrt{\left(\frac{1}{n_i}+\frac{1}{n_k}\right)\overline{Q}_E}\right)$$

5.1.2　两因素试验的方差分析

1. 两因素非重复试验的方差分析

(1) 两因素非重复试验的方差分析数学模型. 设有两个因素 A,B 作用与试验,因素 A 有 r 个不同水平 $A_1,A_2,\cdots,A_r$;因素 B 有 s 个不同水平 $B_1,B_2,\cdots,B_s$,在 A、B 的每一种组合水平 (A_i,B_j) 下做一次试验,试验结果为 $X_{ij}\ (i=1,2,\cdots,r,j=1,2,\cdots,s)$,所有 X_{ij} 相互独立,这样共得 rs 个试验结果. 假定 X_{ij} 服从正态分布 $N(\mu_{ij},\sigma^2)$,其中 $\mu_{ij}=\mu+\alpha_i+\beta_j,i=1,2,\cdots,r$, $j=1,2,\cdots,s$,而 $\sum_{i=1}^{r}\alpha_i=0,\sum_{j=1}^{s}\beta_j=0$. 于是两因素非重复试验方差分析的数学模型为

$$\begin{cases}X_{ij}=\mu+\alpha_i+\beta_j+\varepsilon_{ij}, \\ \varepsilon_{ij}\sim N(0,\sigma^2),\end{cases}\quad i=1,2,\cdots,r,j=1,2,\cdots,s$$

其中,ε_{ij} 称为随机误差,诸 ε_{ij} 相互独立;α_i 称为因素 A 在水平 A_i 引起的效应;β_j 称为因素 B 在水平 β_j 引起的效应.

对于双因素非重复试验的方差分析模型,要检验的假设如下:

$$\begin{cases}H_{01}:\alpha_1=\alpha_2=\cdots=\alpha_r=0, \\ H_{11}:\alpha_1,\alpha_2,\cdots,\alpha_r \text{ 不全为零},\end{cases}$$

$$\begin{cases}H_{02}:\beta_1=\beta_2=\cdots=\beta_r=0, \\ H_{12}:\beta_1,\beta_2,\cdots,\beta_r \text{ 不全为零},\end{cases}$$

(2) 离差平方和分解与显著性检验.

记 $\overline{X}_{i.}=\frac{1}{s}\sum_{j=1}^{s}X_{ij},(i=1,2,\cdots,r)$　$\overline{X}_{.j}=\frac{1}{r}\sum_{i=1}^{r}X_{ij},(j=1,2,\cdots,s)$

$$\overline{X}=\frac{1}{rs}\sum_{i=1}^{r}\sum_{j=1}^{s}X_{ij}=\frac{1}{r}\sum_{i=1}^{r}\overline{X}_{i.}=\frac{1}{s}\sum_{j=1}^{s}\overline{X}_{.j}$$

于是总离差平方和分解式为

$$Q_T=\sum_{i=1}^{r}\sum_{j=1}^{s}(X_{ij}-\overline{X})^2=Q_A+Q_B+Q_E$$

其中,$Q_A=s\sum_{i=1}^{r}(\overline{X}_{i.}-\overline{X})^2,Q_B=r\sum_{j=1}^{s}(\overline{X}_{.j}-\overline{X})^2,Q_E=\sum_{i=1}^{r}\sum_{j=1}^{s}(X_{ij}-\overline{X}_{i.}-\overline{X}_{.j}+\overline{X})^2$.

Q_A 为因素 A 引起的离差平方和, Q_B 为因素 B 引起的离差平方和, Q_E 称为随机误差平方和.

可以证明, 当 H_{01} 成立时,有

$$F_A=\frac{Q_A/\sigma^2(r-1)}{Q_E/\sigma^2(r-1)(s-1)}=\frac{\overline{Q}_A}{\overline{Q}_E}\sim F(r-1,(r-1)(s-1))$$

当 H_{02} 成立时,有

$$F_B=\frac{Q_B/\sigma^2(s-1)}{Q_E/\sigma^2(r-1)(s-1)}=\frac{\overline{Q}_B}{\overline{Q}_E}\sim F(s-1,(r-1)(s-1))$$

当 H_{01}、H_{02} 不成立时, F_A、F_B 有偏大的趋势, 因此 F_A、F_B 可作为检验假设 H_{01}、H_{02} 的统计量. 在显著性水平 α 下,可得假设 H_{01}、H_{02} 的拒绝域分别为

$W_1=\{F_A\geqslant F_\alpha(r-1,(r-1)(s-1))\}$,　$W_2=\{F_B\geqslant F_\alpha(s-1,(r-1)(s-1))\}$

2. 两因素等重复试验的方差分析

(1) 两因素等重复试验的方差分析的数学模型. 若对因素 A,B 水平的每对组合(A_i,B_j)都做 $t(t\geqslant 2)$ 次试验(称为等重复试验),得到试验数据 $X_{ijk}(i=1,2,\cdots,r,j=1,2,\cdots,s,k=1,2,\cdots,t)$,并设

$$X_{ijk}=\mu_{ij}+\varepsilon_{ijk},\varepsilon_{ijk}\sim N(0,\sigma^2)$$

各 ε_{ijk} 相互独立,$i=1,2,\cdots,r;j=1,2,\cdots,s;k=1,2,\cdots,t.$

引入记号

$$\mu=\frac{1}{rs}\sum_{i=1}^{r}\sum_{j=1}^{s}\mu_{ij},\quad \mu_{i\cdot}=\frac{1}{s}\sum_{j=1}^{s}\mu_{ij},\quad \mu_{\cdot j}=\frac{1}{r}\sum_{i=1}^{r}\mu_{ij},\quad \alpha_i=\mu_{i\cdot}-\mu$$

$$\beta_j=\mu_{\cdot j}-\mu,\delta_{ij}=\mu_{ij}-\mu_{i\cdot}-\mu_{\cdot j}+\mu,i=1,2,\cdots,r;j=1,2,\cdots,s$$

称 μ 为总平均,α_i 为水平 A_i 的效应,β_j 为水平 B_j 的效应,δ_{ij} 为水平 A_i 和水平 B_j 的交互效应. 则双因素等重复试验方差分析的数学模型为

$$\begin{cases}X_{ijk}=\mu+\alpha_i+\beta_j+\delta_{ij}+\varepsilon_{ijk},\\ \varepsilon_{ijk}\sim N(0,\sigma^2),\end{cases}\quad i=1,\cdots,r,j=1,2,\cdots,s,k=1,2,\cdots,t$$

其中 $\sum_{i=1}^{r}\alpha_i=0,\sum_{j=1}^{s}\beta_j=0,\sum_{i=1}^{r}\delta_{ij}=0,\sum_{j=1}^{s}\delta_{ij}=0.\ \mu,\alpha_i,\beta_j,\delta_{ij}$ 及 σ^2 都是未知参数.

对于两因素试验方差分析的数学模型,需检验以下三个假设:

$$\begin{cases}H_{01}:\alpha_1=\alpha_2=\cdots=\alpha_r=0,\\ H_{11}:\alpha_1,\alpha_2,\cdots,\alpha_r \text{ 不全为零},\end{cases}$$

$$\begin{cases}H_{02}:\beta_1=\beta_2=\cdots=\beta_r=0,\\ H_{12}:\beta_1,\beta_2,\cdots,\beta_r \text{ 不全为零},\end{cases}$$

$$\begin{cases}H_{03}:\delta_{11}=\delta_{12}=\cdots=\delta_{rs}=0,\\ H_{13}:\delta_{11},\delta_{12},\cdots,\delta_{rs} \text{ 不全为零}.\end{cases}$$

(2) 离差平方和分解与显著性检验.

引入记号:

$$\overline{X}=\frac{1}{rst}\sum_{i=1}^{r}\sum_{j=1}^{s}\sum_{k=1}^{t}X_{ijk},\ \overline{X}_{ij\cdot}=\frac{1}{t}\sum_{k=1}^{t}X_{ijk},\overline{X}_{i\cdot\cdot}=\frac{1}{st}\sum_{j=1}^{s}\sum_{k=1}^{t}X_{ijk}$$

$$\overline{X}_{\cdot j\cdot}=\frac{1}{rt}\sum_{i=1}^{r}\sum_{k=1}^{t}X_{ijk},\ Q_E=\sum_{i=1}^{r}\sum_{j=1}^{s}\sum_{k=1}^{t}(X_{ijk}-\overline{X}_{ij\cdot})^2$$

$$Q_A=st\sum_{i=1}^{r}(\overline{X}_{i\cdot\cdot}-\overline{X})^2,\quad Q_B=rt\sum_{j=1}^{s}(\overline{X}_{\cdot j\cdot}-\overline{X})^2$$

$$Q_{A\times B}=t\sum_{i=1}^{r}\sum_{j=1}^{s}(\overline{X}_{ij\cdot}-\overline{X}_{i\cdot\cdot}-\overline{X}_{\cdot j\cdot}+\overline{X})^2,\ Q_T=\sum_{i=1}^{r}\sum_{j=1}^{s}\sum_{k=1}^{t}(X_{ijk}-\overline{X})^2$$

则离差平方和分解公式为

$$Q_T=Q_E+Q_A+Q_B+Q_{A\times B}$$

Q_E 称为误差平方和,Q_A、Q_B 分别称为因素 A 和因素 B 的效应平方和,$Q_{A\times B}$ 称为 A、B 交互效应平方和,Q_T 称为总偏差平方和.

从而由 F 分布的定义知,当 H_{01}、H_{02} 和 H_{03} 成立时,

$$F_A=\frac{Q_A/(r-1)}{Q_E/(rs(t-1))}=\frac{\bar{Q}_A}{\bar{Q}_E}\text{，服从 }F(r-1,rs(t-1))$$

$$F_B=\frac{Q_B/(s-1)}{Q_E/(rs(t-1))}=\frac{\bar{Q}_B}{\bar{Q}_E}\text{，服从 }F(s-1,rs(t-1))$$

$$F_{A\times B}=\frac{Q_{A\times B}/((r-1)(s-1))}{Q_E/(rs(t-1))}=\frac{\bar{Q}_{A\times B}}{\bar{Q}_E}\text{，服从 }F((r-1)(s-1),rs(t-1))$$

在显著性水平 α 下，可得假设 H_{01} 的拒绝域为 $F_A\geqslant F_\alpha(r-1,rs(t-1))$，假设 H_{02} 的拒绝域为 $F_B\geqslant F_\alpha(s-1,rs(t-1))$，假设 H_{03} 的拒绝域为 $F_{A\times B}\geqslant F_\alpha((r-1)(s-1),rs(t-1))$.

5.1.3　正交试验设计

1. 正交试验的基本思想及概念

在实际工作中，人们常常需要同时考察 3 个或 3 个以上的试验因素，若进行全面试验，则试验的规模很大，往往因试验条件的限制而难以实施. 正交试验设计法就是用正交表安排多因素试验、寻求最优水平组合的一种高效率试验设计方法.

2. 正交表介绍

正交表是正交试验设计的基本工具，它是根据均衡分散的思想，运用组合数学理论在拉丁方和正交拉丁方的基础上构造的一种表格. 为了解正交表，先介绍一张常用的正交表 $L_8(2^7)$（见表 5－2）.

表 5－2　正交表 $L_8(2^7)$

试验号	列号						
	1	2	3	4	5	6	7
1	1	1	1	1	1	1	1
2	1	1	1	2	2	2	2
3	1	2	2	1	1	2	2
4	1	2	2	2	2	1	1
5	2	1	2	1	2	1	2
6	2	1	2	2	1	2	1
7	2	2	1	1	2	2	1
8	2	2	1	2	1	1	2

上述表格具有下面两个性质：

(1) 表中各列出现的数字个数相同. $L_8(2^7)$ 的任一列中只出现两个数字“1”和“2”，“1”的个数是 4，“2”的个数也是 4.

(2) 表中任意两列并在一起形成若干数字对，不同的数字对的个数相同. $L_8(2^7)$ 任两列并在一起形成 8 个数字对，分别为(1，1)、(1，2)、(2，1)、(2，2) 共四种，每种的个数都是 2.

以上两条性质称为正交性. 正交性刻划了正交表的特点，在进行一般性讨论时，可作为正交表的定义.

注:有些正交表,还有一个附表——两列间的交互作用列表. $L_8(2^7)$ 的交互作用列表见教材中表 5.18.

3. 正交试验设计的基本步骤

(1) 明确试验目的,确定考核指标. 试验目的就是通过正交试验要解决什么问题. 考核指标就是用来衡量试验效果的质量指标. 试验指标确定后,应当把测定该指标的标准、方法以及所需用的仪器等确定下来.

(2) 挑因素,选水平. 根据试验目的挑选对试验指标有影响的因素,选择各因素在试验中变化的各种状态,即水平. 各因素的水平数可以相等,也可以不等. 正交试验法适用于水平能够人为加以控制和调节的可控因素. 通常将选好的因素、水平列成因素水平对照表.

(3) 选择合适的正交表. 总原则:既能容纳所有需要考察的因素,又要使试验量最小.

(4) 进行正交表的表头设计. 确定试验所考虑的各种因素和交互作用,在正交表中该放在哪一列的问题. 正交试验表头设计的关键在于试验因素的安排. 通常,在不考虑交互作用的情况下,可以自由的将各个因素安排在正交表的各列,只要不在同一列安排两个因素即可(否则会出现混杂). 但是当要考虑交互作用时,就会受到一定的限制,如果任意安排,将会导致交互效应与其他效应混杂的情况.

因素所在列是随意的,但是一旦安排完成,试验方案即确定,之后的试验以及后续分析将根据这一安排进行,不能再改变.

(5) 列出试验方案,实施试验. 在表头设计的基础上,将正交表中各列的不同数字换成对应因素的相应水平,便形成了试验方案.

4. 正交试验结果分析方法

(1) 正交试验结果的直观分析法. 以下通过一个实例来介绍正交试验结果的直观分析法.

人造再生木材提高抗弯强度试验. 试验目的是提高"人造再生木材"的抗弯强度,故可确定再生木材的抗弯强度 Y 为指标,且指标值越大越好. 根据专业知识和经验知道原料配比(高压聚乙烯:木屑),加湿湿度,保温时间可能对抗弯强度有影响,决定选取它们作为要考察的因素,每个因素选取三个不同状态,称为因素的水平,进行比较,列于表 5-3 中.

表 5-3 因素水平表

水 平	因 素		
	配比 A	加温温度 B/℃	保温时间 C/min
1	$A_1 = 1:1$	$B_1 = 150$	$C_1 = 30$
2	$A_2 = 2:3$	$B_2 = 165$	$C_2 = 35$
3	$A_3 = 3:7$	$B_3 = 180$	$C_3 = 40$

本例的试验方案如表 5-4 所示,从这张试验方案表可以知道各号试验的试验条件. 例如第 4 号试验条件是 $A_2B_1C_2$,即原料配比为 2∶3,加温温度为 150℃,保温时间为 35 min.

表5-4 试验方案

试验号	因素			
	原料配比 A 1	加温温度 B/℃ 2	保温时间 C/min 3	指标 y_i
1	1(1∶1)	1(150)	1(30)	35
2	1(1∶1)	2(165)	2(35)	30
3	1(1∶1)	3(180)	3(40)	29
4	2(2∶3)	1(150)	2(35)	26.4
5	2(2∶3)	2(165)	3(40)	26
6	2(2∶3)	3(180)	1(30)	15
7	3(3∶7)	1(150)	3(40)	20
8	3(3∶7)	2(165)	1(30)	20
9	3(3∶7)	3(180)	2(35)	23
I	94	81.4	70	$T=224.4$
II	67.4	76	79.4	
III	63	67	75	
R	31	14.4	9.4	

1) 试验数据的数学模型及参数估计.本例考察的指标为抗弯强度,把9个试验结果的数据列于表5-4的右侧指标栏内.根据表5-4写出试验数据的数学模型为

$$\left.\begin{aligned}
Y_1 &= \mu + a_1 + b_1 + c_1 + \varepsilon_1 \\
Y_2 &= \mu + a_1 + b_2 + c_2 + \varepsilon_2 \\
Y_3 &= \mu + a_1 + b_3 + c_3 + \varepsilon_3 \\
Y_4 &= \mu + a_2 + b_1 + c_2 + \varepsilon_4 \\
Y_5 &= \mu + a_2 + b_2 + c_3 + \varepsilon_5 \\
Y_6 &= \mu + a_2 + b_3 + c_1 + \varepsilon_6 \\
Y_7 &= \mu + a_3 + b_1 + c_3 + \varepsilon_7 \\
Y_8 &= \mu + a_3 + b_2 + c_1 + \varepsilon_8 \\
Y_9 &= \mu + a_3 + b_3 + c_2 + \varepsilon_9
\end{aligned}\right\} \tag{5-2}$$

其中 $\varepsilon_i(i=1,2,\cdots,9)$ 是一组相互独立且服从 $N(0,\sigma^2)$ 的随机变量,a_i、b_i、$c_i(i=1,2,3)$ 分别为因素 A、B 和 C 各水平的效应,满足关系式

$$\sum_{i=1}^{3} a_i = \sum_{i=1}^{3} b_i = \sum_{i=1}^{3} c_i = 0 \tag{5-3}$$

将式(5-2)中的所有等式相加,并利用式(5-3)得

$$\sum_{i=1}^{9} Y_i = 9\mu + \sum_{i=1}^{9} \varepsilon_i$$

两边除以9得

$$\bar{Y} = \mu + \frac{1}{9}\sum_{i=1}^{9}\varepsilon_i$$

显然，$E\bar{Y} = \mu$ 成立，因此确定 μ 的无偏估计量为 $\hat{\mu} = \bar{Y}$.

将式(5-2)的前三式求和，再除以3，并利用式(5-3)得

$$\frac{1}{3}(Y_1 + Y_2 + Y_3) = \mu + a_1 + \frac{1}{3}(\varepsilon_1 + \varepsilon_2 + \varepsilon_3)$$

显然，$E[\frac{1}{3}(Y_1+Y_2+Y_3)] = \mu + a_1$，由此确定 a_1 的无偏估计 $\hat{a}_1 = \frac{1}{3}(Y_1+Y_2+Y_3) - \bar{Y}$.（因 $\hat{\mu} = \bar{Y}$）

将式(5-2)中的第4～6式和第7～9式分别求和并分别除以3，并利用式(5-3)，可确定 a_2, a_3 的无偏估计量为 $\hat{a}_2 = \frac{1}{3}(Y_4 + Y_5 + Y_6) - \bar{Y}$，$\hat{a}_3 = \frac{1}{3}(Y_7 + Y_8 + Y_9) - \bar{Y}$.

同理可确定式(5-2)中其他各参数的无偏估计. 总之利用 $L_9(3^4)$ 的正交性可得所有参数的无偏估计量为

$$\left.\begin{aligned}
\hat{\mu} &= \bar{Y} \\
\hat{a}_1 &= \frac{1}{3}(Y_1 + Y_2 + Y_3) - \bar{Y} \\
\hat{a}_2 &= \frac{1}{3}(Y_4 + Y_5 + Y_6) - \bar{Y} \\
\hat{a}_3 &= \frac{1}{3}(Y_7 + Y_8 + Y_9) - \bar{Y} \\
\hat{b}_1 &= \frac{1}{3}(Y_1 + Y_4 + Y_7) - \bar{Y} \\
\hat{b}_2 &= \frac{1}{3}(Y_2 + Y_5 + Y_8) - \bar{Y} \\
\hat{b}_3 &= \frac{1}{3}(Y_3 + Y_6 + Y_9) - \bar{Y} \\
\hat{c}_1 &= \frac{1}{3}(Y_1 + Y_6 + Y_8) - \bar{Y} \\
\hat{c}_2 &= \frac{1}{3}(Y_2 + Y_4 + Y_9) - \bar{Y} \\
\hat{c}_3 &= \frac{1}{3}(Y_3 + Y_5 + Y_7) - \bar{Y}
\end{aligned}\right\} \tag{5-4}$$

不难验证

$$\sum_{i=1}^{3}\hat{a}_i = \sum_{i=1}^{3}\hat{b}_i = \sum_{i=1}^{3}\hat{c}_i = 0 \tag{5-5}$$

记

$$\left.\begin{aligned}
&I_i = \text{第 } i \text{ 列中数码“1”对应的指标值之和} \\
&II_i = \text{第 } i \text{ 列中数码“2”对应的指标值之和} \\
&III_i = \text{第 } i \text{ 列中数码“3”对应的指标值之和} \\
&T = \text{全部试验数据之和}
\end{aligned}\right\} \tag{5-6}$$

则式(5-4)为

$$\left.\begin{aligned}\hat{a}_1 &= \frac{I_A}{3}-\overline{Y},\quad \hat{a}_2 = \frac{II_A}{3}-\overline{Y},\quad \hat{a}_3 = \frac{III_A}{3}-\overline{Y}\\ \hat{b}_1 &= \frac{I_B}{3}-\overline{Y},\quad \hat{b}_2 = \frac{II_B}{3}-\overline{Y},\quad \hat{b}_3 = \frac{II_B}{3}-\overline{Y}\\ \hat{c}_1 &= \frac{I_C}{3}-\overline{Y},\quad \hat{c}_2 = \frac{II_C}{3}-\overline{Y},\quad \hat{c}_3 = \frac{III_C}{3}-\overline{Y}\end{aligned}\right\} \tag{5-7}$$

将式(5-6)的计算结果填入表 5-4 中相应栏内.

2) 计算因素的极差，确定因素的主次顺序. 通常称 $R_i = \max(I_i, II_i, III_i) - \min(I_i, II_i, III_i)$ 为第 i 列因素的极差(见表 5-4 最后一行数字). 本例中 $R_A = 94-63=31$，$R_B = 81.4-67=14.4$，$R_C = 79.4-70=9.4$.

极差 R 的大小反映相应因素的大小，极差大的因素，意味着其不同水平对指标所造成的影响较大，通常是主要因素. 极差小的因素，意味着其不同水平对指标所造成的影响较小，一般是次要因素. 本例中，按极差大小，因素的主次顺序可排列为

$$\underset{A}{主}\ \underset{B}{\rightarrow}\ \underset{C}{次}$$

需要注意，因素的主次顺序与其选取的水平有关，如果因素水平选取改变了，因素的主次顺序也可能改变. 这是因为我们是根据各个因素在所选取的范围内改变时，其对指标的影响来确定因素主次顺序的.

3) 选取较优生产条件. 直接比较 9 个试验结果的抗弯强度，容易看出：第 1 号试验的抗弯强度为 35 最高，其次是第 2 号试验，为 30. 这些好结果是直接通过试验得到的，称为“看一看”的好条件. 对于正交试验设计，根据以上计算，还可能展望出更好的条件. 各因素取什么水平最好呢?这可根据对指标的要求和各因素的水平效应值的大小来决定. 如果要求指标越大越好，则应取效应值比较大的那个水平，如果要求指标越小越好，则应取效应值小的那个水平. 这样得到的好条件，称为“算一算”的好条件. 本例指标抗弯强度越高越好，故选取因素效应值比较大的那个水平. 即 $A_1B_1C_2$ 作为“算一算”的好条件，它与“看一看”的好条件 $A_1B_1C_1$ 不完全相同，由于“看一看”的好条件是从已知的 9 个试验中得到的，虽然这 9 个试验代表性强，直接看的结果也相当不错，但这 9 个试验毕竟只是三因素三水平全面试验条件($3^3=27$ 个)的三分之一. 因此，“看一看”的好条件并不一定是全面试验中最好的条件. “算一算”的目的，就是寻找全面试验中最好的条件. 当然在选取最优生产条件时，还应考虑的因素的主次. 因为主要因素水平的变化对指标影响较大，所以对于主要因素一定要按有利于指标的要求来选取该因素的水平，对于次要因素，因素水平的变化对指标影响小，故可以选取有利于指标要求的水平，也可以按照优质、高效、低消耗和便于操作等原则来选取水平，这样可以得到更切合生产实际要求的较好的生产条件. 对本例，C 是次要因素，从提高生产效率的角度考虑，也可取保温时间为 30 min. 因此，$A_1B_1C_1$ 也可能是较好的生产条件.

4) 估计较优生产条件的指标值.

$$\begin{aligned}\hat{Y}_{优} &= \bar{y}+\hat{a}_1+\hat{b}_1+\hat{c}_2\\ &= \bar{y}+\left(\frac{I_A}{3}-\bar{y}\right)+\left(\frac{I_B}{3}-\bar{y}\right)+\left(\frac{II_C}{3}-\bar{y}\right)\end{aligned}$$

$$= \frac{I_A}{3} + \frac{I_B}{3} + \frac{II_C}{3} - 2\bar{y}$$

$$= \frac{94}{3} + \frac{81.4}{3} + \frac{79.4}{3} - 2 \times \frac{224.4}{9}$$

$$= 35.06$$

5) 验证试验. 验证试验的目的在于考察较优生产条件的再现性. 在安排验证试验时，一般应将通过试验分析所得到的较优生产条件与已知试验中的最好方案，即"看一看"的好条件同时验证，以确定其优劣. 为了进一步获得好结果，在验证试验的基础上，还可以根据趋势图安排第二轮试验以便找到更好的生产条件. 通过验证试验，找出比较稳定的较优生产条件，进行小批试生产的试验，直到最后纳入技术文件，才算完成一项正交试验的全过程.

(2) 正交试验结果的方差分析法. 前面介绍了正交试验设计的直观分析方法，这种方法简单、直观，只要对试验结果做少量计算，通过综合分析比较，便能知道因素主次，得出较好的生产条件. 但直观分析不能估计试验中必然存在的误差的大小. 也就是说不能区分因素各水平所对应的试验结果间的差异究竟是由于因素水平不同引起的，还是由于试验误差所造成的，因而不能知道分析的精度. 为了弥补直观分析法的这些不足，可采用方差分析方法，现在通过一个实例说明.

乙酰胺苯硫化反应试验. 乙酰胺苯是一种药品的原料，希望提高它的收率，需要考察下列4个二因素对收率的影响：

A (反应温度)：$A_1 = 50℃$，$A_2 = 70℃$； B(反应时间)：$B_1 = 1$ h，$B_2 = 2$ h；

C (硫酸浓度)：$C_1 = 17\%$，$C_2 = 27\%$； D(操作方法)：$D_1 =$ 搅拌，$D_2 =$ 不搅拌.

由过去的经验知道，反应温度与反应时间之间的交互作用 $A \times B$ 是需要考察的，其他的交互作用可以忽略.

1) 设计试验方案. 这是一个四因素二水平的试验，加上交互作用 $A \times B$，共有5个，所有这些因素的自由度之和是 $(2-1)+(2-1)+(2-1)+(2-1)+(2-1)=5$.

如果选用 $L_8(2^7)$ 做8次试验，那么由方差分析的知识仍能得到 $f_e = 8-1-5 = 2$ 个误差自由度，因而进行方差分析的可能性确实是存在的. 下面具体说明怎样用 $L_8(2^7)$ 来安排这个试验.

把因素 A 和 B 分别排在 $L_8(2^7)$ 的第一、二列上，然后查 $L_8(2^7)$ 的交互作用表(教材表5.18) 可知第一、二列的交互作用是第三列，所以第三列上排交互作用 $A \times B$，最后把因素 C 和排 D 排在尚未排因素的第四、五、六、七这4列的任何两列上，例如 C 排在第四列，D 排在第七列，这样就得到了表5-5.

表5-5　表头

因　素	A	B	$A \times B$	C			D
列　号	1	2	3	4	5	6	7

按照这个表头设计，把正交表 $L_8(2^7)$ 中排有因素 A、B、C、D 的1、2、4、7列取出，即得试验方案，严格按这个试验方案做试验，试验结果及计算过程如表5-6所示.

表 5-6　试验结果

试验	列号							
	$\frac{A}{1}$	$\frac{B}{2}$	$\frac{A\times B}{3}$	$\frac{C}{4}$	5	6	$\frac{D}{7}$	y_i-70
1	1	1	1	1	1	1	1	−5
2	1	1	1	2	2	2	2	4
3	1	2	2	1	1	2	2	1
4	1	2	2	2	2	1	1	3
5	2	1	2	1	2	1	2	0
6	2	1	2	2	1	2	1	3
7	2	2	1	1	2	2	1	−8
8	2	2	1	2	1	1	2	−3
I	3	2	−12	−12	−4	−5	−7	$T=-5$
II	−8	−7	7	7	−1	0	2	
$I-II$	11	9	−19	−19	−3	−5	−9	
$(I-II)^2$	121	81	361	361	9	25	81	
$\hat{\omega}$	$\frac{11}{8}$	$\frac{9}{8}$	$-\frac{19}{8}$	$-\frac{19}{8}$	$-\frac{3}{8}$	$-\frac{5}{8}$	$-\frac{9}{8}$	
S_i^2	$\frac{121}{8}$	$\frac{81}{8}$	$\frac{361}{8}$	$\frac{361}{8}$	$\frac{9}{8}$	$\frac{25}{8}$	$\frac{81}{8}$	

2) 试验结果的统计分析. 把按表 5-6 所作的 8 次试验结果依次记为(单位:%):$y_1=65$,$y_2=74$,$y_3=71$,$y_4=73$,$y_5=70$,$y_6=73$,$y_7=62$,$y_8=67$,其数学模型为

$$\left.\begin{aligned}
Y_1&=\mu+a_1+b_1+c_1+d_1+(ab)_{11}+\varepsilon_1\\
Y_2&=\mu+a_1+b_1+c_2+d_2+(ab)_{11}+\varepsilon_2\\
Y_3&=\mu+a_1+b_2+c_1+d_2+(ab)_{12}+\varepsilon_3\\
Y_4&=\mu+a_1+b_2+c_2+d_1+(ab)_{12}+\varepsilon_4\\
Y_5&=\mu+a_2+b_1+c_1+d_2+(ab)_{21}+\varepsilon_5\\
Y_6&=\mu+a_2+b_1+c_2+d_1+(ab)_{21}+\varepsilon_6\\
Y_7&=\mu+a_2+b_2+c_1+d_1+(ab)_{22}+\varepsilon_7\\
Y_8&=\mu+a_2+b_2+c_2+d_2+(ab)_{22}+\varepsilon_8
\end{aligned}\right\}\tag{5-8}$$

其中 $\varepsilon_i(i=1,2,\cdots,8)$ 是一组相互独立且近似服从正态分布 $N(0,\sigma^2)$ 的随机变量,因素各水平的效应满足关系式

$$\left.\begin{aligned}
a_1+a_2=b_1+b_2=c_1+c_2=d_1+d_2=0\\
(ab)_{11}+(ab)_{12}=(ab)_{21}+(ab)_{22}=(ab)_{11}+(ab)_{21}=(ab)_{12}+(ab)_{22}=0
\end{aligned}\right\}\tag{5-9}$$

记 $I_i=$ 第 i 列数码"1"对应的试验数据之和,$II_i=$ 第 i 列数码"2"对应的试验数据之和,则易得各参数的估计量为

$$
\left.\begin{aligned}
&\hat{\mu}=\overline{Y}\\
&\hat{a}_1=\frac{I_1}{4}-\overline{Y},\hat{a}_2=\frac{II_2}{4}-\overline{Y}\\
&\hat{b}_1=\frac{I_2}{4}-\overline{Y},\hat{b}_2=\frac{II_2}{4}-\overline{Y}\\
&\hat{c}_1=\frac{I_4}{4}-\overline{Y},\hat{c}_2=\frac{II_4}{4}-\overline{Y}\\
&\hat{d}_1=\frac{I_7}{4}-\overline{Y},\hat{d}_2=\frac{II_7}{4}-\overline{Y}\\
&(\hat{ab})_{11}=(\hat{ab})_{22}=\frac{I_3}{4}-\overline{Y},(\hat{ab})_{21}=(\hat{ab})_{21}=\frac{II_3}{4}-\overline{Y}
\end{aligned}\right\}\tag{5-10}
$$

不难验证,它们满足与式(5-9)类似的关系式,即

$$
\left.\begin{aligned}
&\hat{a}_1+\hat{a}_2=\hat{b}_1+\hat{b}_2=\hat{c}_1+\hat{c}_2=\hat{d}_1+\hat{d}_2=0\\
&(\hat{ab})_{11}+(\hat{ab})_{12}=(\hat{ab})_{21}+(\hat{ab})_{22}=(\hat{ab})_{11}+(\hat{ab})_{21}=(\hat{ab})_{12}+(\hat{ab})_{22}=0
\end{aligned}\right\}\tag{5-11}
$$

这样就得如下数据分解式:

$$
\left.\begin{aligned}
Y_1&=\hat{\mu}+\hat{a}_1+\hat{b}_1+\hat{c}_1+\hat{d}_1+(\hat{ab})_{11}+e_1\\
Y_2&=\hat{\mu}+\hat{a}_1+\hat{b}_1+\hat{c}_2+\hat{d}_2+(\hat{ab})_{11}+e_2\\
Y_3&=\hat{\mu}+\hat{a}_1+\hat{b}_2+\hat{c}_1+\hat{d}_2+(\hat{ab})_{12}+e_3\\
Y_4&=\hat{\mu}+\hat{a}_1+\hat{b}_2+\hat{c}_2+\hat{d}_1+(\hat{ab})_{12}+e_4\\
Y_5&=\hat{\mu}+\hat{a}_2+\hat{b}_1+\hat{c}_1+\hat{d}_2+(\hat{ab})_{21}+e_5\\
Y_6&=\hat{\mu}+\hat{a}_2+\hat{b}_1+\hat{c}_2+\hat{d}_1+(\hat{ab})_{21}+e_6\\
Y_7&=\hat{\mu}+\hat{a}_2+\hat{b}_2+\hat{c}_1+\hat{d}_1+(\hat{ab})_{22}+e_7\\
Y_8&=\hat{\mu}+\hat{a}_2+\hat{b}_2+\hat{c}_2+\hat{d}_2+(\hat{ab})_{22}+e_8
\end{aligned}\right\}\tag{5-12}
$$

其中 $e_i=(i=1,2,3,\cdots,8)$ 的值为

$$
\left.\begin{aligned}
e_1=e_8=&\left[\frac{1}{4}(Y_1+Y_3+Y_6+Y_8)-\overline{Y}\right]+\\
&\left[\frac{1}{4}(Y_1+Y_4+Y_5+Y_8)-\overline{Y}\right]=\hat{\omega}_{51}+\hat{\omega}_{61}\\
e_2=e_7=&\left[\frac{1}{4}(Y_2+Y_4+Y_5+Y_7)-\overline{Y}\right]+\\
&\left[\frac{1}{4}(Y_2+Y_3+Y_6+Y_7)-\overline{Y}\right]=\hat{\omega}_{52}+\hat{\omega}_{62}\\
e_3=e_6=&\left[\frac{1}{4}(Y_1+Y_3+Y_6+Y_8)-\overline{Y}\right]+\\
&\left[\frac{1}{4}(Y_2+Y_3+Y_6+Y_7)-\overline{Y}\right]=\hat{\omega}_{51}+\hat{\omega}_{62}\\
e_4=e_5=&\left[\frac{1}{4}(Y_2+Y_4+Y_5+Y_7)-\overline{Y}\right]+\\
&\left[\frac{1}{4}(Y_1+Y_4+Y_5+Y_8)-\overline{Y}\right]=\hat{\omega}_{52}+\hat{\omega}_{61}
\end{aligned}\right\}\tag{5-13}
$$

这里

$$\hat{\omega}_{i1} = \frac{I_i}{4} - \overline{Y}, \hat{\omega}_{i2} = \frac{II_i}{4} - \overline{Y} \tag{5-14}$$

并称 $\hat{\omega}_{i1}$ 为第 i 列第 1 水平效应值，$\hat{\omega}_{i2}$ 为第 2 水平效应值.

把式(5-12)中各分式平方和再求和，并利用式(5-11)和式(5-12)化简后，便得到平方和分解公式为

$$S_T^2 = S_A^2 + S_B^2 + S_C^2 + S_D^2 + S_{A\times B}^2 + S_e^2 \tag{5-15}$$

其中

$$\left.\begin{aligned}
S_T^2 &= \sum_{i=1}^{8} Y_i^2 - \frac{1}{8}\left(\sum_{i=1}^{n} Y_i\right)^2 \\
S_A^2 &= 4(\hat{a}_1^2 + \hat{a}_2^2) = \frac{I_1^2 + II_1^2}{4} - \frac{1}{8}\left(\sum_{i=1}^{n} Y_i\right)^2 \\
S_B^2 &= 4(\hat{b}_1^2 + \hat{b}_2^2) = \frac{I_2^2 + II_2^2}{4} - \frac{1}{8}\left(\sum_{i=1}^{n} Y_i\right)^2 \\
S_C^2 &= 4(\hat{c}_1^2 + \hat{c}_2^2) = \frac{I_4^2 + II_4^2}{4} - \frac{1}{8}\left(\sum_{i=1}^{n} Y_i\right)^2 \\
S_D^2 &= 4(\hat{d}_1^2 + \hat{d}_2^2) = \frac{I_7^2 + II_7^2}{4} - \frac{1}{8}\left(\sum_{i=1}^{n} Y_i\right)^2 \\
S_{A\times B}^2 &= 2(\hat{ab})_{11}^2 + (\hat{ab})_{12}^2 + (\hat{ab})_{21}^2 + (\hat{ab})_{22}^2 = \frac{I_3^2 + II_3^2}{4} - \frac{1}{8}\left(\sum_{i=1}^{n} Y_i\right)^2 \\
S_e^2 &= \sum_{i=1}^{8} e_i^2 = \frac{I_5^2 + II_5^2}{4} - \frac{1}{8}\left(\sum_{i=1}^{n} Y_i\right)^2 + \frac{I_6^2 + II_6^2}{4} - \frac{1}{8}\left(\sum_{i=1}^{n} Y_i\right)^2
\end{aligned}\right\} \tag{5-16}$$

不难证明，式(5-16)右端各项相互独立，自由度分别为

$$f_T = 8 - 1 = 7, f_A = f_B = f_C = f_D = f_{A\times B} = 1, f_e = 2$$

再引入记号 $T = I_i + II_i =$ 数据总和，则

$$S_i^2 = \frac{I_i^2 + II_i^2}{4} - \frac{T^2}{8} = \frac{(I_i - II_i)^2}{8}, i = 1,2,\cdots,8 \tag{5-17}$$

S_i^2 为第 i 列的列变动平方和. 比较式(5-16)和式(5-17)可知

$$S_A^2 = S_1^2, S_B^2 = S_2^2, S_C^2 = S_4^2, S_D^2 = S_7^2, S_{A\times B}^2 = S_3^2, S_e^2 = S_5^2 + S_6^2 \tag{5-18}$$

也就是说，排有因素的列的列效应及变动平方和就是该因素的效应及变动平方和；没有排有因素的列效应是由误差引起的，这些列的变动平方和之和就是误差的变动平方和. 这个规律不仅对本例中所作的表头设计是对的，且对在 $L_8(2^7)$ 上所作的其他表头设计也是对的. 不仅对 $L_8(2^7)$ 是对的，且对其他正交表所作的表头设计也是对的.

对一般类型正交表，分别用 $I_i, II_i, III_i\cdots$ 表示第 i 列对应于数字 $1,2,3,\cdots$ 的数据之和，T 表示全部数据之和，$\mathring{\omega}_{ij}$ 表示第 i 列第 j 水平的效应估计值，S_i^2 表示第 i 列的变动平方和，f_i 表示第 i 列的自由度，则

$$\mathring{\omega}_{i1} = \frac{I_i}{\text{第 } i \text{ 列水平重复次}} - \frac{T}{\text{数据总个数}}$$

$$\mathring{\omega}_{i2} = \frac{II_i}{\text{第 } i \text{ 列水平重复次}} - \frac{T}{\text{数据总个数}}$$

$$\mathring{\omega}_{i3}=\frac{III_i}{\text{第}i\text{列水平重复次}}-\frac{T}{\text{数据总个数}}$$

对于本例，将按式(5－10)、式(5－14)、式(5－17)的计算结果填入表5－6中，并利用这些结果进行显著性检验，得方差分析表5－7．根据这张方差分析表，又可选择好的生产条件：A、B均不显著，$A\times B$显著，应根据$A\times B$的效应来选择这两个因素的水平组合，因$(\hat{a}b)_{12}=(\hat{a}b)_{21}>(\hat{a}b)_{11}=(\hat{a}b)_{22}$，知$A_1B_2$或$A_2B_1$较好，为使生产周期短些，应取$A_2B_1$；$C$显著，$\hat{c}_2>\hat{c}_1$，$C$选2水平；$D$不显著，可随便选，但$D_2$操作方便，选$D$的水平为$D_2$．这样得到较优的生产条件为$A_2B_1C_2D_2$．

表5－7　方差分析表

因素	变动平方和	自由度	平均平方和	F值	显著性
A	121/8	1	121/8	7.1	
B	81/8	1	81/8	4.8	
C	361/8	1	361/8	21.2	*
D	81/8	1	81/8	4.8	
$A\times B$	361/8	1	361/8	21.2	*
e	34/8	2	17/8		

这个最好的条件下工程平均预测值$\hat{Y}_{\text{优}}=\dfrac{555}{8}+\dfrac{19}{8}+\dfrac{19}{8}=74.13$．

由此可见，按条件$A_2B_1C_2D_2$生产，乙酰胺苯的平均收率大致在74.13%．记

$$\left.\begin{aligned}\widetilde{S}_e^2&=S_e^2+\text{不显著因素的变动平方和}\\ \widetilde{f}_e&=f_e+\text{不显著因素的自由度之和}\\ n_e&=\text{试验总次数}/(1+\text{显著因素的自由度之和})\end{aligned}\right\}\tag{5-19}$$

可以证明

$$\frac{n_e(\hat{\mu}_{\text{优}}-\mu_{\text{优}})}{\widetilde{S}_e^2/\widetilde{f}_e}\sim F(1,\widetilde{f}_e)$$

因此对给定的α，$\hat{Y}_{\text{优}}$的置信度为$1-\alpha$的置信区间为$(\hat{Y}_{\text{优}}-\delta,\hat{Y}_{\text{优}}+\delta)$，这里有

$$\delta=\sqrt{\frac{F_\alpha(1,\widetilde{f}_e)\widetilde{S}_e^2}{n_e\widetilde{f}_e}}\tag{5-20}$$

由式(5－19)得

$$\widetilde{S}_e^2=\frac{121}{8}+\frac{81}{8}+\frac{81}{8}+\frac{34}{8}=\frac{317}{8}$$

$$\widetilde{f}_e=2+1+1+1=5$$

$$n_e=\frac{8}{1+2}=\frac{8}{3}$$

$$F_{0.05}(1,5)=6.61$$

代入式(5－20)，知$\hat{Y}_{\text{优}}$的区间估计半径为

$$\delta = \sqrt{\frac{6.61 \times 317/8}{5 \times 8/3}} = 4.43$$

于是，可以预计，按条件 $A_2B_1C_2D_2$ 生产，平均收率大致应在 69.70% 与 78.56% 之间.

通过这个例子着重指出两点：

① 直接比较 8 次试验结果，立即发现第二号试验条件下收率最高，为 74%，此试验的条件称为“看一看”的好条件，它的工程平均估计值为

$$\hat{Y}_{A_1B_1C_2} = \frac{555}{8} - \frac{19}{8} + \frac{19}{8} = 69.4$$

按这个条件生产，收率竟比所选出的最好生产条件差 5% 左右. 这说明，由于试验中客观存在试验误差，不做统计分析往往会得出错误的结论.

② 经过统计分析选出的最好条件不仅是已做过试验的 8 个条件中最好的，而且是全面试验的 16 个条件中最好的. 事实上，本例中选出的条件是 $A_2B_1C_2D_2$，这个条件我们并未做过试验. 这说明用正交表做部分试验能达到与全面试验一样的效果.

5.2　学习目的与要求

(1) 理解单因素方差分析的基本思想和模型，掌握单因素试验的方差分析法，了解参数估计方法.

(2) 了解两因素非重复试验的方差分析基本原理，掌握显著性检验步骤.

(3) 了解两因素重复试验的方差分析基本原理，掌握显著性检验步骤.

(4) 了解正交表、掌握正交试验设计直观分析方法.

(5) 掌握正交试验设计的方差分析方法.

5.3　典型例题精解

例 5-1　设有三个车间(A_1、A_2、A_3)以不同的工艺生产同一种产品，为考察不同工艺对产品产量的影响，现对每个车间各记录 5 天的日产量，如表 5-8 所示. 问：三个车间的日产量是否有显著差异($\alpha = 0.05$)？

表 5-8　各车间的日产量

车间	第 1 天产量	第 2 天产量	第 3 天产量	第 4 天产量	第 5 天产量
A_1	44	45	47	48	46
A_2	50	51	53	55	51
A_3	47	44	44	50	45

【解】 以 μ_1、μ_2、μ_3 分别表示车间 A_1、A_2、A_3 的平均日产量. 令 X_{ij} 表示第 i 个车间在第 j 天的产量，$i = 1,2,3$，$j = 1,2,3,4,5$，$r = 3$，$n_1 = n_2 = n_3 = 5$，$n = 15$.

本题要求在 $\alpha = 0.05$ 下检验假设：

$$H_0: \mu_1 = \mu_2 = \mu_3,\ H_1: \mu_1、\mu_2、\mu_3 \text{ 不全相等}$$

$$Q=\sum_{i=1}^{r}\frac{1}{n_i}\left(\sum_{j=1}^{n_i}X_{ij}\right)^2=34\ 680$$

$$P=\frac{1}{n}\left(\sum_{i=1}^{r}\sum_{j=1}^{n_i}X_{ij}\right)^2=34\ 560$$

$$R=\sum_{i-1}^{r}\sum_{j=1}^{n_i}X_{ij}^2=34\ 732$$

$$Q_A=Q-P=120$$

$$Q_E=R-Q=52$$

$$Q_T=R-P=172$$

根据以上数据列方差分析表(见表 5-9).

表 5-9　方差分析表

方差来源	离差平方和	自由度	均方离差	F 值
组 间	120	2	60	13.85
组 内	52	12	4.33	
总 和	172	14		

对 $\alpha=0.05$,查 F 分布表得 $F_{0.05}(2,12)=3.89$,由于 $13.85>3.89$,故认为这些数据推断三个车间的平均日产量结果有显著差异.

例 5-2　电视机工程师对不同类型外壳的彩色显像管的传导率是否有差异感兴趣,为此测量 4 种类型显像管,得传导率的观测值如表 5-10 所示.

表 5-10　观测值

显像管类型	传导率值			
类型 1	143	141	150	146
类型 2	152	144	137	143
类型 3	134	136	133	129
类型 4	129	128	134	129

问:在显著性水平 $\alpha=0.05$ 下检验外壳类型对传导率是否有显著影响?

【解】以 μ_1、μ_2、μ_3、μ_4 分别表示类型 1、类型 2、类型 3、类型 4 的彩色显像管的传导率. 令 X_{ij} 表示第 i 个类型的第 j 个试验的传导率,$i=1,2,3,4$, $j=1,2,3,4$, $r=4$, $n_1=n_2=n_3=n_4=4$, $n=16$.

本题要求在 $\alpha=0.05$ 下检验假设:

$$H_0:\mu_1=\mu_2=\mu_3=\mu_4,H_1:\mu_1,\mu_2,\mu_3,\mu_4\text{ 不全相等}$$

$$Q=\sum_{i=1}^{r}\frac{1}{n_i}\left(\sum_{j=1}^{n_i}X_{ij}\right)^2=305\ 400$$

$$P=\frac{1}{n}\Big(\sum_{i=1}^{r}\sum_{j=1}^{n_i}X_{ij}\Big)^2=304\ 704$$

$$R=\sum_{i=1}^{r}\sum_{j=1}^{n_i}X_{ij}^2=305\ 608$$

$$Q_A=Q-P=696$$

$$Q_E=R-Q=208$$

$$Q_T=R-P=904$$

根据以上数据列方差分析表(见表 5 - 11).

表 5 - 11　方差分析表

方差来源	平方和	自由度	均方离差	F 值
因素 A	696	3	232	13.38
误差 E	208	12	17.33	
总和 T	904	15		

对于 $\alpha=0.05$,查 F 分布表得 $F_{0.05}(3,12)=3.49$,由于 $F=13.38>3.49=F_{0.05}(3,12)$,从而可认为不同类型外壳的彩色显像管的传导率是显著不同的.

例 5 - 3　某灯泡厂用 4 种不同材料的灯丝生产了四批灯泡,在每批灯泡中随机抽取若干,只观测其使用寿命(单位:h).观测数据如下:

甲灯丝:1600, 1610, 1650, 1680, 1700, 1720, 1800;

乙灯丝:1580, 1640, 1640, 1700, 1750;

丙灯丝:1540, 1550, 1600, 1620, 1640, 1660, 1740, 1820;

丁灯丝:1510, 1520, 1530, 1570, 1600, 1680.

问:这四种灯丝生产的灯泡的使用寿命有无显著差异($\alpha=0.05$)?

【解】以 μ_1、μ_2、μ_3、μ_4 分别表示甲、乙、丙、丁四种灯丝生产的灯泡的平均使用寿命.令 X_{ij} 表示第 i 个种灯丝的第 j 个灯泡的寿命,$i=1,2,3,4,r=4,n_1=7,n_2=5$, $n_3=8,n_4=6$, $n=26$.将所有原始数据减掉 1600 后进行计算,即令 $X'_{ij}=X_{ij}-1600$.

本题要求在 $\alpha=0.05$ 下检验假设:

$$H_0:\mu_1=\mu_2=\mu_3=\mu_4,H_1:\mu_1,\mu_2,\mu_3,\mu_4\text{ 不全相等}$$

$$Q'=\sum_{i=1}^{r}\frac{1}{n_i}\Big(\sum_{j=1}^{n_i}X'_{ij}\Big)^2=87\ 149.17$$

$$P'=\frac{1}{n}\Big(\sum_{i=1}^{r}\sum_{j=1}^{n_i}X'_{ij}\Big)^2=42\ 403.85$$

$$R'=\sum_{i=1}^{r}\sum_{j=1}^{n_i}X'^2_{ij}=215\ 900$$

$$Q'_A=Q'-P'=44\ 745.32$$

$$Q'_E=R'-Q'=128\ 750.83$$

$$Q'_T=R'-P'=173\ 496.15$$

根据以上数据列方差分析表(见表 5-12).

表 5-12　方差分析表

方差来源	平方和	自由度	均方离差	F 值
因素 A	44 745.32	3	14 915.11	
误差 E	128 750.83	22	5852.31	2.55
总和 T	173 496.15	25		

对于 $\alpha=0.05$,查 F 分布表得 $F_{0.05}(3,22)=3.05$,由于 $F=2.55<3.05=F_{0.05}(3,22)$,从而接受原假设,故四种灯泡的使用寿命无显著差异.

例 5-4　养鸡场要检验四种饲料配方对小鸡增重是否相同,用每一种饲料分别喂养了 6 只同一品种同时孵出的小鸡,共饲养了 8 周,每只鸡增重数据如下(单位:g):

配方 1:370, 420, 450, 490, 500, 450;

配方 2:490, 380, 400, 390, 500, 410;

配方 3:330, 340, 400, 380, 470, 360;

配方 4:410, 480, 400, 420, 380, 410.

试问:四种不同配方的饲料对小鸡增重是否相同?

【解】以 μ_1,μ_2,μ_3,μ_4 分别表示四种不同配方的饲料喂养的小鸡 8 周后的平均体重.令 X_{ij} 表示第 i 种配方喂养下的第 j 个小鸡的体重,$i=1,2,3,4,r=4$, $n_1=n_2=n_3=n_4=6$, $n=24$.

本题要求在 $\alpha=0.05$ 下检验假设:

$$H_0:\mu_1=\mu_2=\mu_3=\mu_4, H_1:\mu_1,\mu_2,\mu_3,\mu_4 \text{ 不全相等}$$

$$Q=\sum_{i=1}^{r}\frac{1}{n_i}\left(\sum_{j=1}^{n_i}X_{ij}\right)^2=4\ 205\ 950$$

$$P=\frac{1}{n}\left(\sum_{i=1}^{r}\sum_{j=1}^{n_i}X_{ij}\right)^2=4\ 191\ 704$$

$$R=\sum_{i-1}^{r}\sum_{j=1}^{n_i}X_{ij}^2=4\ 249\ 900$$

$$Q_A=Q-P=14\ 245.83$$

$$Q_E=R-Q=43\ 950$$

$$Q_T=R-P=58\ 195.83$$

根据以上数据列方差分析表(见表 5-13).

表 5-13　方差分析表

方差来源	平方和	自由度	均方离差	F 值
因素 A	14 245.83	3	4748.61	
误差 E	43 950	20	2197.50	2.16
总和 T	58 195.83	23		

对于 $\alpha=0.05$，查 F 分布表得 $F_{0.05}(3,20)=3.10$，由于 $F=2.16<3.10=F_{0.05}(3,20)$，故而接受原假设，即认为四种配方的饲料对小鸡的增重没有显著差异.

例5-5　在注塑成形过程中，成形品尺寸与射出压力和模腔温度有关，某工程师根据不同水平设置的射出压力和模腔温度实验得出某成形品的关键尺寸如表5-14所示.用方差分析法分析两因素及其交互作用对成形品关键尺寸是否存在显著影响.

表5-14　成形品关键尺寸

因素 B 模腔温度	因素 A 射出压力		
	水平1	水平2	水平3
水平1	30.51	30.47	30.84
	30.62	30.67	30.88
水平2	30.97	30.29	30.79
	30.80	30.42	30.89
水平3	30.99	29.86	30.62
	31.26	30.11	30.56

【解】依题意有 $r=s=3, t=2$. F_A、F_B 和 $F_{A\times B}$ 值的计算按如下两因素方差分析表(见表5-15)进行.由 $\alpha=0.05$，查 F 分布表得 $F_{0.05}(2,9)=4.26$，$F_{0.05}(4,9)=3.63$.比较知 $F_A=38.293>4.26=F_{0.05}(2,9)$，$F_B=1.92<4.26=F_{0.05}(2,9)$，$F_{A\times B}=12.74>3.63=F_{0.05}(4,9)$，故射出压力的不同水平对成形品有显著影响，模腔温度的不同水平对成形品无显著影响，而射出压力和模腔温度的交互作用对成形品有显著影响.

表5-15　方差分析表

方差来源	平方和	自由度	均方	F 值
射出压力 A	1.06	2	0.53	$F_A=38.30$
模腔温度 B	0.05	2	0.03	$F_B=1.92$
交互作用 $A\times B$	0.70	4	0.18	$F_{A\times B}=12.74$
误差	0.12	9	0.01	
总和	1.94	17		

例5-6　污水去锌试验.为探讨应用沉淀法进行一级处理的优良条件，用正交表安排试验，指标是处理后废水含锌量，考察的因素有 A、B、C、D(内容略)，其中 A 因素选了四个水平，B、C、D 各选两个水平，试验结果如表5-16所示(单位:mg/L).试分析试验结果.

【解】由题意，可得正交表(见表5-17).

表 5-16 试验结果

试验号	因素					y
	A	B	C	D		
	1	4	5	6	7	
1	1	1	1	1	1	86
2	1	2	2	2	2	95
3	2	1	1	2	2	91
4	2	2	2	1	1	94
5	3	1	2	1	2	91
6	3	2	1	2	1	96
7	4	1	2	2	1	83
8	4	2	1	1	2	88

表 5-17 正交表

试验号	因素					y
	A	B	C	D		
	1	4	5	6	7	
1	1	1	1	1	1	86
2	1	2	2	2	2	95
3	2	1	1	2	2	91
4	2	2	2	1	1	94
5	3	1	2	1	2	91
6	3	2	1	2	1	96
7	4	1	2	2	1	83
8	4	2	1	1	2	88
I	181	351	361	359	359	$T=724$
II	185	373	363	365	365	
III	187					
IV	171					

$$CT=\frac{T^2}{8}=65\ 522$$

$$S_A^2=S_1^2=\frac{I^2+II_1^2+III_1^2+IV^2}{2}-CT=76,f_A=3$$

$$S_B^2 = S_2^2 = \frac{(I_2 - II_2)^2}{8} = 60.5, f_B = 1$$

$$S_C^2 = S_3^2 = \frac{(I_3 - II_3)^2}{8} = 0.5, f_C = 1$$

$$S_D^2 = S_4^2 = \frac{(I_4 - II_4)^2}{8} = 4.5, f_D = 1$$

$$S_e^2 = S_5^2 = \frac{(I_5 - II_5)^2}{8} = 4.5, f_e = 1$$

由于因素 C 与因素 D 的均方值与误差相比较小，因此将因素 C、因素 D 并入误差项. 方差分析表如表 5 - 18 所示.

表 5 - 18　方差分析表

误差来源	平方和	自由度	均方和	F 值	显著性
A	76.0	3	25.33	8.00	[*]
B	60.5	1	60.50	19.11	*
e	9.5	3			

$$F_{0.01}(3,3) = 16.7, F_{0.05}(3,3) = 9.28, F_{0.1}(3,3) = 5.39$$
$$F_{0.01}(1,3) = 21.2, F_{0.05}(1,3) = 10.1, F_{0.1}(1,3) = 5.54$$

因素 B 高度显著，因素 A 显著.

最佳生产条件为 $A_3B_2C_0D_0$，其中 C、D 任意选取.

5.4　教材习题详解

1. 设各小学五年级男学生的身高为 Y_1、Y_2、Y_3 相互独立，且服从相同方差的正态分布 $N(\mu_i, \sigma^2)$，$i = 1,2,3$. 要求检验假设 $H_0: \mu_1 = \mu_2 = \mu_3$，$H_1: \mu_1, \mu_2, \mu_3$ 不全相等. 据所给数据计算得表 5 - 19.

表 5 - 19　数据表

学校	身高数据 /cm			$\sum_i y_{ij}$	$(\sum_j y_{ij}^2)$	$\sum_j y_{ij}^2$
1	128.1	134.1	133.1	802.4	643 845.76	107 456.64
	138.9	140.8	127.4			
2	150.3	147.9	136.8	867.5	752 556.25	126 038.87
	126.0	150.7	155.8			
3	140.6	143.1	144.5	866.8	751 342.24	125 261.12
	143.7	148.5	146.4			
$\sum$				2536.72	147 744.25	358 756.63

由表 5－19 可得

$$Q_A=\frac{1}{6}\sum_{i}^{3}(\sum_{j}^{6}y_{ij})^2-\frac{1}{3\times 6}(\sum_{i}^{3}\sum_{j}^{6}y_{ij})^2$$

$$=\frac{1}{6}\times 2\ 147\ 744.25-\frac{1}{18}(2536.7)^2$$

$$=456.8812$$

$$Q_E=\sum_{i=1}^{3}\sum_{j=1}^{6}y_{ij}{}^2-\frac{1}{6}\sum_{i}^{3}(\sum_{j}^{6}y_{ij})^2$$

$$=358\ 756.63-\frac{1}{6}\times 2\ 147\ 744.25$$

$$=799.2550$$

于是统计量观察值为

$$F=\frac{465.8812/(3-1)}{799.2550/3\times(6-1)}=4.3717$$

给定 $\alpha=0.05$，查 F 分布表得 $F_{0.05}(2,15)=3.68$，因为 $4.3717>3.68$，所以拒绝 H_0，即认为 3 所小学五年级男学生的身高有显著差别.

2. 令 Y_{ij} 表示第 i 个型号的仪器在第 j 次检查时所得的数据，根据题意有 $r=4,n_1=n_2=n_3=n_4=4,n=16$. 经计算得

$$R=\sum_{i=1}^{4}\sum_{j=1}^{4}y_{ij}{}^2=0.2255$$

$$Q=\frac{1}{4}\sum_{i=1}^{4}(\sum_{j=1}^{4}y_{ij})^2=0.1278$$

$$P=\frac{1}{16}(\sum_{i=1}^{4}\sum_{j=1}^{4}y_{ij})^2=5.6250\times 10^{-5}$$

$$Q_A=Q-P=0.1278$$

$$Q_T=R-P=0.2255$$

$$Q_E=R-Q=0.0977$$

根据以上数据列方差分析表(见表 5－20).

表 5－20　方差分析表

方差来源	离差平方和	自由度	均方离差	F 值	显著性
组 间	0.1278	3	0.0426	5.2323	*
组 内	0.0977	12	0.081		
总 和	0.2255	15			

对 $\alpha=0.05$，查 F 分布表得 $F_{0.05}(3,12)=3.49$，由于 $5.2323>3.48$，故认为这些数据推断 4 种仪器的平均测量结果有显著差异.

3. 本题是单因素非等重复试验的方差分析问题. 设小白鼠在接种伤寒杆菌后的存活日数服从正态分布，接种不同菌型后的存活日数相互独立并且具有相同的方差 $X_i\sim N(\mu_i,\sigma^2)$，$i=1,2,3$. 要求检验假设：

$$H_0:\mu_1=\mu_2=\mu_3,H_1:\mu_1,\mu_2,\mu_3\text{ 不全相等}$$

由题意知 $n=30,r=3,n_1=10,n_2=9,n_3=11,\overline{X}=6.1667$.

$$Q_E=\sum_{i=1}^{r}\sum_{j=1}^{n_i}(x_{ij}-\overline{X})^2=137.7374,\overline{Q}_E=\frac{Q_E}{n-r}=5.1014$$

$$Q_A=\sum_{i=1}^{r}n_i(\overline{X}_i-\overline{X})^2=70.4293,\overline{Q}_A=\frac{Q_A}{r-1}=35.21465$$

$$Q_T=\sum_{i\neq 1}^{r}\sum_{j=1}^{n_i}(x_{ij}-\overline{X}_i)^2=208.1667,\overline{Q}_T=\frac{Q_T}{n-1}=7.1782$$

$$F=\frac{\overline{Q}_A}{\overline{Q}_E}=6.903$$

统计量 F 的自由度是(2,27),对 $\alpha=0.05$,查 F 分布表得相应的临界值 $F_\alpha(2,27)=3.35$,由于 $F=6.903>3.35=F_\alpha(2,27)$,故拒绝假设 H_0,即认为小白鼠在接种 3 种不同菌型伤寒杆菌后的存活日数有显著差异.

4. 本题中 $r=3,s=5,rs=15$,令 X_{ij} 为车床 A 与工人 B 的组合水平下的试验结果. 可求得

$$Q_T=\sum_{i=1}^{3}\sum_{j=1}^{5}(x_{ij}-\overline{X})^2=628.933$$

$$Q_A=5\sum_{i=1}^{3}(\overline{x_{i\cdot}}-\overline{X})^2=10.133$$

$$Q_B=3\sum_{j=1}^{5}(\overline{x_{\cdot j}}-\overline{X})=154.267$$

$$Q_E=Q_T-Q_A-Q_B=46.533$$

方差分析表如表 5-21 所示.

表 5-21　方差分析表

方差来源	离差平方和	自由度	均方离差	F 值	显著性
因素 A(车床)	10.133	2	5.0667	0.09	不显著
因素 B(工人)	154.267	4	38.5667	0.66	不显著
误差	464.533	8	58.0667		
总和	628.933	14			

查 F 分布表得 $F_{0.05}(2,8)=4.46,F_{0.05}(4,8)=3.84$. 由于 $F_A=0.09<4.46,F_B=0.66<3.84$, 从而得知 5 位工人技术之间和不同车床型号之间对产量均无显著影响.

5. 本题中 $r=4,n_1=n_2=n_3=n_4=5,n=20$,令 Y_{ij} 表示第 i 只伏特计在第 j 次测量时所得的数据,可求得

$$Q_A=\sum_{i=1}^{4}5(\overline{x_i}-\overline{X})^2=0.9895$$

$$Q_T=\sum_{i=1}^{4}\sum_{j=1}^{5}(x_{ij}-\overline{x_i})^2=2.2855$$

$$Q_E = \sum_{i=1}^{4}\sum_{j=1}^{5}(x_{ij} - \overline{X})^2 = 1.296$$

方差分析表如表 5 - 22 所示.

表 5 - 22　方差分析表

方差来源	离差平方和	自由度	均方离差	F 值	显著性
组 间	0.9895	3	0.329 83		
组 内	1.296	16	0.081	4.07	*
总 和	2.2855	19			

查 F 分布表得 $F_{0.05}(3,16) = 3.24$，由于 $F = 4.07 > 3.24$，故几只伏特计之间有显著差异.

6. 本题中 $r = 3, s = 4, rs = 12$，令 X_{ij} 为 A 与 B 的组合水平(A_i, B_j)下的试验结果. 可得

$$Q_T = \sum_{i=1}^{3}\sum_{j=1}^{4}(x_{ij} - \overline{X})^2 = 86\ 982.9$$

$$Q_A = 4\sum_{i=1}^{3}(\overline{x_{i\cdot}} - \overline{X})^2 = 3000.7$$

$$Q_B = 3\sum_{j=1}^{4}(\overline{x_{\cdot j}} - \overline{X}) = 82\ 619.6$$

$$Q_E = Q_T - Q_A - Q_B = 1362.7$$

方差分析表如表 5 - 23 所示.

表 5 - 23　方差分析表

方差来源	离差平方和	自由度	均方离差	F 值	显著性
因素 A(加压)	3000.7	2	1500.3	6.61	*
因素 B(机器)	82 619.6	3	27 539.9	121.26	* *
误差	1362.7	6	227.1		
总和	86 982.9	11			

查 F 分布表得 $F_{0.05}(2,6) = 5.14, F_{0.05}(3,6) = 4.76$，由于 $F_A = 6.61 > 5.14, F_B = 121.26 > 4.76$，所以不同加压水平之间和不同机器之间都有显著差异.

7. 操作工和机器分别是要考察的两个因素，每种搭配下各做了 3 次试验，需要考察两个因素的交互作用. 因此本题是一个有交互作用的两因素试验的方差分析问题. 将题给数据均减去 18 后计算出各平方和(设机器为因素 A，操作工为因素 B)：

$$Q_A^2 = \frac{1}{3\times 3}\times[(-6)^2 + (-3)^2 + (-9)^2 + (-3)^2] - 12.25 = 2.75$$

$$Q_B^2 = \frac{1}{4\times 3}\times[(-10)^2 + (-18)^2 + 7^2] - 12.25 = 27.1675$$

$$Q_{A\times B}^2 = \frac{1}{3}\times[(-7)^2 + 0^2 + 1^2 + \cdots + (-6)^2 + (-3)^2] - S_A^2 - S_B^2 - 12.25 = 73.50$$

$Q_E^2 = (-3)^2 + (-3)^2 + \cdots + (-1)^2 - \frac{1}{3}[(-7)^2 + 0^2 + \cdots + (-3)^2]$

$= 157 - 115.667 = 41.333$

$Q_T^2 = (-3)^2 + (-3)^2 + \cdots + (-1)^2 - \frac{49}{4} = 144.75$

列出方差分析表(见表 5-24).

表 5-24　方差分析表

方差来源	平方和	自由度	均方离差	F 值	显著性
A	2.75	3	0.92	0.53	
B	27.17	2	13.58	7.89	*
$A\times B$	73.5	6	12.25	7.11	*
误差 E	41.33	24	1.72		
总 和	144.75	35			

由于 $\alpha = 0.05$,查 F 分布表得:$F_\alpha(3,24) = 3.01$,$F_\alpha(2,24) = 3.40$,$F_\alpha(6,24) = 2.51$,由于 $F_A = 0.53 < 3.01$,$F_B = 7.89 > 3.40$,$F_{A\times B} = 7.11 > 2.51$,所以可以看出机器之间差别不显著,而操作工之间的差异及交互作用均是显著的.

8.(1) 本题中 $r = 5$,$n_1 = n_2 = n_3 = n_4 = n_5 = 3$,$n = 15$,可求得

$$R = \sum_{i=1}^{5}\sum_{j=1}^{3} y_{ij}{}^2 = 120\ 776$$

$$Q = \sum_{i=1}^{5}\frac{1}{3}(\sum_{j=1}^{3} y_{ij})^2 = 120\ 726$$

$$P = \frac{1}{15}(\sum_{i=1}^{5}\sum_{j=1}^{3} y_{ij})^2 = 120\ 422.4$$

$$Q_A = Q - P = 303.6$$

$$Q_T = R - P = 353.6$$

$$Q_E = R - Q = 50$$

方差分析表如表 5-25 所示.

表 5-25　方差分析表

方差来源	离差平方和	自由度	均方离差	F 值	显著性
组 间	303.6	4	75.9	15.18	*
组 内	50	10	5		
总 和	353.6	14			

查 F 分布表得:$F_{0.05}(4,10) = 3.48$,由于 $F = 15.18 > 3.48$,故温度变化对得率有显著影响.

(2) 置信度 $1-\alpha = 0.95$,查表得 $t_{0.025}(2) = 4.3037$,由样本值算得 $\bar{x} = 95$,$S_n^{*2} = 3$.

故置信下限为

$$\overline{x}-t_{0.025}(2)\frac{S_n^*}{\sqrt{n}}=95-4.3037\times\sqrt{\frac{3}{3}}=89.729$$

置信上限为

$$\overline{x}+t_{0.025}(2)\frac{S_n^*}{\sqrt{n}}=95+4.3037\times\sqrt{\frac{3}{3}}=100.271$$

所以,70℃ 时平均得率的区间估计为[89.729,100.271].

9. 本题中 $r=6,n_1=n_6=3,n_2=n_5=4,n_3=n_4=2,n=18$,设 X_{ij} 表示第 i 种农药在第 j 次试验中所得的数据,因而可求得

$$Q_A=\sum_{i=1}^{6}n_i(\overline{x_i}-\overline{X})^2=3789.35$$

$$Q_T=\sum_{i=1}^{6}\sum_{j=1}^{n_i}(x_{ij}-\overline{x_i})^2=3970.48$$

$$Q_E=\sum_{i=1}^{6}\sum_{j=1}^{n_i}(x_{ij}-\overline{X})^2=181.12$$

方差分析表如表 5-26 所示.

表 5-26　方差分析表

方差来源	离差平方和	自由度	均方离差	F 值	显著性
组 间	3789.35	5	757.871	50.21	* *
组 内	181.12	12	15.093		
总 和	3970.48	17			

查 F 分布表得:$F_{0.05}(5,12)=3.11$,由于 $F=50.21>3.11$,故农药的不同对杀虫率有显著影响.

第6章 回归分析

6.1 内容提要

6.1.1 回归分析的基本概念

回归分析是研究自变量为一般变量,因变量为随机变量时两者之间相关关系的统计分析方法.

设有两个随机变量 X 和 Y,其中 X 为可以观测或控制的非随机变量,而 Y 为随机变量,当 X 取值 x 时,Y 的概率分布与 x 有关,则称 Y 与 X 之间存在着相关关系. 当 $X = x$ 时,取 Y 的数学期望 $E(Y \mid X = x) = \mu(x)$ 作为 Y 的估计值,记作 $\hat{y}$,即 $\hat{y} = \mu(x)$. 函数 $\mu(x)$ 叫作 Y 关于 X 的回归函数,方程 $\hat{y} = \mu(x)$ 称为 Y 关于 X 的回归方程.

6.1.2 一元线性回归分析

设 Y 和 x 之间具有关系式:

$$Y = a + bx + \varepsilon, \varepsilon \sim N(0,\sigma^2) \tag{6-1}$$

其中 a、b、σ^2 为模型参数, 式(6-1) 称为一元线性回归模型,或一元线性正态回归模型.

1. 参数估计

设$(y_i, x_i)(i = 1,2,\cdots,n)$为$(Y,x)$的 n 组独立观察值,根据最小二乘法求得 a,b 的最小二乘估计量为

$$\hat{b} = L_{xy}/L_{xx}, \quad \hat{a} = \overline{Y} - \hat{b}\overline{x}$$

其中 $\overline{Y} = \dfrac{1}{n}\sum\limits_{i=1}^{n} Y_i$,$L_{xy} = \sum\limits_{i=1}^{n}(x_i - \overline{x})(Y_i - \overline{Y})$,$L_{xx} = \sum\limits_{i=1}^{n}(x_i - \overline{x})^2$(以下同). 从而可得回归方程 $\hat{y} = \hat{a} + \hat{b}x$. 一般取 $\hat{\sigma}^{*2} = \dfrac{1}{n-2}\sum\limits_{i=1}^{n}(Y_i - \hat{a} - \hat{b}x_i)^2$ 为 σ^2 的估计量,可以证明 $E\hat{\sigma}^{*2} = \sigma^2$.

2. 参数估计量的分布

可以证明,$\hat{b}$ 服从正态分布 $N(b, \sigma^2 / \sum\limits_{i=1}^{n}(x_i - \overline{x})^2)$,$\hat{a}$ 服从 $N\left(a, \left[(1/n) + \overline{x}^2/(\sum\limits_{i=1}^{n}(x_i - \overline{x})^2)\right]\sigma^2\right)$,而$\dfrac{(n-2)\hat{\sigma}^{*2}}{\sigma^2}$ 服从卡方分布 $\chi^2(n-2)$,且$\hat{\sigma}^{*2}$ 分别与 $\hat{a}$、$\hat{b}$ 独立.

3. 回归方程的显著性检验

检验一元正态线性回归方程是否显著，需要检验下述假设是否成立：

$$H_0: b = 0,\quad H_1: b \neq 0$$

检验上述假设是否成立，可以用三种不同的方法：

(1) T 检验法；

(2) F 检验法(即方差分析法)；

(3) 相关系数检验法.

下面仅叙述常用的 T 检验法. 选择统计量：

$$T = \frac{\hat{b}}{\hat{\sigma}^*}\sqrt{L_{xx}}$$

其中 $L_{xx} = \sum_{i=1}^{n}(x_i - \bar{x})^2$. 当 H_0 成立时，$T \sim t(n-2)$，对给定的显著性水平 α，拒绝域为 $W = \{|T| \geqslant t_{\alpha/2}(n-2)\}$，其中 $t_{\alpha/2}(n-2)$ 为 t 分布 $t(n-2)$ 的 $\alpha/2$ 分位数. 根据样本值计算统计量 T 的值 t，若 $|t| \geqslant t_{\alpha/2}(n-2)$，则拒绝 H_0，即认为回归效果是显著的；若 $|t| < t_{\alpha/2}(n-2)$，则接受 H_0，即认为回归效果不显著.

需要指出的是，上述三种方法的检验效果是一致的.

4. 预测

对于 x 的某一个值 x_0，$Y_0 = a + bx_0 + \varepsilon_0$ 的点预测值为 $\hat{Y}_0 = \hat{a} + \hat{b}x_0$.

Y_0 的置信概率为 $1-\alpha$ 的预测区间为

$$\left[\hat{a} + \hat{b}x_0 - t_{\alpha/2}(n-2)\hat{\sigma}^*\sqrt{1 + \frac{1}{n} + \frac{(x_0 - \bar{x})^2}{L_{xx}}}, \hat{a} + \hat{b}x_0 + t_{\alpha/2}(n-2)\hat{\sigma}^*\sqrt{1 + \frac{1}{n} + \frac{(x_0 - \bar{x})^2}{L_{xx}}}\right]$$

6.1.3 多元线性回归分析

设随机变量 Y 与普通变量 $x_1, x_2, \cdots, x_m$ 间具有如下线性关系：

$$Y = \beta_0 + \beta_1 x_1 + \cdots + \beta_m x_m + \varepsilon, \varepsilon \sim N(0, \sigma^2) \tag{6-2}$$

其中 $\beta_1, \beta_2, \cdots, \beta_m, \sigma^2$ 都是与 $x_1, x_2, \cdots, x_m$ 无关的未知参数($m \geqslant 2$). 称式(6-2)定义的模型为多元线性回归模型.

1. 参数估计

设 $(x_{i1}, x_{i2}, \cdots, x_{im}, y_i)(i = 1, 2, \cdots, n)$ 是 $(x_1, x_2, \cdots, x_m, Y)$ 的 n 个独立观测，则多元线性回归模型的矩阵表达式为 $\boldsymbol{Y} = \boldsymbol{X\beta} + \boldsymbol{\varepsilon}$. 其中 $\boldsymbol{Y} = (Y_1, Y_2, \cdots, Y_n)^{\mathrm{T}}$，$\beta = (\beta_0, \beta_1, \cdots, \beta_m)^{\mathrm{T}}$，$\varepsilon = (\varepsilon_1, \varepsilon_2, \cdots, \varepsilon_n)^{\mathrm{T}}$. β 的最小二乘估计为

$$\hat{\beta} = (\boldsymbol{X}^{\mathrm{T}}\boldsymbol{X})^{-1}\boldsymbol{X}^{\mathrm{T}}\boldsymbol{Y}$$

其中，

$$\boldsymbol{X} = \begin{bmatrix} 1 & x_{11} & x_{12} & \cdots & x_{1m} \\ 1 & x_{21} & x_{22} & \cdots & x_{2m} \\ \vdots & \vdots & \vdots & & \vdots \\ 1 & x_{n1} & x_{n2} & \cdots & x_{nm} \end{bmatrix}$$

从而可得回归方程为 $\hat{Y} = \hat{\beta}_0 + \hat{\beta}_1 x_1 + \hat{\beta}_2 x_2 + \cdots + \hat{\beta}_m x_m$.

而 σ^2 的估计为 $\hat{\sigma}^{*2} = \frac{1}{n-m-1}\sum_{i=1}^{n}\left(Y_i - \sum_{j=0}^{m} x_{ij}\hat{\beta}_j\right)^2$，其中 $x_{i0} = 1$. 可以证明 $E\hat{\sigma}^{*2} = \sigma^2$，

且$(n-m-1)\hat{\sigma}^{*2}/\sigma^2$ 服从 $\chi^2(n-m-1)$ 分布.

性质 1　$\hat{\beta}$是Y的线性函数,服从$m+1$维正态分布,均值$E\hat{\beta}=\beta$,协方差阵为$\sigma^2(X^{\mathrm{T}}X)^{-1}$.

性质 2　$\hat{\beta}$是β的最小方差线性无偏估计.

性质 3　$\tilde{Y}$和$\hat{\beta}$互不相关,其中$\tilde{Y}=Y-X\hat{\beta}$,$\tilde{Y}$称为残差向量.

2. 显著性检验

(1) 回归系数的显著性检验.要检验的假设为

$$H_0:\beta_j=0,H_1:\beta_j\neq 0,\quad j=1,2,\cdots,m$$

选取统计量 T_j,当 H_0 成立时,

$$T_j=\frac{\hat{\beta}_j}{\sqrt{C_{jj}Q/(n-m-1)}}\sim t(n-m-1)$$

其中 $Q=\sum_{i=1}^{n}(Y_i-\sum_{j=0}^{m}x_{ij}\hat{\beta}_j)^2$.

对给定的显著水平 α, 查表可得 $t_{\alpha/2}(n-m-1)$,拒绝域为

$$W=\{|T_j|\geqslant t_{\alpha/2}(n-m-1)\}$$

由样本值算得 T_j 的数值t_j,若$|t_j|\geqslant t_{\alpha/2}(n-m-1)$,则拒绝 H_0,即认为β_j 显著不为零;反之,若 $|t_j|<t_{\alpha/2}(n-m-1)$,则接受 H_0, 即认为 β_j 显著等于零.

(2) 回归方程的显著性检验.需要检验的假设为

$$H_0:\beta_1=\beta_2=\cdots=\beta_m=0,H_1:\beta_1,\beta_2,\cdots,\beta_m \text{不全为} 0$$

选取统计量 F,当 H_0 成立时,

$$F=\frac{Q_B(n-m-1)}{Q_Am}\sim F(m,n-m-1)$$

其中 $Q_A=\sum_{i=1}^{n}(Y_i-\hat{Y}_i)^2,Q_B=\sum_{i=1}^{n}(\hat{Y}_i-\bar{Y})^2$.

对给定的显著水平 α,可查表得 $F_\alpha(m,n-m-1)$,对给出回归观测值可算得 F 的数值 f,若 $f\geqslant F_\alpha(m,n-m-1)$,则拒绝 H_0,即认为各系数不全为零,线性回归方程是显著的;否则,接受 H_0,即认为线性回归方程不显著.

3. 多元线性回归模型的预测

假设$x_1,x_2,\cdots,x_m$的一组观察值为$x_{01},x_{02},\cdots,x_{0m}$,若记$x_0=(1,x_{01},x_{02},\cdots,x_{0m})^{\mathrm{T}}$,可得 $y_0=x_0^{\mathrm{T}}\beta+\varepsilon_0,E(\varepsilon_0)=0,D(\varepsilon_0)=\sigma^2$,而 y_0 的估计为 $\hat{y}_0=\hat{\beta}_0+\hat{\beta}_1x_{01}+\hat{\beta}_2x_{02}+\cdots+\hat{\beta}_mx_{0m}=x_0^{\mathrm{T}}\hat{\beta}$.如果 $\varepsilon_0\sim N(0,\sigma^2)$, 则 y_0 的置信度为 $1-\alpha$ 的预测区间为$(\hat{y}_0-t_{1-\alpha/2}(n-m-1)\hat{\sigma}\sqrt{1+x_0^{\mathrm{T}}(X^{\mathrm{T}}X)^{-1}x_0},\hat{y}_0+t_{1-\alpha/2}(n-m-1)\hat{\sigma}\sqrt{1+x_0^{\mathrm{T}}(X^{\mathrm{T}}X)^{-1}x_0})$.

6.1.4　非线性回归分析

1. 化非线性回归为线性回归(见表 6-1).

表 6-1　化非线性回归为线性回归

曲线方程	变换公式	变换后的线性方程
$\frac{1}{y}=a+\frac{b}{x}$	$u=\frac{1}{x},v=\frac{1}{y}$	$v=a+bu$

续表

曲线方程	变换公式	变换后的线性方程
$y = ax^b$	$u = \ln x, v = \ln y$	$v = a' + bu\,(a' = \ln a)$
$y = a + b\ln x$	$u = \ln x, v = y$	$v = a + bu$
$y = ae^{bx}$	$u = x, v = \ln y$	$v = a' + bu\,(a' = \ln a)$
$y = ae^{\frac{b}{x}}$	$u = \frac{1}{x}, v = \ln y$	$v = a' + bu\,(a' = \ln a)$

2. 多项式回归

设回归方程为(理论方程)$y = a_0 + a_1x + a_1x^2 + \cdots + a_kx^k$,假设 $k < n$,设(x_i, y_i),$i = 1, 2, \cdots, n$ 是 (X, Y) 的 n 组独立观察值,利用最小二乘法可以求得回归系数 $a_0, a_1, \cdots, a_k$ 的估计值 $\hat{a}_0, \hat{a}_1, \cdots, \hat{a}_k$,进而得到回归方程为

$$\hat{y} = \hat{a}_0 + \hat{a}_1x + \hat{a}_1x^2 + \cdots + \hat{a}_kx^k$$

6.2 学习目的与要求

(1) 理解回归分析的基本概念,掌握一元线性回归方程参数的最小二乘估计法、估计量的分布与性质.

(2) 掌握一元线性回归方程的显著性检验法,会利用回归方程进行预测.

(3) 掌握多元线性模型参数的最小乘估计、估计量的分布与性质、回归方程与回归系数的显著性检验,会利用回归方程进行预测.

(4) 了解几类一元非线性回归模型.

6.3 典型例题精解

例 6-1 在硝酸钠($NaNO_3$)的溶解度试验中,测得在不同温度 x(℃)下,溶解于100份水中的硝酸钠份数 y 的数据如表 6-2 表示,试求 y 关于 x 的线性回归方程.

表 6-2 试验数据

x_i	0	4	10	15	21	29	36	51	68
y_i	66.7	71.0	76.3	80.6	85.7	92.9	99.4	113.6	125.1

【解】经计算得,$\sum_{i=1}^{9} x_i = 234$,$\sum_{i=1}^{9} y_i = 811.3$,$\sum_{i=1}^{9} x_i^2 = 10\,144$,$\sum_{i=1}^{9} x_iy_i = 24\,628.6$,

$L_{xx} = 10\,144 - \frac{1}{9} \times (234)^2 = 4060$,$L_{xy} = 24\,628.6 - \frac{1}{9} \times 234 \times 811.3 = 3534.8$.

故

$$\hat{b}=\frac{L_{xy}}{L_{xx}}=0.8706, \hat{a}=\frac{811.3}{9}-\frac{234}{9}\hat{b}=67.5078$$

从而回归方程为 $\hat{y}=67.5078+0.8706x$.

例 6-2　对某种产品表面进行腐蚀刻线试验，得到腐蚀时间（记作 x）与腐蚀深度（记作 y）之间的一组数据如表 6-3 所示.

表 6-3　试验数据

腐蚀时间 x/s	5	5	10	20	30	40	50	60	65	90	120
腐蚀深度 y/μm	4	6	8	13	16	17	19	25	25	29	46

(1) 画出散点图；

(2) 求线性回归方程 $\hat{y}=\hat{a}+\hat{b}x$；

(3) 求 ε 的方差 σ^2 的无偏估计；

(4) 检验假设 $H_0: b=0, H_1: b\neq 0(\alpha=0.05)$；

(5) 若回归效果显著，求 b 的置信度为 0.95 的置信区间；

(6) 求 $x_0=55$ 处 $\mu(x)$ 的置信度为 0.95 的置信区间；

(7) 求 $x_0=55$ 处观察值 Y 的置信度为 0.95 的预测区间.

【解】(1) 散点图如图 6-1 所示，从图上看，取线性函数 $y=a+bx$ 是合适的.

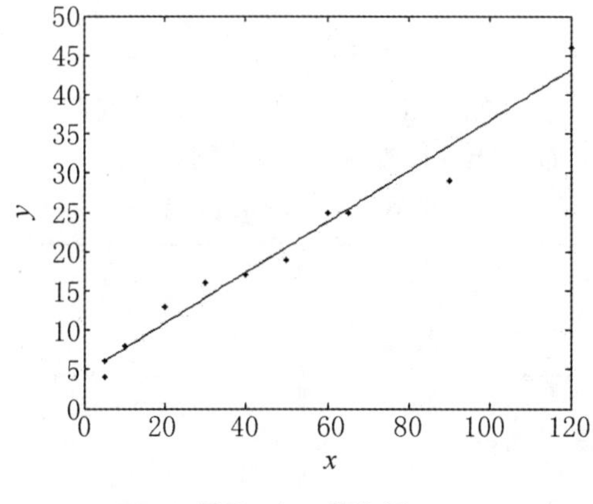

图 6-1　散点图

(2) 由给定的数据计算得：

$$n=11, \sum_{i=1}^{n}x_i=485, \sum_{i=1}^{n}x_i^2=35\ 875, \sum_{i=1}^{n}y_i=208, \sum_{i=1}^{n}y_i^2=5389, \sum_{i=1}^{n}x_iy_i=13\ 755$$

$$L_{xx}=\sum_{i=1}^{n}x_i^2-\frac{1}{n}\left(\sum_{i=1}^{n}x_i\right)^2=35\ 875-\frac{1}{11}\times 485^2=13\ 600$$

$$L_{yy}=\sum_{i=1}^{n}y_i^2-\frac{1}{n}\left(\sum_{i=1}^{n}y_i\right)^2=5389-\frac{1}{11}\times 208^2=1464.9$$

$$L_{xy}=\sum_{i=1}^{n}x_iy_i-\frac{1}{n}\left(\sum_{i=1}^{n}x_i\right)\left(\sum_{i=1}^{n}y_i\right)=13\ 755-\frac{1}{11}\times 485\times 208=4395$$

$$\hat{b}=L_{xy}/L_{xx}=4395/13\ 600=0.3232$$

$$\hat{a} = \bar{y} - \hat{b}\bar{x} = \frac{1}{n}\sum_{i=1}^{n} y_i - \hat{b}\,\frac{1}{n}\sum_{i=1}^{n} x_i = \frac{1}{11}\times 208 - 0.3232\times\frac{1}{11}\times 485 = 4.3668$$

所以 y 关于 x 的线性回归方程为 $\hat{y} = 4.3668 + 0.3232x$.

(3)$\hat{\sigma}^2 = \frac{Q_e}{n-2} = \frac{L_{yy} - \hat{b}L_{xy}}{9} = 4.9373.$

(4) 检验统计量为 $t = \frac{\hat{b}}{\sqrt{\hat{\sigma}^{*2}}}\sqrt{L_{xx}}$,拒绝域为 $|t| > t_{\alpha/2}(n-2) = t_{\alpha/2}(9)$,$t$ 的观察值为 $t = 16.9627 > t_{\alpha/2}(n-2) = t_{0.025}(9) = 2.2622$,所以回归效果显著.

(5)$t_{\alpha/2}(n-2)\frac{\hat{\sigma}^*}{\sqrt{L_{xx}}} = t_{0.025}(9)\sqrt{\frac{\hat{\sigma}^{*2}}{L_{xx}}} = 2.2622\times\sqrt{\frac{4.9373}{13\,600}} = 0.043$,所以 b 的置信度为 0.95 的置信区间为$(\hat{b} - t_{\alpha/2}(n-2)\sqrt{\hat{\sigma}^{*2}/L_{xx}}, \hat{b} + t_{\alpha/2}(n-2)\sqrt{\hat{\sigma}^{*2}/L_{xx}}) = (0.3232 - 0.043, 0.3232 + 0.043) = (0.2802, 0.3662)$.

(6)$x_0 = 55$ 处对应的 Y 的估计值为 $\hat{y}_0 = 4.3668 + 0.3232\times 55 = 22.1428$,置信度为 $1-\alpha = 0.95$,$t_{0.025}(9) = 2.2622$,故 $t_{\alpha/2}(n-2)\hat{\sigma}^*\sqrt{\frac{1}{n} + (x_0 - \bar{x})^2/L_{xx}} = 1.5868$,从而得 $\mu(x_0)$ 的一个置信度为 0.95 的置信区间为$(\hat{y}_0 - 1.568, \hat{y}_0 + 1.568) = (20.5560, 23.7296)$.

(7) 易知 $t_{\alpha/2}(n-2)\hat{\sigma}^*\sqrt{1 + \frac{1}{n} + (x_0 - \bar{x})^2/L_{xx}} = 5.2711$,于是得 $x_0 = 55$ 处观察值 Y 的一个置信度为 0.95 的预测区间为$(\hat{y}_0 - 5.2711, \hat{y}_0 + 5.2711) = (16.8717, 27.4139)$.

例 6-3 设 y 为树干的体积,x_1 为离地面一定高度的树干直径,x_2 为树干高度,一共测量了 31 棵树,数据列于表 6-4 中,作出 y 对 x_1、x_2 的二元线性回归方程,以便能用简单分法从 x_1 和 x_2 估计一棵树的体积,进而估计一片森林的木材储量.

表 6-4 测量数据

x_1/cm	x_2/cm	y/cm^3	x_1/cm	x_2/cm	y/cm^3
8.3	70	10.3	12.9	85	33.8
8.6	65	10.3	13.3	86	27.4
8.8	63	10.2	13.7	71	25.7
10.5	72	10.4	13.8	64	24.9
10.7	81	16.8	14.0	78	34.5
10.8	83	18.8	14.2	80	31.7
11.0	66	19.7	15.5	74	36.3
11.0	75	15.6	16.0	72	38.3
11.1	80	18.2	16.3	77	42.6
11.2	75	22.6	17.3	81	55.4
11.3	79	19.9	17.5	82	55.7

续表

x_1/cm	x_2/cm	y/cm^3	x_1/cm	x_2/cm	y/cm^3
11.4	76	24.2	17.9	80	58.3
11.4	76	21.0	18.0	80	51.5
11.7	69	21.4	18.0	80	51.0
12.0	75	21.3	20.6	87	77.0
12.9	74	19			

【解】根据表中数据,得正规方程组:

$$\begin{cases}31\hat{b}_0+411.7\hat{b}_1+2356\hat{b}_2=923.9\\411.7\hat{b}_0+5766.55\hat{b}_1+31\,598.7\hat{b}_2=13\,798.85\\2356\hat{b}_0+31\,598.7\hat{b}_1+180\,274\hat{b}_2=72\,035.6\end{cases}$$

解之得,$\hat{b}_0=-54.5041$,$\hat{b}_1=4.8424$,$\hat{b}_2=0.2631$. 故回归方程为 $\hat{y}=-54.5041+4.8424x_1+0.2631x_2$.

例 6-4　一种合金在某种添加剂的不同浓度之下,各做 3 次试验,得数据如表 6-5 所示.

表 6-5　试验数据

浓度 x/(%)	10.0	15.0	20.0	25.0	30.0
抗压强度 y/MPa	25.2	29.8	31.2	31.7	29.4
	27.3	31.1	32.6	30.1	30.8
	28.7	27.8	29.7	32.3	32.8

以模型 $y=b_0+b_1x_1+b_2x_2+\varepsilon,\varepsilon\sim N(0,\sigma^2)$ 拟合数据,其中 b_0、b_1、b_2、σ^2 与 x 无关,求回归方程 $\hat{y}=\hat{b}_0+\hat{b}_1x+\hat{b}_2x^2$.

【解】令 $x=x_1,x^2=x_2$,根据表 6-5 中数据可得表 6-6.

表 6-6　试验数据

浓度 $x(x_1)$/(%)	10	15	20	25	30
$x^2(x_2)$	100	225	400	625	900
抗压强度 y/MPa	25.2	29.8	31.2	31.7	29.4
	27.3	31.1	32.6	30.1	30.8
	28.7	27.8	29.7	32.3	32.8

根据表 6-6 中数据可得正规方程组:

$$\begin{cases}15\hat{b}_0+300\hat{b}_1+6750\hat{b}_2=450.5\\300\hat{b}_0+6750\hat{b}_1+165\,000\hat{b}_2=9155\\6750\hat{b}_0+165\,000\hat{b}_1+4\,263\,750\hat{b}_2=207\,990\end{cases}$$

解之得:$\hat{b}_0=19.0333$,$\hat{b}_1=1.0086$,$\hat{b}_2=-0.0204$. 故 y 关于 x_1 与 x_2 的回归方程为 $\hat{y}=$

$19.0333 + 1.0086x_1 - 0.0204x_2$，从而抗压强度 y 关于浓度 x 的回归方程为 $\hat{y} = 19.0333 + 1.0086x - 0.0204x^2$.

例 6－5 研究同一地区土壤内所含植物可给态磷的情况，得到18组数据如表6－7所示，其中，x_1 为土壤内所含无机磷浓度；x_2 为土壤内溶于 K_2CO_3 溶液并受溴化物水解的有机磷浓度；x_3 为土壤内溶于 K_2CO_3 溶液但不溶于溴化物的有机磷浓度. y 为栽在20℃ 土壤内的玉米中可给态磷的浓度. 已知 y 与 x_1、x_2、x_3 之间有下述关系：

$$y_i = b_0 + b_1x_{i1} + b_2x_{i2} + b_3x_{i3} + \varepsilon_i, i = 1,2,\cdots,18$$

各 ε_i 相互独立，均服从 $N(0,\sigma^2)$. 试求出回归方程.

表 6－7　试验数据　　单位：mg/kg

土壤样本	x_1	x_2	x_3	y
1	0.4	53	158	64
2	0.4	23	163	60
3	3.1	19	37	71
4	0.6	34	157	61
5	4.7	24	59	54
6	1.7	65	123	77
7	9.4	44	46	81
8	10.1	31	117	93
9	11.6	29	173	93
10	12.6	58	112	51
11	10.9	37	111	76
12	23.1	46	114	96
13	23.1	50	134	77
14	21.6	44	73	93
15	23.1	56	168	95
16	1.9	36	143	54
17	26.8	58	202	168
18	29.9	51	124	99

【解】 这是一个三元线性回归模型，设

$$X=\begin{bmatrix}1 & 0.4 & 53 & 158\\ 1 & 0.4 & 23 & 163\\ 1 & 3.1 & 19 & 37\\ 1 & 0.6 & 34 & 157\\ 1 & 4.7 & 24 & 59\\ 1 & 1.7 & 65 & 123\\ 1 & 9.4 & 44 & 46\\ 1 & 10.1 & 31 & 117\\ 1 & 11.6 & 29 & 173\\ 1 & 12.6 & 58 & 112\\ 1 & 10.9 & 37 & 111\\ 1 & 23.1 & 46 & 114\\ 1 & 23.1 & 50 & 134\\ 1 & 21.6 & 44 & 73\\ 1 & 23.1 & 56 & 168\\ 1 & 1.9 & 36 & 143\\ 1 & 26.8 & 58 & 202\\ 1 & 29.9 & 51 & 124\end{bmatrix},\quad Y=\begin{bmatrix}64\\60\\71\\61\\54\\77\\81\\93\\93\\51\\76\\96\\77\\93\\95\\54\\168\\99\end{bmatrix},\quad \beta=\begin{bmatrix}\beta_0\\ \beta_1\\ \beta_2\\ \beta_3\end{bmatrix}$$

经计算可得

$$X^{\mathrm{T}}X=\begin{bmatrix}18 & 215 & 758 & 2214\\ 215 & 4321 & 10\,140 & 27\,645\\ 758 & 10\,140 & 35\,076 & 96\,598\\ 2214 & 27\,645 & 96\,598 & 307\,894\end{bmatrix}$$

$$(X^{\mathrm{T}}X)^{-1}=\begin{bmatrix}0.813\,315\,65 & 0.001\,918\,53 & -0.011\,398\,24 & -0.002\,444\,58\\ 0.001\,918\,53 & 0.000\,724\,93 & -0.000\,248\,35 & -0.000\,000\,97\\ -0.011\,398\,24 & -0.000\,248\,35 & 0.000\,437\,48 & -0.000\,032\,99\\ -0.002\,444\,58 & -0.000\,000\,97 & -0.000\,032\,99 & 0.000\,031\,26\end{bmatrix}$$

$$X^{\mathrm{T}}Y=\begin{bmatrix}1463\\ 20\,706\\ 63\,825\\ 187\,542\end{bmatrix}$$

由以上数据可得正规方程组的解为

$$\hat{B}=\begin{bmatrix}\hat{b}_0\\ \hat{b}_1\\ \hat{b}_2\\ \hat{b}_3\end{bmatrix}=(X^{\mathrm{T}}X)^{-1}X^{\mathrm{T}}Y=\begin{bmatrix}43.652\,197\,79\\ 1.784\,779\,68\\ -0.083\,397\,06\\ 0.161\,132\,69\end{bmatrix}$$

于是,得到回归方程为

$$\hat{y}=43.652\,197\,79+1.784\,779\,68x_1-0.083\,397\,06x_2+0.161\,132\,69x_3$$

6.4 教材习题详解

1. 设 $Q=\min\sum_{i=1}^{n}(Y_i-\beta X_i)^2$，由 $\frac{\mathrm{d}Q}{\mathrm{d}\beta}=-2\sum_{i=1}^{n}(Y_i-\beta X_i)X_i=0$ 得，$\hat{\beta}=\sum_{i=1}^{n}X_iY_i/\sum_{i=1}^{n}X_i^2$.

2. $\hat{\alpha}=\overline{Y}-\hat{\beta}\overline{x}=72.6-205\times0.304=10.28$，$\hat{\beta}=\frac{\sum_{i=1}^{n}(x_i-\overline{x})(Y_i-\overline{Y})}{\sum_{i=1}^{n}(x_i-\overline{x})^2}=\frac{\sum_{i=1}^{n}x_iY_i-n\overline{x}\overline{Y}}{\sum_{i=1}^{n}x_i^2-n(\overline{x})^2}$ $=0.304$，其中 $\overline{Y}=72.6$，$\overline{x}=205$. 从而可得 $\hat{\sigma}^{*2}=\frac{1}{n-2}\sum_{i=1}^{n}(Y_i-\hat{\alpha}-\hat{\beta}x_i)^2=0.239$，$\hat{\sigma}^{*}=0.489$.

3. 设 $F=kL+\varepsilon$，由最小二乘法可得 $\hat{F}_i=\hat{k}L_i$，$\hat{k}=\sum_{i=1}^{n}L_iF_i/\sum_{i=1}^{n}L_i^2=128.3/395.32=0.324$，因 $\hat{F}_0=\hat{k}L_0=0.324\times2.5=0.811$，$F_0-\hat{F}_0\sim N(0,(1+L_0^2/\sum_{i=1}^{n}L_i^2)\sigma^2)$，即 $F_0-\hat{F}_0$，T 服从 $N(0,1.016\sigma^2)$，注意到 $\hat{\sigma}^{*2}=\frac{1}{n-2}\sum_{i=1}^{n}(F_i-\hat{k}L_i)^2=4.12\times10^{-4}$，$\hat{\sigma}^{*}\approx0.02$，而 $\frac{(n-2)\hat{\sigma}^{*2}}{\sigma^2}$ 服从 $\chi^2(n-2)$，所以可以构造统计量 $T=\frac{F_0-\hat{F}_0}{\sqrt{1.016\sigma^{*2}}}$ 服从 $t(8)$，即 $T=\frac{F_0-0.811}{0.0202}$ 服从 $t(8)$，故 F_0 的预测区间为[0.765,0.857].

4. 由于 $\hat{\boldsymbol{\beta}}=(\boldsymbol{X}^{\mathrm{T}}\boldsymbol{X})^{-1}\boldsymbol{X}^{\mathrm{T}}\boldsymbol{Y}$，代入数据可得 $\hat{\beta}_0=3.65$，$\hat{\beta}_1=-0.855$，$\hat{\beta}_2=1.506$. 回归方程为 $\hat{Y}=3.65-0.855x_1+1.506x_2$. 故此男孩的体重估计是 $\hat{Y}_0=3.65-0.855\times54+1.506\times9=63.356$.

5. 已知 $\sum_{i=1}^{n}(y_i-\overline{y})^2=\sum_{i=1}^{n}(y_i-\hat{y}_i)^2+\sum_{i=1}^{n}(\hat{y}_i-\overline{y})^2+2\sum_{i=1}^{n}(y_i-\hat{y}_i)(\hat{y}_i-\overline{y})$，且 $Q=\sum_{i=1}^{n}(y_i-\hat{y}_i)(\hat{y}_i-\overline{y})=\sum_{i=1}^{n}(y_i-\hat{y}_i)(\sum_{j=1}^{m}x_{ij}\hat{\beta}_j-\overline{y})$，再利用 $\sum_{i=1}^{n}(y_i-\hat{y}_i)x_{ij}=0$，即得 $\sum_{i=1}^{n}(y_i-\overline{y})^2=\sum_{i=1}^{n}(y_i-\hat{y}_i)^2+\sum_{i=1}^{n}(\hat{y}_i-\overline{y})^2$.

6. 证明：设

$$r=\frac{\sqrt{\sum_{i=1}^{n}(\hat{y}_i-\overline{y})^2\sum_{i=1}^{n}(x_i-\overline{x})^2}}{\sqrt{\sum_{i=1}^{n}(y_i-\overline{y})^2\sum_{i=1}^{n}(x_i-\overline{x})^2}}$$

只需证

$$\sqrt{\sum_{i=1}^{n}(\hat{y}_i-\overline{y})^2\sum_{i=1}^{n}(x_i-\overline{x})^2}=\sum_{i=1}^{n}(x_i-\overline{x})(y_i-\overline{y})$$

即可.

对于一元线性回归模型有

$$\hat{\beta}=\sum_{i=1}^{n}(x_i-\bar{x})(y_i-\bar{y})/\sum_{i=1}^{n}(x_i-\bar{x})^2$$

问题转化为

$$\sqrt{\sum_{i=1}^{n}(\hat{y}_i-\bar{y})^2\sum_{i=1}^{n}(x_i-\bar{x})^2}=\hat{\beta}\sum_{i=1}^{n}(x_i-\bar{x})^2$$

即

$$\sqrt{\sum_{i=1}^{n}(\hat{y}_i-\bar{y})^2}=\hat{\beta}\sqrt{\sum_{i=1}^{n}(x_i-\bar{x})^2}$$

事实上

$$\begin{aligned}\sum_{i=1}^{n}(\hat{y}_i-\bar{y})^2&=\sum_{i=1}^{n}\hat{y}_i^2-2\bar{y}\sum_{i=1}^{n}\hat{y}_i+n\bar{y}^2\\&=\sum_{i=1}^{n}(\hat{\alpha}+\hat{\beta}x_i)^2-2\bar{y}\sum_{i=1}^{n}(\hat{\alpha}+\hat{\beta}x_i)+n\bar{y}^2\\&=n\hat{\alpha}^2+2\hat{\alpha}\hat{\beta}n\bar{x}+\hat{\beta}^2\sum_{i=1}^{n}x_i^2-2\bar{y}n\hat{\alpha}-2n\bar{x}\hat{\beta}\bar{y}+n\bar{y}^2\\&=n\hat{\alpha}^2+2n\hat{\alpha}(\hat{\beta}\bar{x}-\bar{y})+\hat{\beta}^2\sum_{i=1}^{n}x_i^2-2n\bar{x}\hat{\beta}\bar{y}+n\bar{y}^2\\&=-n\hat{\alpha}^2+\hat{\beta}^2\sum_{i=1}^{n}x_i^2-2n\bar{x}\hat{\beta}\bar{y}+n\bar{y}^2\\&=-n(\bar{y}-\hat{\beta}\bar{x})^2+\hat{\beta}^2\sum_{i=1}^{n}x_i^2-2n\bar{x}\hat{\beta}\bar{y}+n\bar{y}^2\\&=\hat{\beta}^2\left(\sum_{i=1}^{n}x_i^2-n\bar{x}^2\right)\\&=\hat{\beta}^2\sum_{i=1}^{n}(x_i-\bar{x})^2\end{aligned}$$

命题得证.

9. $\hat{\boldsymbol{\beta}}=(\boldsymbol{X}^{\mathrm{T}}\boldsymbol{X})^{-1}\boldsymbol{X}^{\mathrm{T}}\boldsymbol{Y}$,代入数据可得 $\hat{\beta}_0=43.65$,$\hat{\beta}_1=1.78$,$\hat{\beta}_2=-0.08$,$\hat{\beta}_3=0.16$,则回归方程为 $\hat{Y}=43.65+1.78x_1-0.08x_2+0.16x_3$.

记 $Q_T=\sum_{i=1}^{18}(Y_i-\bar{Y})^2$,$Q_A=\sum_{i=1}^{18}(Y_i-\hat{Y}_i)^2$,$Q_B=\sum_{i=1}^{18}(\hat{Y}_i-\bar{Y})^2$.

由于 $\frac{Q_A}{\sigma^2}$ 服从 $\chi^2(18-4)$,$\frac{Q_B}{\sigma^2}$ 服从 $\chi^2(3)$,所以 $F=\frac{Q_B/3}{Q_A/14}$ 服从 $F(3,14)$.

$H_0:\beta_1=\beta_2=\beta_3=\beta_4=0\leftrightarrow H_1$:至少有一个 β_i 不为零.

代入数据可得 $F=\frac{15Q_B}{2Q_A}=9.0979$,查表得 $F_{0.05}(2,15)=8.71$,

因 $F=9.0979>F_{0.05}(2,15)=8.71$,故线性回归显著.

10. (1) 将原式用矩阵表示为 $\begin{pmatrix}Y_1\\Y_2\\Y_3\end{pmatrix}=\begin{pmatrix}1&0\\2&-1\\1&2\end{pmatrix}\begin{pmatrix}a\\b\end{pmatrix}+\begin{pmatrix}\varepsilon_1\\\varepsilon_2\\\varepsilon_3\end{pmatrix}$,记为 $\boldsymbol{Y}=\boldsymbol{X\beta}+\boldsymbol{\varepsilon}$,

由 $\hat{\boldsymbol{\beta}} = \begin{pmatrix} \hat{a} \\ \hat{b} \end{pmatrix} = (\boldsymbol{X}^{\mathrm{T}}\boldsymbol{X})^{-1}\boldsymbol{X}^{\mathrm{T}}\boldsymbol{Y} = \begin{pmatrix} \frac{1}{6}Y_1 + \frac{2}{6}Y_2 + \frac{1}{6}Y_3 \\ -\frac{1}{5}Y_2 + \frac{2}{5}Y_3 \end{pmatrix}$ 知，$\hat{a} = \frac{1}{6}(Y_1 + 2Y_2 + Y_3)$，$\hat{b} = -\frac{1}{5}Y_2 + \frac{2}{5}Y_3$；

(2) 由(1) 知 $\hat{a} - \hat{b} = \frac{1}{30}(5Y_1 + 16Y_2 - 7Y_3) \sim N(a - b, \frac{11}{30}\sigma^2)$，故

$$\begin{aligned}
\hat{\sigma}^{*2} &= \frac{1}{n-2}[(y_1 - \hat{y}_1)^2 + (y_2 - \hat{y}_2)^2 + (y_3 - \hat{y}_3)^2] \\
&= \frac{1}{3-2}[\frac{1}{6}(5y_1 - 2y_2 - y_3)^2 + (-\frac{1}{15}(5y_1 - 2y_2 - y_3))^2 + \\
&\quad (-\frac{1}{30}(5y_1 - 2y_2 - y_3))^2] \\
&= \frac{30}{30^2}(5y_1 - 2y_2 - y_3)^2 = \frac{1}{30}(5y_1 - 2y_2 - y_3)^2
\end{aligned}$$

因 $\hat{a}$、$\hat{b}$ 分别与 $\hat{\sigma}^{*2}$ 独立，故 $U = (\hat{a} - \hat{b} - (a-b))/\sqrt{\frac{11}{30}}\sigma$ 与 $V = \frac{(n-2)\hat{\sigma}^{*2}}{\sigma^2}$ 独立，而 $U^2 \sim \chi^2(1)$，$V \sim \chi^2(n-2) = \chi^2(3-2)$，故当 H_0 成立时，$F = \frac{U^2/1}{V/(n-2)} = \frac{(5Y_1 + 16Y_2 - 7Y_3)^2 / \frac{11}{30}\sigma^2}{\frac{1}{30}(5Y_1 - 2Y_2 - Y_3)^2/\sigma^2} = \frac{(5Y_1 + 16Y_2 - 7Y_3)^2}{11(5Y_1 - 2Y_2 - Y_3)^2}$ 服从 $F(1, n-2)$.

11. $\begin{pmatrix} Y_1 \\ Y_2 \\ Y_3 \end{pmatrix} = \begin{pmatrix} 1 & x_1 & 3x_1^2 - 2 \\ 1 & x_2 & 3x_2^2 - 2 \\ 1 & x_3 & 3x_3^2 - 2 \end{pmatrix} \begin{pmatrix} \beta_0 \\ \beta_1 \\ \beta_2 \end{pmatrix} + \begin{pmatrix} \varepsilon_1 \\ \varepsilon_2 \\ \varepsilon_3 \end{pmatrix} = \begin{pmatrix} 1 & -1 & 1 \\ 1 & 0 & -2 \\ 1 & 1 & 1 \end{pmatrix} \begin{pmatrix} \beta_0 \\ \beta_1 \\ \beta_2 \end{pmatrix} + \begin{pmatrix} \varepsilon_1 \\ \varepsilon_2 \\ \varepsilon_3 \end{pmatrix}$

$$\hat{\boldsymbol{\beta}} = \begin{pmatrix} \hat{\beta}_0 \\ \hat{\beta}_1 \\ \hat{\beta}_2 \end{pmatrix} = (\boldsymbol{X}^{\mathrm{T}}\boldsymbol{X})^{-1}\boldsymbol{X}^{\mathrm{T}}\boldsymbol{Y} = \begin{pmatrix} \frac{1}{3}(Y_1 + Y_2 + Y_3) \\ -\frac{1}{2}(Y_1 - Y_3) \\ \frac{1}{6}(Y_1 - 2Y_2 + Y_3) \end{pmatrix}$$

所以
$$\begin{cases} \hat{\beta}_0 = \frac{1}{3}(Y_1 + Y_2 + Y_3) \\ \hat{\beta}_1 = -\frac{1}{2}(Y_1 - Y_3) \\ \hat{\beta}_2 = \frac{1}{6}(Y_1 - 2Y_2 + Y_3) \end{cases}$$

当 $\beta_2 = 0$ 时，

$$\begin{pmatrix} Y_1 \\ Y_2 \\ Y_3 \end{pmatrix} = \begin{pmatrix} 1 & -1 \\ 1 & 0 \\ 1 & 1 \end{pmatrix} \begin{pmatrix} \beta_0 \\ \beta_1 \end{pmatrix} + \begin{pmatrix} \varepsilon_1 \\ \varepsilon_2 \\ \varepsilon_3 \end{pmatrix}$$

$$\hat{\boldsymbol{\beta}}=\begin{pmatrix}\hat{\beta}_0\\ \hat{\beta}_1\end{pmatrix}=(\boldsymbol{X}^{\mathrm{T}}\boldsymbol{X})^{-1}\boldsymbol{X}^{\mathrm{T}}\boldsymbol{Y}=\begin{pmatrix}\frac{1}{3}(Y_1+Y_2+Y_3)\\ -\frac{1}{2}(Y_1-Y_3)\end{pmatrix}$$

12. 由于Y服从正态分布$N(\boldsymbol{X\beta},\sigma^2\boldsymbol{I}_n)$，则$EY=X\beta, DY=E(Y-EY)^2=E(Y-X\beta)^2=\sigma^2 I_n, Y=(Y_1,Y_2,\cdots,Y_n)^{\mathrm{T}}$ 的联合密度为

$$f(Y;\beta,\sigma^2)=(2\pi\sigma^2)^{-n/2}\exp\{-\frac{1}{2\sigma^2}[(Y-X\beta)^{\mathrm{T}}(Y-X\beta)]\}$$

$$\begin{aligned}\ln f(Y;\beta,\sigma^2)&=-\frac{n}{2}\ln 2\pi-\frac{n}{2}\ln\sigma^2-\frac{1}{2\sigma^2}[(Y-X\beta)^{\mathrm{T}}(Y-X\beta)]\\&=-\frac{n}{2}\ln 2\pi-\frac{n}{2}\ln\sigma^2-\frac{1}{2\sigma^2}[\sum_{i=1}^{n}(y_i-\sum_{j=1}^{m}x_{ij}\beta_j)^2]\end{aligned}$$

$$\frac{\partial\ln f(Y;\beta,\sigma^2)}{\partial\beta_k}=\frac{1}{\sigma^2}\sum_{i=1}^{n}(y_i-\sum_{j=1}^{m}x_{ij}\beta_j)x_{ik}=0, k=1,2,\cdots,m \qquad (6-3)$$

$$\frac{\partial\ln f(Y;\beta,\sigma^2)}{\partial\sigma^2}=\frac{-n}{2\sigma^2}+\frac{1}{2\sigma^4}\sum_{i=1}^{n}(y_i-\sum_{j=1}^{m}x_{ij}\beta_j)^2=\frac{-n}{2\sigma^2}+\frac{1}{2\sigma^4}[(Y-X\beta)^{\mathrm{T}}(Y-X\beta)]=0 \qquad (6-4)$$

式(6－3)的解应满足：$\sum_{i=1}^{n}y_ix_{ik}=\sum_{i=1}^{n}\sum_{j=1}^{m}x_{ij}x_{ik}\beta_j, k=1,2,\cdots,m$，写成矩阵形式为

$$\begin{pmatrix}x_{11}&x_{21}&\cdots&x_{n1}\\x_{12}&x_{22}&\cdots&x_{n2}\\\vdots&\vdots&&\vdots\\x_{1m}&x_{2m}&\cdots&x_{nm}\end{pmatrix}\begin{pmatrix}x_{11}&x_{12}&\cdots&x_{1m}\\x_{21}&x_{22}&\cdots&x_{2m}\\\vdots&\vdots&&\vdots\\x_{n1}&x_{n2}&\cdots&x_{nm}\end{pmatrix}\begin{pmatrix}\beta_1\\\beta_2\\\vdots\\\beta_m\end{pmatrix}=\begin{pmatrix}x_{11}&x_{21}&\cdots&x_{n1}\\x_{12}&x_{22}&\cdots&x_{n2}\\\vdots&\vdots&&\vdots\\x_{1m}&x_{2m}&\cdots&x_{nm}\end{pmatrix}\begin{pmatrix}y_1\\y_2\\\vdots\\y_m\end{pmatrix}$$

或 $\boldsymbol{X}^{\mathrm{T}}\boldsymbol{X\beta}=\boldsymbol{X}^{\mathrm{T}}\boldsymbol{Y}$. 由于 $\boldsymbol{X}$ 是列满秩阵，$(\boldsymbol{X}^{\mathrm{T}}\boldsymbol{X})^{-1}$ 存在，故 $\boldsymbol{\beta}$ 的最大似然估计 $\hat{\boldsymbol{\beta}}=(\boldsymbol{X}^{\mathrm{T}}\boldsymbol{X})^{-1}\boldsymbol{X}^{\mathrm{T}}\boldsymbol{Y}$.

由式(6－4)得 $\hat{\sigma}^2=\frac{1}{n}\sum_{i=1}^{n}(y_i-\sum_{i-1}^{n}x_{ij}\beta_j)^2=\frac{1}{n}(\boldsymbol{Y}-\boldsymbol{X}\hat{\boldsymbol{\beta}})^{\mathrm{T}}(\boldsymbol{Y}-\boldsymbol{X}\hat{\boldsymbol{\beta}})$，即为 σ^2 的最大似然估计. 显然 $\boldsymbol{\beta}$ 的最大似然估计与它的最小二乘估计一致，σ^2 的估计为$\hat{\sigma}^2=\frac{1}{n-m}(\boldsymbol{Y}-\boldsymbol{X}\hat{\boldsymbol{\beta}})^{\mathrm{T}}(\boldsymbol{Y}-\boldsymbol{X}\hat{\boldsymbol{\beta}})$，它是 σ^2 的无偏估计.

13. $Q=\sum_{i=1}^{n}(Y_i-\beta_0-\beta_1X_i)^2$，令$\frac{\partial Q}{\partial\beta_0}=0, \frac{\partial Q}{\partial\beta_1}=0$，求得

$$\hat{\beta}_0=\overline{Y}-\overline{X}\hat{\beta}_1, \hat{\beta}_1=\sum_{i=1}^{n}(X_i-\overline{X})Y_i/\sum_{i=1}^{n}(X_i-\overline{X})^2$$

σ^2 的无偏估计量

$$\hat{\sigma}^{*2}=\frac{1}{n-2}\sum_{i=1}^{n}(Y_i-\hat{\beta}_0-\hat{\beta}_1x_i)^2$$

$$\begin{aligned}\mathrm{Cov}(\hat{\beta},\hat{\beta})&=\mathrm{Cov}((\boldsymbol{X}^{\mathrm{T}}\boldsymbol{X})^{-1}\boldsymbol{X}^{\mathrm{T}}\boldsymbol{Y},(\boldsymbol{X}^{\mathrm{T}}\boldsymbol{X})^{-1}\boldsymbol{X}^{\mathrm{T}}\boldsymbol{Y})\\&=(\boldsymbol{X}^{\mathrm{T}}\boldsymbol{X})^{-1}\boldsymbol{X}^{\mathrm{T}}\mathrm{Cov}(\boldsymbol{Y},\boldsymbol{Y})\boldsymbol{X}(\boldsymbol{X}^{\mathrm{T}}\boldsymbol{X})^{-1}=\sigma^2(\boldsymbol{X}^{\mathrm{T}}\boldsymbol{X})^{-1}\end{aligned}$$

其中 $\boldsymbol{X}=\begin{bmatrix}1&1&\cdots&1\\X_1&X_2&\cdots&X_n\end{bmatrix}^{\mathrm{T}}$.

$$\hat{\boldsymbol{\beta}}=(\hat{\beta}_0,\hat{\beta}_1)^{\mathrm{T}},(\boldsymbol{X}^{\mathrm{T}}\boldsymbol{X})^{-1}=\frac{1}{n\sum_{i=1}^{n}X_i^2-(\sum_{i=1}^{n}X_i)^2}\begin{pmatrix}\sum_{i=1}^{n}X_i^2 & -\sum_{i=1}^{n}X_i\\ -\sum_{i=1}^{n}X_i & n\end{pmatrix}$$

$$\mathrm{Cov}(\hat{\boldsymbol{\beta}},\hat{\boldsymbol{\beta}})=\frac{\sigma^2}{n\sum_{i=1}^{n}X_i^2-(\sum_{i=1}^{n}X_i)^2}\begin{pmatrix}\sum_{i=1}^{n}X_i^2 & -\sum_{i=1}^{n}X_i\\ -\sum_{i=1}^{n}X_i & n\end{pmatrix}$$

$$=\frac{\sigma^2}{n\sum_{i=1}^{n}X_i^2-(\sum_{i=1}^{n}X_i)^2}\begin{pmatrix}\sum_{i=1}^{n}X_i^2 & -n\overline{X}\\ -n\overline{X} & n\end{pmatrix}$$

所以 $\mathrm{Cov}(\hat{\beta}_0,\hat{\beta}_1)=\dfrac{-n\overline{X}\sigma^2}{n\sum_{i=1}^{n}X_i^2-(\sum_{i=1}^{n}X_i)^2}$.

从而,$\overline{X}=0\Leftrightarrow \mathrm{Cov}(\hat{\beta}_0,\hat{\beta}_1)=0$.

14. β_0 和 β_1 的最小二乘估计量是 $\hat{\beta}_0=\overline{Y}-\hat{\beta}_1\overline{X}$, $\hat{\beta}_1=\sum_{i=1}^{n}(X_i-\overline{X})Y_i/\sum_{i=1}^{n}(X_i-\overline{X})^2$, $\hat{\beta}_0=\sum_{i=1}^{n}\left[\frac{1}{n}-\frac{(X_i-\overline{X})\overline{X}}{\sum_{i=1}^{n}(X_i-\overline{X})^2}\right]Y_i$ 服从正态分布,$E\hat{\beta}_0=\beta_0$,$D\hat{\beta}_0=\left(\frac{1}{n}+\frac{\overline{X}^2}{\sum_{i=1}^{n}(X_i-\overline{X})^2}\right)\sigma^2$,所以 $\hat{\beta}_0$ 服从 $N\left(\beta_0,\left(\frac{1}{n}+\frac{\overline{X}^2}{\sum_{i=1}^{n}(X_i-\overline{X})^2}\right)\sigma^2\right)$.

(1) $H_0:\beta_0=0\leftrightarrow H_1:\beta_0\neq 0$, 由于 $(\hat{\beta}_0-\beta_0)/\hat{\sigma}^*\sqrt{\frac{1}{n}+\frac{\overline{X}^2}{\sum_{i=1}^{n}(X_i-\overline{X})^2}}$ 服从 $N(0,1)$, $\frac{(n-2)\hat{\sigma}^{*2}}{\sigma^2}$ 服从 $\chi^2(n-2)$ 且 $\hat{\beta}_0$ 与 $\hat{\sigma}^{*2}$ 独立,其中 $\hat{\sigma}^{*2}$ 为 σ^2 的无偏估计量,$\hat{\sigma}^{*2}=\frac{1}{n-2}\sum_{i=1}^{n}(Y_i-\hat{\beta}_0-\hat{\beta}_1x_i)^2$. 故选取统计量 $T=\hat{\beta}_0/\hat{\sigma}^*\sqrt{\frac{1}{n}+\frac{\overline{X}^2}{\sum_{i=1}^{n}(X_i-\overline{X})^2}}$,$T$ 服从 $t(n-2)$.

(2) $H_0:\beta_0=\beta_1\leftrightarrow H_1:\beta_0\neq\beta_1$,由于 $\hat{\beta}_0-\hat{\beta}_1=\overline{Y}-(\overline{X}+1)\hat{\beta}_1=\sum_{i=1}^{n}\left(\frac{1}{n}-\frac{(X_i-\overline{X})(\overline{X}+1)}{\sum_{i=1}^{n}(X_i-\overline{X})^2}\right)Y_i$ 服从正态分布,且 $E(\hat{\beta}_0-\hat{\beta}_1)=\hat{\beta}_0-\hat{\beta}_1$,$D(\hat{\beta}_0-\hat{\beta}_1)=\left(\frac{1}{n}+\frac{(1+\overline{X})^2}{\sum_{i=1}^{n}(X_i-\overline{X})^2}\right)\sigma^2$,$\hat{\beta}_0-\hat{\beta}_1$ 服从 $N\left(\beta_0-\beta_1,\left(\frac{1}{n}+\frac{(1+\overline{X})^2}{\sum_{i=1}^{n}(X_i-\overline{X})^2}\right)\sigma^2\right)$.

故当 H_0 成立时，统计量 $T=(\hat{\beta}_0-\hat{\beta}_1)/\hat{\sigma}^*\sqrt{\frac{1}{n}+(\overline{X}+1)^2\left[\sum_{i=1}^{n}(X_i-\overline{X})^2\right]^{-1}}$ 服从$t(n-2)$，其中 $\hat{\sigma}^{*2}=\frac{1}{n-2}\sum_{i=1}^{n}(Y_i-\hat{\beta}_0-\hat{\beta}_1x_i)^2$.

15. (1) 原模型即为 $\boldsymbol{Y}=\boldsymbol{X\beta}+\boldsymbol{\varepsilon}$，其中 $\boldsymbol{Y}=(Y_1,Y_2,Y_3,Y_4)^{\mathrm{T}}$，$\boldsymbol{\beta}=(a,b)^{\mathrm{T}}$，$\boldsymbol{\varepsilon}=(\varepsilon_1,\varepsilon_2,\varepsilon_3,\varepsilon_4)^{\mathrm{T}}$，$\boldsymbol{X}^{\mathrm{T}}=\begin{pmatrix}1&2&1&1\\1&-1&-1&2\end{pmatrix}$，$(\boldsymbol{X}^{\mathrm{T}}\boldsymbol{X})^{-1}=\begin{pmatrix}7&0\\0&7\end{pmatrix}^{-1}=\begin{pmatrix}1/7&0\\0&1/7\end{pmatrix}$，则 $\boldsymbol{\beta}$ 的估计为

$$\begin{pmatrix}\hat{a}\\\hat{b}\end{pmatrix}=(\boldsymbol{X}^{\mathrm{T}}\boldsymbol{X})^{-1}\boldsymbol{X}^{\mathrm{T}}\boldsymbol{Y}=\begin{pmatrix}1/7&0\\0&1/7\end{pmatrix}\begin{pmatrix}1&2&1&1\\1&-1&-1&2\end{pmatrix}\boldsymbol{Y}=\frac{1}{7}\begin{bmatrix}Y_1+2Y_2+Y_3+Y_4\\Y_1-Y_2-Y_3+2Y_4\end{bmatrix}$$

从而知 $\hat{a}=\frac{1}{7}(Y_1+2Y_2+Y_3+Y_4)$、$\hat{b}=\frac{1}{7}(Y_1-Y_2-Y_3+2Y_4)$ 分别为 a、b 的最小二乘估计.

(2) 由于 $E(\hat{a}-2\hat{b})=a-2b$，$D(\hat{a}-2\hat{b})=\frac{35}{49}\sigma^2=\frac{5}{7}\sigma^2$，且$(\hat{a}-2\hat{b})$服从正态分布，$\hat{a}-2\hat{b}\sim N(a-2b,5\sigma^2/7)$，$U\sim(\hat{a}-2\hat{b}-a+2b)/\sigma\sqrt{5/7}\sim N(0,1)$，$(4-2)\hat{\sigma}^{*2}/\sigma^2\sim\chi^2(4-2)=\chi^2(2)$. 这里$\hat{\sigma}^{*2}=\frac{1}{4-2}\sum_{i=1}^{4}(y_i-\hat{y}_i)^2$，又因 U、V 相互独立，故 $T=\frac{\hat{a}-2\hat{b}/(\sigma\sqrt{5/7})}{\sqrt{(4-2)\hat{\sigma}^{*2}/(2\sigma^2)}}=\frac{\hat{a}-2\hat{b}}{\hat{\sigma}^*}\sqrt{\frac{7}{5}}\overset{H_0}{\sim}t(2)$.

故对给定的 α，查 t 分布表得 $t_{\alpha/2}(n-2)=t_{\alpha/2}(2)$，使得 $P\{|T|\geqslant t_{\alpha/2}(n-2)\}=\alpha$. 故拒绝域为 $W=\{|T|\geqslant t_{\alpha/2}(2)\}$ 或$\{(x_1,x_2,\cdots,x_n):|t|\geqslant t_{\alpha/2}(2)\}$，这里统计量 $T=\sqrt{7/5}(\hat{a}-2\hat{b})/\hat{\sigma}^*$.

16. 记 $\boldsymbol{Y}^{\mathrm{T}}=(y_1,y_2,\cdots,y_7)$，$\boldsymbol{X}^{\mathrm{T}}=\begin{pmatrix}1&1&1&1&1&1&1\\0&1&-1&2&-2&3&-3\end{pmatrix}$，$\boldsymbol{\beta}=(a,b)^{\mathrm{T}}$，$\boldsymbol{\varepsilon}=(\varepsilon_1,\varepsilon_2,\cdots,\varepsilon_7)^{\mathrm{T}}$；则线性模型可写为 $\boldsymbol{Y}=\boldsymbol{X\beta}+\boldsymbol{\varepsilon}$，$\boldsymbol{\varepsilon}\sim N(0,\sigma^2I_7)$.

(1)β 的最小二乘估计为

$$\hat{\boldsymbol{\beta}}_{L_S}=(\boldsymbol{X}^{\mathrm{T}}\boldsymbol{X})^{-1}\boldsymbol{X}^{\mathrm{T}}\boldsymbol{Y}=\begin{pmatrix}7&0\\0&28\end{pmatrix}^{-1}\begin{bmatrix}\sum_{i=1}^{7}y_i\\A\end{bmatrix}=\begin{bmatrix}\frac{1}{7}&0\\0&\frac{1}{28}\end{bmatrix}\begin{bmatrix}\sum_{i=1}^{7}y_i\\A\end{bmatrix}=\begin{bmatrix}\frac{1}{7}\sum_{i=1}^{7}y_i\\\frac{1}{28}A\end{bmatrix}$$

即 $\hat{a}=\frac{1}{7}\sum_{i=1}^{7}y_i$，$\hat{b}=\frac{1}{28}A$. 其中 $A=(y_2-y_3+2y_4-2y_5+3y_6-3y_7)$.

$$\begin{aligned}\hat{\sigma}^2&=\frac{1}{n-2}\sum(y_i-\hat{y}_i)^2=\frac{1}{5}\sum_{i=1}^{7}(y_i-\hat{y}_i)^2\\&=\frac{1}{5}[(y_1-\hat{a})^2+(y_2-\hat{a}-\hat{b})^2+(y_3-\hat{a}+\hat{b})^2+(y_4-\hat{a}-2\hat{b})^2+\\&\quad(y_5-\hat{a}+2\hat{b})^2+(y_6-\hat{a}-3\hat{b})^2+(y_7-\hat{a}+3\hat{b})^2]\end{aligned}$$

是 σ^2 的无偏估计，其中 $\hat{a}=\frac{1}{7}\sum_{i=1}^{7}y_i$，$\hat{b}=\frac{1}{28}(y_2-y_3+2y_4-2y_5+3y_6-3y_7)$.

(2)$\hat{\beta}\sim N_2(\beta,\sigma^2(\boldsymbol{X}^{\mathrm{T}}\boldsymbol{X})^{-1})=N_2\left(\begin{pmatrix}a\\b\end{pmatrix},\sigma^2\begin{bmatrix}\frac{1}{7}&0\\0&\frac{1}{28}\end{bmatrix}\right)$，即 β 服从正态分布.

因为 $\hat{\beta}$ 的协方差阵中 $\mathrm{Cov}(\hat{a},\hat{b})=0$，所以 $\hat{a}$ 与 $\hat{b}$ 独立，故 $\hat{a}\sim N\left(a,\frac{1}{7}\sigma^2\right)$，$\hat{b}\sim N\left(b,\frac{1}{28}\sigma^2\right)$.

$\hat{Y}=\hat{a}-4\hat{b}$ 仍服从正态分布，且 $E\hat{Y}=E(\hat{a}-4\hat{b})=a-4b$，$D\hat{Y}=D(\hat{a}-4\hat{b})=D\hat{a}+16D\hat{b}=\frac{5\sigma^2}{7}$.

第 7 章　多元分析初步

7.1　内容提要

7.1.1　多元正态分布的定义及性质

1. 多元正态分布的定义

若 p 维随机变量 $\boldsymbol{X}=(X_1,X_2,\cdots,X_p)^{\mathrm{T}}$ 的概率密度函数为

$$f(x_1,x_2,\cdots,x_p)=\frac{1}{(2\pi)^{p/2}\ |\boldsymbol{\Sigma}|^{\frac{1}{2}}}\exp\left\{-\frac{1}{2}(\boldsymbol{X}-\boldsymbol{\mu})^{\mathrm{T}}\boldsymbol{\Sigma}^{-1}(\boldsymbol{X}-\boldsymbol{\mu})\right\}$$

则称 $\boldsymbol{X}$ 服从 p 维正态分布，也称 $\boldsymbol{X}$ 为 p 维正态变量，记为 $\boldsymbol{X}\sim N_p(\boldsymbol{\mu},\boldsymbol{\Sigma})$. 其中 $\boldsymbol{\mu}$ 为 $\boldsymbol{X}$ 的均值向量，$\boldsymbol{\Sigma}$ 为 $\boldsymbol{X}$ 的协方差矩阵(简称为协差阵，$\boldsymbol{\Sigma}$ 为正定矩阵). 即有

$$E(\boldsymbol{X})=(EX_1,EX_2,\cdots,EX_p)^{\mathrm{T}}=(\mu_1,\mu_2,\cdots,\mu_p)^{\mathrm{T}}=\boldsymbol{\mu}$$

其中 $E(X_i)=\mu_i$ 为 X_i 的数学期望，$i=1,2,\cdots,p$.

$$\boldsymbol{\Sigma}=E[(\boldsymbol{X}-E\boldsymbol{X})(\boldsymbol{X}-E\boldsymbol{X})^{\mathrm{T}}]=\begin{bmatrix}\sigma_{11} & \sigma_{12} & \cdots & \sigma_{1p}\\ \sigma_{21} & \sigma_{22} & \cdots & \sigma_{2p}\\ \vdots & \vdots & & \vdots\\ \sigma_{p1} & \sigma_{p2} & \cdots & \sigma_{pp}\end{bmatrix}$$

其中 $\sigma_{ij}=E[(X_i-EX_i)(X_j-EX_j)]$，$i,j=1,2,\cdots,p$.

2. 多元正态分布的性质

性质 1　若 X 服从 p 维正态分布 $N_p(\boldsymbol{\mu},\boldsymbol{\Sigma})$，则 $E(\boldsymbol{X})=\boldsymbol{\mu}$，$D(\boldsymbol{X})=\boldsymbol{\Sigma}$. 即 p 维正态分布由其均值向量和协方差阵唯一确定.

性质 2　对于任意一个 p 维向量 $\boldsymbol{\mu}$ 及 $p\times p$ 非负定对称矩阵 $\boldsymbol{\Sigma}$，必存在某个 p 维正态变量 $\boldsymbol{X}$，且 $\boldsymbol{X}$ 服从 $N_p(\boldsymbol{\mu},\boldsymbol{\Sigma})$ 分布.

性质 3　若 $\boldsymbol{C}$ 为 $m\times p$ 矩阵，$\boldsymbol{b}$ 为 $m\times 1$ 向量，$\boldsymbol{Y}=\boldsymbol{CX}+\boldsymbol{b}$，且 $\boldsymbol{X}$ 服从 $N_p(\boldsymbol{\mu},\boldsymbol{\Sigma})$ 分布，则 $\boldsymbol{Y}$ 服从 m 维正态分布，且 $E(\boldsymbol{Y})=\boldsymbol{C\mu}+\boldsymbol{b}$，$\mathrm{Cov}(\boldsymbol{Y},\boldsymbol{Y})=\boldsymbol{C\Sigma C}^{\mathrm{T}}$，即 $\boldsymbol{Y}$ 服从 $N_m(\boldsymbol{C\mu}+\boldsymbol{b},\boldsymbol{C\Sigma C}^{\mathrm{T}})$ 分布.

性质 3 说明多维正态分布在线性变换下仍为多维正态分布. 特别地，多维正态分布的低维边际分布也是正态分布.

性质 4　$\boldsymbol{X}$ 为 p 维正态变量的充要条件是对任一 p 维实数向量 $\boldsymbol{C}$，$\boldsymbol{Y}=\boldsymbol{C}^{\mathrm{T}}\boldsymbol{X}$ 是一维正态变量.

性质 5　若 $\boldsymbol{X}=(X_1,X_2)^{\mathrm{T}}$ 为多维正态变量(X_1，X_2 亦是多维的)，则 X_1，X_2 互不相关(指 X_1 的任一分量与 X_2 的任一分量均不相关)的充要条件是 X_1 与 X_2 独立.

性质 6 设 $\boldsymbol{X}$ 服从 p 维正态分布 $N_p(\boldsymbol{\mu},\boldsymbol{\Sigma})$，且 $\boldsymbol{\Sigma}$ 的秩为 m 的充要条件是 $\boldsymbol{X}$ 可以表示为 $\boldsymbol{X}=\boldsymbol{\mu}+\boldsymbol{BY}$，$(\boldsymbol{BB}^{\mathrm{T}}=\boldsymbol{\Sigma})$. 其中 $\boldsymbol{B}$ 为 $p\times m$ 矩阵，$\boldsymbol{Y}$ 为 m 维 $N_m(0,I)$ 变量，$m\leqslant p$. 即 $\boldsymbol{X}$ 可表示为 m 个相互独立的标准正态分布 $N(0,1)$ 变量与常数的线性组合.

性质 7 若 $\boldsymbol{X}=(\boldsymbol{X}_1,\boldsymbol{X}_2)^{\mathrm{T}}$，$\boldsymbol{X}\sim N_p(\boldsymbol{\mu},\boldsymbol{\Sigma})$，$\boldsymbol{X}_1$，$\boldsymbol{X}_2$ 分别是 m 维和 $p-m$ 维向量，且 $|\boldsymbol{\Sigma}|\neq 0$，$\boldsymbol{\mu}$ 和 $\boldsymbol{\Sigma}$ 也有相应的分块表示

$$\boldsymbol{\mu}\xlongequal{\text{def}}\begin{bmatrix}\mu_1\\ \mu_2\end{bmatrix},\quad \boldsymbol{\Sigma}\xlongequal{\text{def}}\begin{bmatrix}\Sigma_{11} & \Sigma_{12}\\ \Sigma_{21} & \Sigma_{22}\end{bmatrix}$$

则 X_1 关于 $X_2=x_2$ 的条件分布为 $N_m(\mu_{1,2},\Sigma_{11,2})$，其中条件分布的均值 $\mu_{1,2}$ 和方差 $\Sigma_{11,2}$ 分别是 $\mu_{1,2}\xlongequal{\text{def}}\mu_1+\Sigma_{12}\Sigma_{22}{}^{-1}(x_2-\mu_2)$，$\Sigma_{11,2}\xlongequal{\text{def}}\Sigma_{11}-\Sigma_{12}\Sigma_{22}^{-1}\Sigma_{21}$.

从性质 7 可以看出，条件均值是 x_2 的线性函数，条件方差与 x_2 无关.

性质 8 若 $\boldsymbol{X}$ 服从 p 维 $N_p(\boldsymbol{\mu},\boldsymbol{\Sigma})$ 分布，且 $|\boldsymbol{\Sigma}|\neq 0$，则

$$\eta\xlongequal{\text{def}}(\boldsymbol{X}-\boldsymbol{\mu})^{\mathrm{T}}\boldsymbol{\Sigma}^{-1}(\boldsymbol{X}-\boldsymbol{\mu})\sim\chi^2(p)$$

其中 $\chi^2(p)$ 表示自由度为 p 的 χ^2 分布.

7.1.2 多元正态分布的参数估计与假设检验

1. 多元正态分布的参数估计

设 X 服从 p 维正态分布 $N_p(\boldsymbol{\mu},\boldsymbol{\Sigma})$，$(\boldsymbol{X}_1,\boldsymbol{X}_2,\cdots,\boldsymbol{X}_n)$ 为来自总体 $N_p(\boldsymbol{\mu},\boldsymbol{\Sigma})$ 的容量为 n 的样本 $(n>p)$，$|\boldsymbol{\Sigma}|\neq 0$. 样本的均值向量与离差阵分别为

$$\bar{\boldsymbol{X}}=\frac{1}{n}\sum_{i=1}^{n}\boldsymbol{X}_i,\ \boldsymbol{S}=\sum_{k=1}^{n}(\boldsymbol{X}_k-\bar{\boldsymbol{X}})(\boldsymbol{X}_k-\bar{\boldsymbol{X}})^{\mathrm{T}}$$

则

(1) 若 $(\boldsymbol{X}_1,\boldsymbol{X}_2,\cdots,\boldsymbol{X}_n)$ 为取自非退化正态总体 $N_p(\boldsymbol{\mu},\boldsymbol{\Sigma})$ 的容量为 n 的样本，$f(x_i;\boldsymbol{\mu},\boldsymbol{\Sigma})$ 为 X_i 的分布密度，则样本均值 $\bar{X}$ 是均值向量 μ 的最大似然估计，而 $\boldsymbol{S}/n$ 是 $\boldsymbol{\Sigma}$ 的最大似然估计.

(2) 若 $(\boldsymbol{X}_1,\boldsymbol{X}_2,\cdots,\boldsymbol{X}_n)$ 为来自 p 维正态总体 $N_p(\boldsymbol{\mu},\boldsymbol{\Sigma})$ 的样本，则 $\bar{\boldsymbol{X}}$ 是 $\boldsymbol{\mu}$ 的最小方差无偏估计，而 $\boldsymbol{S}/(n-1)$ 是 $\boldsymbol{\Sigma}$ 的最小方差无偏估计.

(3) 若 $(\boldsymbol{X}_1,\boldsymbol{X}_2,\cdots,\boldsymbol{X}_n)$ 为取自 p 维正态总体 $N_p(\boldsymbol{\mu},\boldsymbol{\Sigma})$ 的样本，$\bar{\boldsymbol{X}}$、$\boldsymbol{S}$ 分别为样本均值与样本离差阵，则

1) $\bar{\boldsymbol{X}}$ 服从正态分布 $N(\boldsymbol{\mu},\frac{1}{n}\boldsymbol{\Sigma})$；

2) 存在相互独立的 p 维正态变量 $\boldsymbol{Y}_1,\boldsymbol{Y}_2,\cdots,\boldsymbol{Y}_{n-1}$，$\boldsymbol{Y}_i\sim N(\boldsymbol{0},\boldsymbol{\Sigma})$ 使 $\boldsymbol{S}$ 可表示为

$$\boldsymbol{S}=\sum_{i=1}^{n-1}\boldsymbol{Y}_i\boldsymbol{Y}_i^{\mathrm{T}}$$

3) $\bar{\boldsymbol{X}}$ 与 $\boldsymbol{S}$ 相互独立.

2. 正态总体均值向量的假设检验

(1) 协差阵 $\boldsymbol{\Sigma}$ 已知时，均值向量 $\boldsymbol{\mu}$ 的检验.

设 $\boldsymbol{X}_1,\boldsymbol{X}_2,\cdots,\boldsymbol{X}_n$ 为取自非退化正态总体 $N_p(\boldsymbol{\mu},\boldsymbol{\Sigma})$ 的样本，其中 $\boldsymbol{\Sigma}$ 已知. 要检验假设

$$H_0:\boldsymbol{\mu}=\boldsymbol{\mu}_0\leftrightarrow H_1:\boldsymbol{\mu}\neq\boldsymbol{\mu}_0$$

其中 $\boldsymbol{\mu}_0$ 为已知的 p 维列向量.

检验上述假设的步骤为：

1）选择统计量

$$\eta = n(\bar{\boldsymbol{X}} - \boldsymbol{\mu}_0)^{\mathrm{T}}\boldsymbol{\Sigma}^{-1}(\bar{\boldsymbol{X}} - \boldsymbol{\mu}_0)$$

当 H_0 成立时，η 服从自由度为 p 的 χ^2 分布；当 H_0 不成立，即 $\boldsymbol{\mu} \neq \boldsymbol{\mu}_0$ 时，η 有偏大的趋势.

2）给定检验水平 α，查 χ^2 分布表，可得 $\chi^2_\alpha(p)$ 的值，使 $P\{\eta \geqslant \chi^2_\alpha(p)\} \geqslant \alpha$.

3）根据样本值计算出 η 的值 η^*，若 $\eta^* \geqslant \chi^2_\alpha(p)$，则拒绝 H_0，即认为总体均值向量与 $\boldsymbol{\mu}_0$ 有显著差异；若 $\eta^* < \chi^2_\alpha(p)$，则接受 H_0，即认为总体均值向量与 $\boldsymbol{\mu}_0$ 无显著差异.

（2）协差阵 $\boldsymbol{\Sigma}$ 未知时，均值向量 $\boldsymbol{\mu}$ 的检验.

设 $\boldsymbol{X}_1, \boldsymbol{X}_2, \cdots, \boldsymbol{X}_n$ 为取自非退化正态总体 $N_p(\boldsymbol{\mu}, \boldsymbol{\Sigma})$ 的样本，其中 $\boldsymbol{\Sigma}$ 未知. 要检验假设

$$H_0: \boldsymbol{\mu} = \boldsymbol{\mu}_0 \leftrightarrow H_1: \boldsymbol{\mu} \neq \boldsymbol{\mu}_0$$

检验上述假设的步骤为：

1）选择统计量. 由于 $\boldsymbol{\Sigma}$ 未知，从而不能使用统计量 η，但由参数估计的性质知，$\boldsymbol{S}/(n-1)$ 是 $\boldsymbol{\Sigma}$ 的最小方差无偏估计，从而可用 $(n-1)\boldsymbol{S}^{-1}$ 代替 $\boldsymbol{\Sigma}^{-1}$，这里 $\boldsymbol{S}^{-1}$ 为样本离差阵 $\boldsymbol{S}$ 的逆矩阵，$\boldsymbol{\Sigma}^{-1}$ 为 $\boldsymbol{\Sigma}$ 的逆矩阵. 引入统计量

$$F = \frac{(n-p)}{(n-1)}T^2$$

其中 $T^2 = n(n-1)(\bar{\boldsymbol{X}} - \boldsymbol{\mu}_0)^{\mathrm{T}}\boldsymbol{S}^{-1}(\bar{\boldsymbol{X}} - \boldsymbol{\mu}_0)$，称 T^2 为霍太林统计量.

可以证明，当 H_0 成立，即 $\mu = \mu_0$ 时，$F \sim F(p, n-p)$；而当 H_1 成立时，统计量 F 有偏大的趋势.

2）给定检验水平 α，查 F 分布表可求出 $F_\alpha(p, n-p)$ 的值，使 $P\{F \geqslant F_\alpha(p, n-p)\} = \alpha$.

3）根据样本值求出 F 的值 F^*，当 $F^* \geqslant F_\alpha(p, n-p)$ 时，则拒绝 H_0，即认为总体均值向量与 $\boldsymbol{\mu}_0$ 有显著差异；当 $F^* < F_\alpha(p, n-p)$ 时，则接受 H_0，即认为总体均值向量与 $\boldsymbol{\mu}_0$ 无显著差异.

（3）两个正态总体均值向量是否相等的检验.

设 $\boldsymbol{X}_1, \boldsymbol{X}_2, \cdots, \boldsymbol{X}_m$ 是取自正态总体 $N_p(\boldsymbol{\mu}_1, \boldsymbol{\Sigma})$ 的样本，$\boldsymbol{Y}_1, \boldsymbol{Y}_2, \cdots, \boldsymbol{Y}_n$ 是取自正态总体 $N_p(\boldsymbol{\mu}_2, \boldsymbol{\Sigma})$ 的样本，$m > p$，$n > p$ 且两个样本相互独立，$\boldsymbol{\Sigma}$ 是两个正态总体共同的协方差（$|\boldsymbol{\Sigma}| \neq 0$）. 要检验假设

$$H_0: \boldsymbol{\mu}_1 = \boldsymbol{\mu}_2 \leftrightarrow H_1: \boldsymbol{\mu}_1 \neq \boldsymbol{\mu}_2$$

1）当 $\boldsymbol{\Sigma}$ 已知时检验上述假设，其步骤如下.

① 选择统计量

$$\chi^2_{mn} = \frac{mn}{m+n}(\bar{\boldsymbol{X}} - \bar{\boldsymbol{Y}})^{\mathrm{T}}\boldsymbol{\Sigma}^{-1}(\bar{\boldsymbol{X}} - \bar{\boldsymbol{Y}})$$

其中 $\bar{\boldsymbol{X}}$、$\bar{\boldsymbol{Y}}$ 分别是两个正态总体 $N_p(\boldsymbol{\mu}_1, \boldsymbol{\Sigma})$ 与 $N_p(\boldsymbol{\mu}_2, \boldsymbol{\Sigma})$ 的样本均值. 可以证明，当 H_0 成立时，χ^2_{mn} 服从自由度为 p 的 χ^2 分布；当 H_1 成立时（$\boldsymbol{\mu}_1 \neq \boldsymbol{\mu}_2$），$\chi^2_{mn}$ 的值有偏大的趋势.

② 给定的检验水平 α，查 χ^2 分布表可得 $\chi^2_\alpha(p)$ 的值，使 $P\{\chi^2_{mn} \geqslant \chi^2_\alpha(p)\} = \alpha$.

③ 由样本值计算 $\hat{\chi}^2_{mn}$，当 $\hat{\chi}^2_{mn} \geqslant \chi^2_\alpha(p)$ 时，拒绝 H_0，即认为两正态总体的均值向量有显著差异；当 $\hat{\chi}^2_{mn} < \chi^2_\alpha(p)$ 时，接受 H_0，即认为两正态总体的均值向量无显著差异.

2）当 $\boldsymbol{\Sigma}$ 未知时检验上述假设，其步骤如下.

① 选择统计量

$$F = \frac{mn(m+n-p-1)}{p(m+n)(m+m-2)}(\bar{\boldsymbol{X}} - \bar{\boldsymbol{Y}})^{\mathrm{T}}\boldsymbol{S}^{-1}(\bar{\boldsymbol{X}} - \bar{\boldsymbol{Y}})$$

其中 $\bar{\boldsymbol{X}}=\frac{1}{m}\sum_{i=1}^{m}\boldsymbol{X}_i$， $\bar{\boldsymbol{Y}}=\frac{1}{n}\sum_{i=1}^{n}\boldsymbol{Y}_i$，$\boldsymbol{S}^{-1}=(m+n-2)(\boldsymbol{S}_1+\boldsymbol{S}_2)^{-1}$， $\boldsymbol{S}_1=\sum_{k=1}^{m}(\boldsymbol{X}_k-\bar{\boldsymbol{X}})(\boldsymbol{X}_k-\bar{\boldsymbol{X}})^{\mathrm{T}}$，$\boldsymbol{S}_2=\sum_{k=1}^{n}(\boldsymbol{Y}_k-\bar{\boldsymbol{Y}})(\boldsymbol{Y}_k-\bar{\boldsymbol{Y}})^{\mathrm{T}}$.

这里 $\boldsymbol{S}$ 是协差阵 $\boldsymbol{\Sigma}$ 的估计量，$\boldsymbol{S}_1$、$\boldsymbol{S}_2$ 分别是两个正态总体 $N_p(\boldsymbol{\mu}_1,\boldsymbol{\Sigma})$ 与 $N_p(\boldsymbol{\mu}_2,\boldsymbol{\Sigma})$ 的样本离差阵. 可以证明，当 H_0 成立时，$F\sim F(p,m+n-p-1)$；当 H_1 成立时，F 有偏大的趋势.

② 给定检验水平 α，查 F 分布表，可得分位数 $F_\alpha(p,m+n-p-1)$ 的值，使 $P\{F\geqslant F_\alpha(p,m+n-p-1)\}=\alpha$.

③ 由样本值求出统计量的观察值 F^*，若 $F^*\geqslant F_\alpha(p,m+n-p-1)$，就拒绝 H_0，即认为两正态总体的均值向量有显著差异；若 $F^*<F_\alpha(p,m+n-p-1)$，则接受 H_0，即认为两个正态总体的均值向量无显著差异.

7.1.3 判别分析

判别分析是判别样品所属类型的一种统计方法，主要内容有距离判别法、费歇尔判别法和贝叶斯判别法.

1. 距离判别法

距离判别法是定义一个样品到某个总体的"距离"，然后根据样品到各个总体"距离"的远近来判断样品的归属.

(1) 马氏距离的概念. 设 $\boldsymbol{X}$、$\boldsymbol{Y}$ 是从总体 G 中抽取的样品，G 服从 p 维正态分布 $N_p(\boldsymbol{\mu},\boldsymbol{\Sigma})$，$\boldsymbol{\Sigma}>0$，定义 $\boldsymbol{X}$、$\boldsymbol{Y}$ 两点之间的马氏距离为 $D(\boldsymbol{X},\boldsymbol{Y})$，这里 $D^2(\boldsymbol{X},\boldsymbol{Y})=(\boldsymbol{X}-\boldsymbol{Y})^{\mathrm{T}}\boldsymbol{\Sigma}^{-1}(\boldsymbol{X}-\boldsymbol{Y})$；定义 $\boldsymbol{X}$ 到总体 G 的马氏距离为 $D(\boldsymbol{X},G)$，这里 $D^2(\boldsymbol{X},G)=(\boldsymbol{X}-\boldsymbol{\mu})^{\mathrm{T}}\boldsymbol{\Sigma}^{-1}(\boldsymbol{X}-\boldsymbol{\mu})$，即 $\boldsymbol{X}$ 与总体 G 的均值向量 $\boldsymbol{\mu}$ 的距离.

可以证明，马氏距离具有非负性、自反性且满足三角不等式. 即

$$D(\boldsymbol{X},\boldsymbol{Y})=\sqrt{D^2(\boldsymbol{X},\boldsymbol{Y})}=\sqrt{(\boldsymbol{X}-\boldsymbol{Y})^{\mathrm{T}}\boldsymbol{\Sigma}^{-1}(\boldsymbol{X}-\boldsymbol{Y})}\geqslant 0$$

仅当 $\boldsymbol{X}=\boldsymbol{Y}$ 时，$D(\boldsymbol{X},\boldsymbol{Y})=0$.

自反性：$D(\boldsymbol{X},\boldsymbol{Y})=D(\boldsymbol{Y},\boldsymbol{X})$ 是很明显的.

满足的三角不等式为 $D(\boldsymbol{X},\boldsymbol{Z})\leqslant D(\boldsymbol{X},\boldsymbol{Y})+D(\boldsymbol{Y},\boldsymbol{Z})$，当 $\boldsymbol{\Sigma}$ 为单位矩阵时，马氏距离就化为通常的欧氏距离.

有了马氏距离的概念，就可以用"距离"这个尺度来判别样品的归属了.

(2) 两个总体的判别. 设有两个总体 G_1 和 G_2，它们分别服从正态分布 $N_p(\boldsymbol{\mu}_1,\boldsymbol{\Sigma}_1)$ 和 $N_p(\boldsymbol{\mu}_2,\boldsymbol{\Sigma}_2)$，$\boldsymbol{\Sigma}_1\neq\boldsymbol{\Sigma}_2$，对于给定的一个样品 X(p 维)，判断它来自哪个总体.

若 $\boldsymbol{X}$ 到 G_1 和 G_2 的马氏距离分别为 $D(\boldsymbol{X},G_1)$ 和 $D(\boldsymbol{X},G_2)$，则可用如下规则进行判别：

$$\left.\begin{array}{ll}\boldsymbol{X}\in G_1, & D(\boldsymbol{X},G_1)<D(\boldsymbol{X},G_2)\\ \boldsymbol{X}\in G_2, & D(\boldsymbol{X},G_1)>D(\boldsymbol{X},G_2)\\ \boldsymbol{X}\in G_1\text{ 或 }\boldsymbol{X}\in G_2, & D(\boldsymbol{X},G_1)=D(\boldsymbol{X},G_2)\end{array}\right\}\tag{7-1}$$

其中 $D^2(\boldsymbol{X},G_1)=(\boldsymbol{X}-\boldsymbol{\mu}_1)^{\mathrm{T}}\boldsymbol{\Sigma}^{-1}(\boldsymbol{X}-\boldsymbol{\mu}_1)$，$D^2(\boldsymbol{X},G_2)=(\boldsymbol{X}-\boldsymbol{\mu}_2)^{\mathrm{T}}\boldsymbol{\Sigma}^{-1}(\boldsymbol{X}-\boldsymbol{\mu}_2)$.

当 $\boldsymbol{\mu}_1$、$\boldsymbol{\mu}_2$、$\boldsymbol{\Sigma}_1$、$\boldsymbol{\Sigma}_2$ 均未知时，分别取 $\hat{\boldsymbol{\mu}}_1=\bar{\boldsymbol{X}}$、$\hat{\boldsymbol{\mu}}_2=\bar{\boldsymbol{Y}}$、$\hat{\boldsymbol{\Sigma}}_1=\frac{1}{m-1}\boldsymbol{S}_1$、$\hat{\boldsymbol{\Sigma}}_2=\frac{1}{n-1}\boldsymbol{S}_2$ 作为 $\boldsymbol{\mu}_1$、$\boldsymbol{\mu}_2$、$\boldsymbol{\Sigma}_1$、$\boldsymbol{\Sigma}_2$ 的估计，将它们代入判别规则(7-1)就可以判别给定样本 $\boldsymbol{X}$ 的归属.

为了便于实际应用，人们通常考察样品 X 到 G_2 的距离与到 G_1 的距离之差，进一步建立了如下线性判别函数：

$$W(\boldsymbol{X}) = \frac{1}{2}[D^2(\boldsymbol{X},G_2) - D^2(\boldsymbol{X},G_1)] = (\boldsymbol{X}-\bar{\boldsymbol{\mu}})^{\mathrm{T}}\boldsymbol{\Sigma}^{-1}(\boldsymbol{\mu}_1-\boldsymbol{\mu}_2) = \boldsymbol{a}^{\mathrm{T}}(\boldsymbol{X}-\bar{\boldsymbol{\mu}})$$

其中 $\boldsymbol{\mu}_1$、$\boldsymbol{\mu}_2$、$\boldsymbol{\Sigma}$ 已知，且 $\boldsymbol{\Sigma}_1 = \boldsymbol{\Sigma}_2 = \boldsymbol{\Sigma}$，$\bar{\boldsymbol{\mu}} = \frac{1}{2}(\boldsymbol{\mu}_1+\boldsymbol{\mu}_2)$，　$a = \boldsymbol{\Sigma}^{-1}(\boldsymbol{\mu}_1-\boldsymbol{\mu}_2)$.

从 $W(\boldsymbol{X})$ 的表达式可以得到，$D^2(\boldsymbol{X},G_2)-D^2(\boldsymbol{X},G_1) = 2W(\boldsymbol{X})$，当 $W(\boldsymbol{X})>0$ 时，$D^2(\boldsymbol{X},G_2) > D^2(\boldsymbol{X},G_1)$，此时应判断 $\boldsymbol{X}\in G_1$；当 $W(\boldsymbol{X})<0$ 时，应判断 $\boldsymbol{X}\in G_2$. 于是判别规则可表示为

$$\begin{cases}\boldsymbol{X}\in G_1, & W(\boldsymbol{X})>0\\ \boldsymbol{X}\in G_2, & W(\boldsymbol{X})<0\\ \boldsymbol{X}\in G_1 \text{ 或 } \boldsymbol{X}\in G_2, & W(\boldsymbol{X})=0\end{cases}$$

通常称 $W(\boldsymbol{X})$ 为判别函数，由于它是 $\boldsymbol{X}$ 的线性函数，故又称为线性判别函数，a 称为判别系数. 线性判别函数使用起来很方便，它在实际中有着广泛的应用.

当 $\boldsymbol{\mu}_1$、$\boldsymbol{\mu}_2$、$\boldsymbol{\Sigma}$ 未知时，可通过样本来估计. 设 $\boldsymbol{X}_1,\boldsymbol{X}_2,\cdots,\boldsymbol{X}_m$ 为取自总体 G_1 的容量为 m 的样本，$\boldsymbol{Y}_1,\boldsymbol{Y}_2,\cdots,\boldsymbol{Y}_n$ 为取自总体 G_2 的容量为 n 的样本，且两个样本相互独立. 若记

$$\bar{\boldsymbol{X}} = \frac{1}{m}\sum_{i=1}^{m}\boldsymbol{X}_i,\ \bar{\boldsymbol{Y}} = \frac{1}{n}\sum_{i=1}^{n}\boldsymbol{Y}_i,\ \boldsymbol{S}_1 = \sum_{k=1}^{m}(\boldsymbol{X}_k-\bar{\boldsymbol{X}})(\boldsymbol{X}_k-\bar{\boldsymbol{X}})^{\mathrm{T}}$$

$$\boldsymbol{S}_2 = \sum_{k=1}^{n}(\boldsymbol{Y}_k-\bar{\boldsymbol{Y}})(\boldsymbol{Y}_k-\bar{\boldsymbol{Y}})^{\mathrm{T}},\ \hat{\boldsymbol{\Sigma}} = \frac{1}{m+n-2}(\boldsymbol{S}_1+\boldsymbol{S}_2),\quad \bar{\boldsymbol{\mu}} = \frac{1}{2}(\bar{\boldsymbol{X}}+\bar{\boldsymbol{Y}})$$

则判别规则函数 $W(\boldsymbol{X})$ 与判别系数 $\boldsymbol{a}$ 分别为

$$W(\boldsymbol{X}) = (\boldsymbol{X}-\bar{\boldsymbol{\mu}})^{\mathrm{T}}\hat{\boldsymbol{\Sigma}}^{-1}(\bar{\boldsymbol{X}}-\bar{\boldsymbol{Y}}),\quad \boldsymbol{a} = \hat{\boldsymbol{\Sigma}}^{-1}(\bar{\boldsymbol{X}}-\bar{\boldsymbol{Y}})$$

(3) 多个总体的判别. 设有 k 个正态总体 $G_1,G_2,\cdots,G_k$，它们的均值向量和协方差矩阵分别为 $\boldsymbol{\mu}_1,\boldsymbol{\mu}_2,\cdots,\boldsymbol{\mu}_k,\boldsymbol{\Sigma}_1,\boldsymbol{\Sigma}_2,\cdots,\boldsymbol{\Sigma}_k$，且协差阵 $\boldsymbol{\Sigma}_i>0(i=1,2,\cdots,k)$，对给定的样品 $\boldsymbol{X}$，要判别它属于哪个总体.

当协方差矩阵 $\boldsymbol{\Sigma}_1=\boldsymbol{\Sigma}_2=\cdots=\boldsymbol{\Sigma}_k=\boldsymbol{\Sigma}$，且 $\boldsymbol{\mu}_1,\boldsymbol{\mu}_2,\cdots,\boldsymbol{\mu}_k,\boldsymbol{\Sigma}$ 均已知时，判别函数为

$$W_{ij}(\boldsymbol{X}) = [\boldsymbol{X}-(\boldsymbol{\mu}_i+\boldsymbol{\mu}_j)/2]^{\mathrm{T}}\boldsymbol{\Sigma}^{-1}(\boldsymbol{\mu}_i-\boldsymbol{\mu}_j),\ i,j=1,2,\cdots,k$$

相应的判别规则是

$$\left.\begin{array}{ll}\boldsymbol{X}\in G_i, & W_{ij}(\boldsymbol{X})>0,\text{对一切 } i\neq j\\ \boldsymbol{X}\in G_i \text{ 或 } X\in G_j, & \text{某个 } W_{ij}(\boldsymbol{X})=0\end{array}\right\} \tag{7-2}$$

当 $\boldsymbol{\mu}_1,\boldsymbol{\mu}_2,\cdots,\boldsymbol{\mu}_k,\boldsymbol{\Sigma}$ 均未知时，可以用

$$\hat{\boldsymbol{\mu}}_\alpha = \bar{\boldsymbol{X}}^{(\alpha)} = \frac{1}{n}\sum_{j=1}^{n_\alpha}\boldsymbol{X}_j^{(\alpha)},(\alpha=1,2,\cdots,k),\quad \hat{\boldsymbol{\Sigma}} = \frac{1}{n-k}\sum_{\alpha=1}^{k}\boldsymbol{S}_\alpha$$

分别作为 $\boldsymbol{\mu}_1,\boldsymbol{\mu}_2,\cdots,\boldsymbol{\mu}_k,\boldsymbol{\Sigma}$ 的估计. 其中 $\boldsymbol{X}_1^{(\alpha)},\boldsymbol{X}_2^{(\alpha)},\cdots,\boldsymbol{X}_{n_\alpha}^{(\alpha)}(\alpha=1,2,\cdots,k)$ 为从 G_α 中抽取的样本，$n=\sum_{i=1}^{k}n_i,\boldsymbol{S}_\alpha=\sum_{j=1}^{n_\alpha}(\boldsymbol{X}_j^{(\alpha)}-\bar{\boldsymbol{X}}^{(\alpha)})(\boldsymbol{X}_j^{(\alpha)}-\bar{\boldsymbol{X}}^{(\alpha)})^{\mathrm{T}}$.

相应的判别规则由式(7-2)给出. 其中

$$W_{ij}(\boldsymbol{X}) = [\boldsymbol{X}-(\hat{\boldsymbol{\mu}}_i+\hat{\boldsymbol{\mu}}_j)/2]^{\mathrm{T}}\boldsymbol{\Sigma}^{-1}(\hat{\boldsymbol{\mu}}_i-\hat{\boldsymbol{\mu}}_j)$$

当协方差阵 $\boldsymbol{\Sigma}_1,\boldsymbol{\Sigma}_2,\cdots,\boldsymbol{\Sigma}_k$ 不同，且 $\boldsymbol{\mu}_1,\boldsymbol{\mu}_2,\cdots,\boldsymbol{\mu}_k,\boldsymbol{\Sigma}_1,\boldsymbol{\Sigma}_2,\cdots,\boldsymbol{\Sigma}_k$ 均已知时，判别函数为

$$W_{ij}(\boldsymbol{X})=(\boldsymbol{X}-\boldsymbol{\mu}_i)^{\mathrm{T}}\boldsymbol{\Sigma}_i^{-1}(\boldsymbol{X}-\boldsymbol{\mu}_i)-(\boldsymbol{X}-\boldsymbol{\mu}_j)^{\mathrm{T}}\boldsymbol{\Sigma}_j^{-1}(\boldsymbol{X}-\boldsymbol{\mu}_j),i,j=1,2,\cdots,k$$

相应的判别规则为

$$\left.\begin{array}{ll}\boldsymbol{X}\in G_i, & W_{ij}(\boldsymbol{X})<0,\text{对一切 } i\neq j \\ \boldsymbol{X}\in G_i \text{ 或 } \boldsymbol{X}\in G_j, & \text{某个 } W_{ij}(\boldsymbol{X})=0\end{array}\right\} \tag{7-3}$$

当 $\boldsymbol{\mu}_1,\boldsymbol{\mu}_2,\cdots,\boldsymbol{\mu}_k,\boldsymbol{\Sigma}_1,\boldsymbol{\Sigma}_2,\cdots,\boldsymbol{\Sigma}_k$ 未知时，可以用

$$\hat{\boldsymbol{\mu}}_{\alpha}=\overline{\boldsymbol{X}}^{(\alpha)}=\frac{1}{n}\sum_{j=1}^{n_{\alpha}}\boldsymbol{X}_j^{(\alpha)},\hat{\boldsymbol{\Sigma}}_{\alpha}=\frac{1}{n_{\alpha}-1}\boldsymbol{S}_{\alpha},\alpha=1,2,\cdots,k$$

分别作为 $\boldsymbol{\mu}_{\alpha}$、$\boldsymbol{\Sigma}_{\alpha}(\alpha=1,2,\cdots,k)$ 的估计. 其中 $\boldsymbol{S}_{\alpha}=\sum_{j=1}^{n_{\alpha}}(\boldsymbol{X}_j^{(\alpha)}-\overline{\boldsymbol{X}}^{(\alpha)})(\boldsymbol{X}_j^{(\alpha)}-\overline{\boldsymbol{X}}^{(\alpha)})^{\mathrm{T}}$，相应的判别规则由式(7-3)给出. 其中

$$W_{ij}(\boldsymbol{X})=(\boldsymbol{X}-\hat{\boldsymbol{\mu}}_i)^{\mathrm{T}}\hat{\boldsymbol{\Sigma}}_i^{-1}(\boldsymbol{X}-\hat{\boldsymbol{\mu}}_i)-(\boldsymbol{X}-\hat{\boldsymbol{\mu}}_j)^{\mathrm{T}}\boldsymbol{\Sigma}_j^{-1}(\boldsymbol{X}-\hat{\boldsymbol{\mu}}_j)$$

2. 贝叶斯判别法

任何一种判别方法都可能造成错判，而错判会造成损失. 为此可以从错判所造成的损失达到最小角度出发，寻找一种新的判别规则或判别函数，这就是人们常说的贝叶斯判别法.

设有 k 个总体 $G_1,G_2,\cdots,G_k$，分别具有 p 维密度函数 $p_1(x),p_2(x),\cdots,p_k(x)$，假设这 k 个总体各自出现的概率分别为 $q_1,q_2,\cdots,q_k$，这个概率称为先验概率. 用 $D_1,D_2,\cdots,D_k$ 表示 p 维空间 R^p 的一个划分，即 $D_1,D_2,\cdots,D_k$ 互不相交，且 $D_1\cup D_2\cup D_3\cup\cdots\cup D_k=R^p$. 如果这个划分取得适当，正好对应于 k 个总体，这时判别规则可以采用如下方法：

$$\boldsymbol{X}\in G_i,\text{ 若 }\boldsymbol{X}\text{ 落入 }D_i,i=1,2,\cdots,k$$

用 $L(j\mid i)$ 表示样品来自总体 G_i，而误判为 G_j 的损失，这一误判的概率为

$$p(j\mid i)=\int_{D_j}p_i(x)\mathrm{d}x$$

于是由判别规则知，误判带来的平均损失(ECM)为

$$\mathrm{ECM}(D_1,D_2,\cdots,D_k)=\sum_{i=1}^{k}q_i\sum_{j=1}^{k}L(j\mid i)p(j\mid i)$$

定义 $L(i\mid i)=0$，目的是求 $D_1,D_2,\cdots,D_k$，使 ECM 达到最小.

定理 7.1 在本节的假设下，贝叶斯判别的解 $D_1,D_2,\cdots,D_k$ 为

$$D_t=\{\boldsymbol{X}\mid h_t(\boldsymbol{X})<h_j(\boldsymbol{X}),j\neq t,j=1,2,\cdots,k\},t=1,2,\cdots,k$$

其中 $h_t(\boldsymbol{X})=\sum_{i=1,i\neq t}^{k}q_ip_i(\boldsymbol{X})L(t\mid i)$.

由定理 7.1 可知，要求贝叶斯解，只要求得使 $h_t(\boldsymbol{X})$ 为最小的 h 值即可. 可以证明，这样贝叶斯解也就是给出了样品 X 后进行判别而产生的后验平均损失最小.

在某些实际问题中，损失 $L(j\mid i)$ 不容易给出，这时常取 $L(j\mid i)=1-\delta_{ij}$，其中

$$\delta_{ij}=\begin{cases}1, & i=j \\ 0, & i\neq j\end{cases}$$

可以证明，当 $L(j\mid i)=1-\delta_{ij}$ 时，贝叶斯解为

$$D_t=\{\boldsymbol{X}\mid q_tp_t(\boldsymbol{X})<q_jp_j(\boldsymbol{X}),j\neq t,j=1,2,\cdots,k\},t=1,2,\cdots,k$$

若 $G_1,G_2,\cdots,G_k$ 的分布分别为 $N_p(\boldsymbol{\mu}_1,\boldsymbol{\Sigma}),N_p(\boldsymbol{\mu}_2,\boldsymbol{\Sigma}),\cdots,N_p(\boldsymbol{\mu}_p,\boldsymbol{\Sigma}),L(j\mid i)=1-\delta_{ij}$，这时得贝叶斯解为

$$D_t = \{\boldsymbol{X} \mid q_t p_t(\boldsymbol{X}) < q_j p_j(\boldsymbol{X}), j \neq t, j = 1,2,\cdots,k\}$$

若令 $V_{ij}(\boldsymbol{X}) = \dfrac{p_i(\boldsymbol{X})}{p_j(\boldsymbol{X})}$，则有 $V_{ij}(\boldsymbol{X}) = \exp[W_{ij}(\boldsymbol{X})]$. 式中 $W_{ij}(\boldsymbol{X}) = [\boldsymbol{X} - (\boldsymbol{\mu}_i + \boldsymbol{\mu}_j)/2]^{\mathrm{T}} \boldsymbol{\Sigma}^{-1} (\boldsymbol{\mu}_i - \boldsymbol{\mu}_j), i,j = 1,2,\cdots,k$.

这时，贝叶斯判别规则如下：

$$\begin{cases} \boldsymbol{X} \in G_i, & W_{ij}(\boldsymbol{X}) > \ln(q_i/q_j), j \neq i, j = 1,2,\cdots,k \\ \boldsymbol{X} \in G_i \text{ 或 } \boldsymbol{X} \in G_j, & \text{某个 } W_{ij}(\boldsymbol{X}) = \ln(q_i/q_j) \end{cases}$$

当 $\boldsymbol{\mu}_1, \boldsymbol{\mu}_2, \cdots, \boldsymbol{\mu}_k, \boldsymbol{\Sigma}$ 未知时，可以用样本作估计：

$$\hat{\mu}_g = \bar{x}^{(g)} = (\bar{x}_1^{(g)}, \bar{x}_1^{(g)}, \cdots, \bar{x}_p^{(g)})^{\mathrm{T}}, g = 1,2,\cdots,k$$

$$\hat{\boldsymbol{\Sigma}} = \frac{1}{n-k}(\boldsymbol{W}_{ij})$$

其中 $\bar{x}_i^{(g)} = \dfrac{1}{n_g}\sum\limits_{k=1}^{n_g} x_{k_i}^{(g)}, i = 1,2,\cdots,p, g = 1,2,\cdots,k, \boldsymbol{W}_{ij} = \sum\limits_{g=1}^{k}\sum\limits_{k=1}^{n_g}(x_{k_i}^{(g)} - \bar{x}_i^{(g)})(x_{k_j}^{(g)} - \bar{x}_j^{(g)})$，$n = \sum\limits_{g=1}^{k} n_g$.

3. 费歇尔判别法

费歇尔判别法是借助于方差分析的思想，按照类内方差尽可能小、类间方差尽可能大的准则来确定判别函数. 它是由费歇尔在 1936 年提出的，该方法对总体的分布不做任何要求.

设有 k 个 p 维总体 $G_1, G_2, \cdots, G_k$，总体 G_i 的均值向量和协方差矩阵分别为 $\boldsymbol{\mu}_i$ 和 $\boldsymbol{\Sigma}_i, i = 1, 2, \cdots, k$. 任给一个样品 X，考虑它的线性函数

$$u(\boldsymbol{X}) = \boldsymbol{a}^{\mathrm{T}} \boldsymbol{X}$$

其中 $\boldsymbol{a} = (a_1, a_2, \cdots, a_p)^{\mathrm{T}}$ 为 R^p 中的任意向量. 在 $\boldsymbol{X}$ 来自 G_i 的条件下，$u(\boldsymbol{X})$ 的均值和方差分别为 $E(u(\boldsymbol{X}) \mid G_i) = \boldsymbol{a}^{\mathrm{T}} \boldsymbol{\mu}_i$，$D(u(\boldsymbol{X}) \mid G_i) = \boldsymbol{a}^{\mathrm{T}} \boldsymbol{\Sigma}_i \boldsymbol{a}, i = 1,2,\cdots,k$.

若令

$$B_0 = \sum_{i=1}^{k} (\boldsymbol{a}^{\mathrm{T}} \boldsymbol{\mu}_i - \boldsymbol{a}^{\mathrm{T}} \bar{\boldsymbol{\mu}})^2 = \boldsymbol{a}^{\mathrm{T}} \sum_{i=1}^{k} (\boldsymbol{\mu}_i - \bar{\boldsymbol{\mu}})(\boldsymbol{\mu}_i - \bar{\boldsymbol{\mu}})^{\mathrm{T}} \boldsymbol{a} = \boldsymbol{a}^{\mathrm{T}} \boldsymbol{B} \boldsymbol{a}$$

$$E_0 = \sum_{i=1}^{k} \boldsymbol{a}^{\mathrm{T}} \boldsymbol{\Sigma}_i \boldsymbol{a} = \boldsymbol{a}^{\mathrm{T}} \sum_{i=1}^{k} \boldsymbol{\Sigma}_i \boldsymbol{a} = \boldsymbol{a}^{\mathrm{T}} \boldsymbol{E} \boldsymbol{a}$$

其中 $\bar{\boldsymbol{\mu}} = \dfrac{1}{k}\sum\limits_{i=1}^{k} \boldsymbol{\mu}_i, \boldsymbol{E} = \sum\limits_{i=1}^{k} \boldsymbol{\Sigma}_i$，则 B_0 相当于组间离差平方和，而 E_0 相当于组内离差平方和. 运用判别分析的思想，构造函数 $\Phi(a) = \dfrac{\boldsymbol{a}^{\mathrm{T}} \boldsymbol{B} \boldsymbol{a}}{\boldsymbol{a}^{\mathrm{T}} \boldsymbol{E} \boldsymbol{a}}$.

若求得 $\Phi(\boldsymbol{a})$ 的极大值，即可得到判别函数. 显然，$\boldsymbol{B}$、$\boldsymbol{E}$ 均为非负定矩阵.

$\Phi(\boldsymbol{a})$ 的极大值为方程 $|\boldsymbol{B} - \lambda \boldsymbol{E}| = 0$ 的最大特征根，而系数向量 $\boldsymbol{a}$ 为最大特征根对应的特征向量.

求得判别函数 $u(\boldsymbol{X}) = \boldsymbol{a}^{\mathrm{T}} \boldsymbol{X}$ 后，对一个需要判别归属的样品 $\boldsymbol{X}$，先计算出 k 个差值

$$|\boldsymbol{a}^{\mathrm{T}} \boldsymbol{X} - \boldsymbol{a}^{\mathrm{T}} \boldsymbol{\mu}_i|, i = 1,2,\cdots,k$$

若这 k 个值中第 l 个最小，即 $|\boldsymbol{a}^{\mathrm{T}} \boldsymbol{X} - \boldsymbol{a}^{\mathrm{T}} \boldsymbol{\mu}_l| \geqslant \min |\boldsymbol{a}^{\mathrm{T}} \boldsymbol{X} - \boldsymbol{a}^{\mathrm{T}} \boldsymbol{\mu}_i|$，则可以判断 $\boldsymbol{X}$ 来自总体 G_i.

在有些问题中，如果认为这种判别方法还不能很好地区分各个总体，则可以由 $\boldsymbol{E}^{-1} \boldsymbol{B}$ 的第

二个特征根λ_2所对应的特征向量$\boldsymbol{a}_2$，建立第二个线性判别函数$\boldsymbol{a}^{\mathrm{T}}\boldsymbol{X}$，如果还不满意，可以用$\lambda_3$建立第三个，依次类推. 一般若$\boldsymbol{E}^{-1}\boldsymbol{B}$的特征根按大小顺序，前$r$个根为$\lambda_1,\lambda_2,\cdots,\lambda_r$，其相应的特征向量为$\boldsymbol{a}_1,\boldsymbol{a}_2,\cdots,\boldsymbol{a}_r$，我们可以建立$r$个线性函数$\boldsymbol{a}_1^{\mathrm{T}}\boldsymbol{X},\boldsymbol{a}_2^{\mathrm{T}}\boldsymbol{X},\cdots,\boldsymbol{a}_r^{\mathrm{T}}\boldsymbol{X}$，这样相当于把原来的$p$个指标压缩成$r$个指标，再利用这$r$个指标，根据欧式距离的大小来规定$D_1,D_2,\cdots,D_k$的范围，即对$p$维空间作划分$D=D_1,D_2,\cdots,D_k$，其中

$$D_l=\left\{\boldsymbol{X}\,\middle|\,\sum_{i=1}^{r}(\boldsymbol{a}_i^{\mathrm{T}}\boldsymbol{X}-\boldsymbol{a}_i^{\mathrm{T}}\boldsymbol{\mu}_l)^2=\min_j\sum_{i=1}^{r}(\boldsymbol{a}_i^{\mathrm{T}}\boldsymbol{X}-\boldsymbol{a}_i^{\mathrm{T}}\boldsymbol{\mu}_j)^2\right\},\quad l=1,2,\cdots,k$$

当样品$\boldsymbol{X}\in D_l$时，则判断$\boldsymbol{X}\in G_l$.

在实际应用中，如果总体的均值向量及协方差阵未知，则可通过样本进行估计，故$\boldsymbol{E}$和$\boldsymbol{B}$也用相应的估计表达式来计算.

4. 主成分分析

主成分分析是利用降维的思想把多指标转化为少数几个综合指标(即主成分)，其中每个主成分都能够反映原始变量的大部分信息，且所含信息互不重复. 这种方法在引进多方面变量的同时将复杂因素归结为几个主成分，使问题简单化，同时得到更加科学有效的数据信息.

(1) 协方差矩阵已知的情形. 设$\boldsymbol{X}=(X_1,X_2,\cdots,X_p)^{\mathrm{T}}$是一个$p$维随机向量，且二阶矩存在，记$\mu=E(\boldsymbol{X})$，$\boldsymbol{\Sigma}=D(\boldsymbol{X})$，$\boldsymbol{\Sigma}$已知. 考虑它的线性变换：

$$Y_k=\boldsymbol{L}_i^{\mathrm{T}}\boldsymbol{X}=l_{1k}X_1+l_{2k}X_2+\cdots+l_{pk}X_p,\quad k=1,2,\cdots,p$$

其中$\boldsymbol{L}_k=(l_{1k},l_{2k},\cdots,l_{pk})^{\mathrm{T}}$，$k=1,2,\cdots,p$. 易见

$$D(Y_i)=\boldsymbol{L}_i^{\mathrm{T}}\boldsymbol{\Sigma}\boldsymbol{L}_i,\mathrm{Cov}(Y_i,Y_j)=\boldsymbol{L}_i^{\mathrm{T}}\boldsymbol{\Sigma}\boldsymbol{L}_j,i,j=1,2,\cdots,p \tag{7-4}$$

如果希望用Y_1来代替原来的p个变量$X_1,X_2,\cdots,X_p$，这就要求Y_1尽可能多地反映原来的p个变量的信息. 根据数理统计理论，Y_1的方差$D(Y_1)$越大，表示Y_1包含的信息越多. 由式(7-4)看出，对$\boldsymbol{L}_1$必须有某种限制，否则可使$D(Y_1)\to\infty$. 常用的限制是

$$\boldsymbol{L}_i^{\mathrm{T}}\boldsymbol{L}_i=1,i=1,2,\cdots,p \tag{7-5}$$

故我们希望在约束条件(7-5)下找$\boldsymbol{L}_1$，使得$D(Y_1)$达到最大，这样的Y_1称为第一主成分. 如果一个主成分不足以代表原来的p个变量，就考虑采用Y_2，为了最有效地代表原变量的信息，Y_2中不应含有Y_1已有的信息，用数学公式来表达就应有

$$\mathrm{Cov}(Y_1,Y_2)=0 \tag{7-6}$$

于是，求Y_2就转化为在约束(7-5)和(7-6)下求$\boldsymbol{L}_2$，使$D(Y_2)$达到最大，所求的Y_2称为第二主成分. 类似地，我们可以定义第三主成分、第四主成分等等. 一般地讲，X的第i个主成分$Y_i=\boldsymbol{L}_i^{\mathrm{T}}\boldsymbol{X}$是指：在约束(7-5)及$\mathrm{Cov}(\boldsymbol{L}_i^{\mathrm{T}}\boldsymbol{X}_i,\boldsymbol{L}_k^{\mathrm{T}}\boldsymbol{X})=0(k<i)$下求$\boldsymbol{L}_i$，使得$D(Y_i)$达到最大.

定理7.2 设$\boldsymbol{X}$为p维随机变量，且$\boldsymbol{\Sigma}=D(\boldsymbol{X})$存在，则$\boldsymbol{X}$的第$i$个主成分$Y_i$与方差$D(Y_i)$分别为$Y_i=\boldsymbol{t}_i^{\mathrm{T}}\boldsymbol{X}$，$D(Y_i)=\lambda_i$，$i=1,2,\cdots,p$. 其中$\lambda_i$为$\boldsymbol{\Sigma}$的特征值，$\boldsymbol{t}_i$为对应$\lambda_i$的单位特征向量.

若记

$$\boldsymbol{\Lambda}=\begin{bmatrix}\lambda_1 & & 0\\ & \lambda_2 & \\ 0 & & \lambda_p\end{bmatrix},\boldsymbol{T}^{\mathrm{T}}=(t_1,t_2,\cdots,t_p),\boldsymbol{Y}^{\mathrm{T}}=(Y_1,Y_2,\cdots,Y_p)$$

且$\boldsymbol{Y}$为p维随机向量，则$\boldsymbol{Y}$的分量$Y_1,Y_2,\cdots,Y_p$依次是$\boldsymbol{X}$的第一主成分，第二主成分，…，第p

主成分的充要条件是：

1)$\boldsymbol{Y} = \boldsymbol{T}^{\mathrm{T}}\boldsymbol{X}$,$\boldsymbol{T}$ 为正交阵.

2)$D(\boldsymbol{Y})$ 为对角阵 $\mathrm{diag}(\lambda_1,\lambda_2,\cdots,\lambda_p)$.

3)$\lambda_1 \geqslant \lambda_2 \geqslant \cdots \geqslant \lambda_p$.

若设正交阵 $\boldsymbol{T} = (t_{ij})$,$i,j = 1,2,\cdots,p$,则可得以下结论：

1)$D(\boldsymbol{Y}) = \Lambda$.

2)$\sum_{i=1}^{p}\lambda_i = \sum_{i=1}^{p}\sigma_{ii}$,其中 σ_{ii} 为矩阵 $\boldsymbol{\Sigma}$ 主对角线上的第 i 个元素.

3) 主成分 Y_k 与原来变量 X_i 的相关系数 $\rho(Y_k,X_i)$ 称作因子负荷量

$$\rho(Y_k,X_i) = \sqrt{\lambda_k}t_{ik} / \sqrt{\sigma_{ii}},k,i = 1,2,\cdots,p$$

4)$\sum_{i=1}^{p}\sigma_{ii}\rho^2(Y_k,X_i) = \lambda_k$.

5)$\sum_{k=1}^{p}\rho^2(Y_k,X_i) = \sum_{k=1}^{p}\lambda_k t_{ik}^2/\sigma_{ii} = 1$.

用主成分的目的是减少变量的个数,故一般绝不能用 p 个主成分,而用 $m < p$ 个主成分. m 取多大,这是一个很实际的问题,因此,有下面的定义.

定义 7.1　在主成分分析中,称 $\lambda_k / \sum_{i=1}^{p}\lambda_i$ 为主成分 Y_k 的贡献率,称 $\sum_{i=1}^{m}\lambda_i / \sum_{i=1}^{p}\lambda_i$ 为主成分 $Y_1,Y_2,\cdots,Y_m$ 的累计贡献率.

通常取 m 使得累计贡献率超过 85%(有时只需超过 80%). 累计贡献率是表达 m 个主成分提取了 $X_1,X_2,\cdots,X_p$ 多少信息的一个量,但它并没有表达某个变量被提取了多少信息,为此还需要另一个定义.

定义 7.2　m 个主成分 $Y_1,Y_2,\cdots,Y_m$ 对于原变量 X_i 的贡献率 v_i 是 X_i 分别与 $Y_1,Y_2,\cdots,Y_m$ 相关系数的平方和,即 $v_i = \sum_{k=1}^{m}\lambda_k t_{ik}^2/\sigma_{ii}$.

在实际问题中,不同的变量往往有不同的量纲,而通过 $\boldsymbol{\Sigma}$ 来求主成分,优先照顾方差(σ_{ii})大的变量,有时会产生很不合理的结果. 为了消除由于量纲的不同可能带来的一些不合理的影响,常将变量标准化,即取

$$X_i^* = \frac{X_i - E(X_i)}{\sqrt{D(X_i)}},i = 1,2,\cdots,p$$

显见 $\boldsymbol{X}^* = (X_1^*,X_2^*,\cdots,X_p^*)^{\mathrm{T}}$ 的协差阵就是 $\boldsymbol{X}$ 的相关阵 $\boldsymbol{R}$. 从相关阵出发来求主成分,可从上面的讨论得到如下的性质：

1) 主成分的协差阵为 $\boldsymbol{\Lambda}^* = \mathrm{diag}(\lambda_1^*,\lambda_2^*,\cdots,\lambda_p^*)$,其中 $\lambda_1^* \geqslant \lambda_2^* \geqslant \cdots \geqslant \lambda_p^*$ 为 $\boldsymbol{R}$ 的特征根.

2)$\sum_{i=1}^{p}\lambda_i^* = p$.

3)X_i^* 与主成分 Y_k^* 的相关系数(因子负荷量) 为

$$\rho(Y_k^*,X_i^*) = \sqrt{\lambda_k^*}\,t_{ik}^*$$

其中 $t_k^* = (t_{1k}^*,t_{2k}^*,\cdots,t_{pk}^*)^{\mathrm{T}}$ 为 $\boldsymbol{R}$ 的对应于 λ_k^* 的单位特征向量.

4) $\sum_{i=1}^{p}\rho^2(Y_k^*,X_k^*)=\sum_{i=1}^{p}\lambda_k^* t_{ik}^{*2}=\lambda_k^*$(因 $\sigma_{ii}^*=1,i=1,2,\cdots,p$).

5) $\sum_{k=1}^{p}\rho^2(Y_k^*,X_k^*)=\sum_{k=1}^{p}\lambda_k^* t_{ik}^{*2}=1$.

主成分还可用其他形式来定义,这里不再赘述.

(2) 协方差阵 $\boldsymbol{\Sigma}$ 未知的情形.当 $\boldsymbol{X}$ 的协方差阵 $\boldsymbol{\Sigma}$ 未知时,就需要用样本 $(X_1,X_2,\cdots,X_n)$ 对 $\boldsymbol{\Sigma}$ 作估计,记样本矩阵为

$$\boldsymbol{X}=\begin{bmatrix} x_{11} & x_{12} & \cdots & x_{1p} \\ x_{21} & x_{22} & \cdots & x_{2p} \\ \vdots & \vdots & & \vdots \\ x_{n1} & x_{n2} & \cdots & x_{np} \end{bmatrix}$$

则样本离差阵、样本协方差矩阵及样本相关阵分别为

$$\boldsymbol{A}=\sum_{j=1}^{n}(\boldsymbol{X}_j-\bar{\boldsymbol{X}})(\boldsymbol{X}_j-\bar{\boldsymbol{X}})^{\mathrm{T}}=(a_{ij}),\boldsymbol{S}=\frac{1}{n-1}\boldsymbol{A}=(S_{ij})$$

$$\boldsymbol{R}=(r_{ij}),r_{ij}=\frac{a_{ij}}{\sqrt{a_{ii}a_{jj}}}=\frac{S_{ij}}{\sqrt{S_{ii}S_{jj}}}$$

其中 $\bar{\boldsymbol{X}}=\frac{1}{n}\sum_{i=1}^{n}\boldsymbol{X}_i$.取 $\boldsymbol{\Sigma}$ 的估计为 $\hat{\boldsymbol{\Sigma}}=\boldsymbol{S}$,取总体相关阵的估计为 $\boldsymbol{R}$,求出 $\boldsymbol{\Sigma}$ 的特征根以及相应的特征向量(单位化的),就可获得主成分.也可从样本相关阵 $\boldsymbol{R}$ 出发,求出 $\boldsymbol{R}$ 的特征根及所对应的特征向量,再求出类似的主成分.

7.2 学习目的与要求

(1) 掌握多元正态分布的定义及其性质.

(2) 掌握多元正态分布的参数估计和假设检验方法.

(3) 掌握判别分析的基本思想和方法,主要包括距离判别法、贝叶斯判别法、费歇尔判别法.

(4) 掌握主成分分析的基本思想和数学模型.掌握主成分的性质、求解步骤及过程.

7.3 典型例题精解

例 7-1 设 $\boldsymbol{X}=(X_1,X_2)^{\mathrm{T}}$ 服从正态分布 $N_2(\boldsymbol{\mu},\boldsymbol{\Sigma})$,其中 $\boldsymbol{\mu}=(\mu_1,\mu_2)^{\mathrm{T}},\boldsymbol{\Sigma}=\sigma^2\begin{pmatrix}1 & \rho \\ \rho & 1\end{pmatrix}$,求协方差 $\mathrm{Cov}(X_1+X_2,X_1-X_2)$.

【解】
$$\begin{aligned}\mathrm{Cov}(X_1+X_2,X_1-X_2)&=\mathrm{Cov}(X_1,X_1)-\mathrm{Cov}(X_1,X_2)+\mathrm{Cov}(X_2,X_1)-\mathrm{Cov}(X_2,X_2)\\&=D(X_1)-D(X_2)=\sigma^2-\sigma^2=0\end{aligned}$$

例 7-2 设 $\boldsymbol{X}=(X_1,X_2,X_3)^{\mathrm{T}}\sim N_3(\boldsymbol{\mu},\boldsymbol{\Sigma})$, 其中 $\boldsymbol{\mu}=(1,0,-2)^{\mathrm{T}},\boldsymbol{\Sigma}=\begin{pmatrix}16 & -4 & 2 \\ -4 & 4 & -1 \\ 2 & -1 & 4\end{pmatrix}$,试判断 X_1+2X_3 与 $(X_2-X_3,X_1)^{\mathrm{T}}$ 是否独立.

【解】令 $y_1=(X_2-X_3,X_1)^{\mathrm T}$，$y_2=X_1+2X_3$，则

$$\begin{pmatrix}y_1\\y_2\end{pmatrix}=\begin{pmatrix}X_2-X_3\\X_1\\X_1+2X_3\end{pmatrix}=\begin{pmatrix}0&1&-1\\1&0&0\\1&0&2\end{pmatrix}\begin{pmatrix}X_1\\X_2\\X_3\end{pmatrix}$$

$$E\begin{pmatrix}y_1\\y_2\end{pmatrix}=\begin{pmatrix}0&1&-1\\1&0&0\\1&0&2\end{pmatrix}\begin{pmatrix}1\\0\\2\end{pmatrix}=\begin{pmatrix}2\\1\\-3\end{pmatrix}$$

$$D\begin{pmatrix}y_1\\y_2\end{pmatrix}=\begin{pmatrix}0&1&-1\\1&0&0\\1&0&2\end{pmatrix}\begin{pmatrix}16&-4&2\\-4&4&-1\\2&-1&4\end{pmatrix}\begin{pmatrix}0&1&-1\\1&0&0\\1&0&2\end{pmatrix}=\begin{pmatrix}10&-6&-16\\-6&16&20\\-16&20&40\end{pmatrix}$$

故 y_1、y_2 的联合分布为 $N_3\left(\begin{pmatrix}2\\1\\-3\end{pmatrix},\begin{pmatrix}10&-6&-16\\-6&16&20\\-16&20&40\end{pmatrix}\right)$，$y_1$、$y_2$ 不独立.

例 7-3　设 $\boldsymbol X$ 服从二元正态分布 $N_2\left(\begin{pmatrix}0\\1\end{pmatrix},\begin{pmatrix}2&1\\1&4\end{pmatrix}\right)$，令 $\boldsymbol Y=\begin{pmatrix}Y_1\\Y_2\end{pmatrix}=\begin{pmatrix}1&1\\0&2\end{pmatrix}\boldsymbol X+\begin{pmatrix}2\\3\end{pmatrix}$.

(1) 求 $\boldsymbol Y$ 及分量 Y_1 的概率分布；

(2) 求 Y_1,Y_2 的相关系数.

【解】(1) 记 $\boldsymbol Y=\boldsymbol{AX}+\boldsymbol B$，由题知 $\boldsymbol Y$ 服从正态分布，又

$$E\boldsymbol Y=\boldsymbol A E\boldsymbol X+\boldsymbol B=\begin{pmatrix}1&1\\0&2\end{pmatrix}\begin{pmatrix}0\\1\end{pmatrix}+\begin{pmatrix}2\\3\end{pmatrix}=\begin{pmatrix}3\\5\end{pmatrix}$$

$$D\boldsymbol Y=\boldsymbol A\mathrm{Cov}(\boldsymbol X,\boldsymbol X)\boldsymbol A^{\mathrm T}=\begin{pmatrix}1&1\\0&2\end{pmatrix}\begin{pmatrix}2&1\\1&4\end{pmatrix}\begin{pmatrix}1&0\\1&2\end{pmatrix}=\begin{pmatrix}8&10\\10&16\end{pmatrix}$$

因此 $\boldsymbol Y\sim N_2\left(\begin{pmatrix}3\\5\end{pmatrix},\begin{pmatrix}8&10\\10&16\end{pmatrix}\right)$，$Y_1\sim N(3,8)$.

(2) Y_1,Y_2 的相关系数为

$$\rho=\frac{\mathrm{Cov}(Y_1,Y_2)}{\sqrt{DY_1}\,\sqrt{DY_2}}=\frac{10}{\sqrt8\times\sqrt{16}}=\frac{5}{4\sqrt2}$$

例 7-4　对某地区农村的 6 名 2 周岁男婴的身高、胸围、上半臂围进行测量，得相关数据. 根据以往资料，该地区城市 2 周岁男婴的这三个指标的均值 $\boldsymbol\mu_0=(90,58,16)^{\mathrm T}$，现欲在多元正态性的假定下检验该地区农村男婴是否与城市男婴有相同的均值. 其中

$$\bar{\boldsymbol X}=\begin{pmatrix}82.0\\60.2\\14.5\end{pmatrix},(5\boldsymbol S)^{-1}=(115.6924)^{-1}\begin{pmatrix}4.3107&-14.6210&8.9464\\-14.6210&3.172&-37.3760\\8.9464&-37.3760&35.5936\end{pmatrix}$$

($\alpha=0.01$，$F_{0.01}(3,2)=99.2$，$F_{0.01}(3,3)=29.5$，$F_{0.01}(3,4)=16.7$)

【解】假设检验问题为

$$H_0:\boldsymbol\mu=\boldsymbol\mu_0,H_1:\boldsymbol\mu\neq\boldsymbol\mu_0$$

经计算可得

$$\bar{\boldsymbol X}-\boldsymbol\mu_0=\begin{pmatrix}-8.0\\2.2\\-1.5\end{pmatrix}$$

$$S^{-1}=(23.13848)^{-1}\begin{pmatrix}4.3107 & -14.6210 & 8.9464\\ -14.6210 & 3.172 & -37.3760\\ 8.9464 & -37.3760 & 35.5936\end{pmatrix}$$

构造检验统计量

$$F=\frac{n-p}{(n-1)p}T^2$$

其中 $T^2=n(n-1)(\bar{X}-\mu_0)^{\mathrm{T}}S^{-1}(\bar{X}-\mu_0)=420.445$.则

$$F=\frac{n-p}{(n-1)p}T^2=\frac{3\times 420.445}{3\times 5}=84.089$$

由于 $F=84.089>F_{0.01}(3,3)=29.5$,所以在显著性水平 $\alpha=0.01$ 下,拒绝原假设 H_0,即认为农村和城市的2周岁男婴上述三个指标的均值有显著性差异.

例 7-5 设三个总体 G_1、G_2 和 G_3 的分布分别为 $N(2,0.5^2)$、$N(0,2^2)$ 和 $N(3,1^2)$.试问样品 $x=2.5$ 应判归哪一类?

(1) 按距离判别准则;

(2) 按贝叶斯判别准则(取 $q_1=q_2=q_3=\frac{1}{3}$,$L(j\mid i)=\begin{cases}1,i\neq j\\0,i=j\end{cases}$).

【解】(1) 样品 x 与三个总体 G_1、G_2 和 G_3 的马氏距离分别为

$$d_1^2(x)=\frac{(x-\mu_1)^2}{\sigma_1^2}=\frac{(2.5-2)^2}{0.5^2}=1$$

$$d_2^2(x)=\frac{(x-\mu_2)^2}{\sigma_2^2}=\frac{(2.5-0)^2}{2^2}=1.5625$$

$$d_3^2(x)=\frac{(x-\mu_3)^2}{\sigma_3^2}=\frac{(2.5-3)^2}{1^2}=0.25$$

显然,$\min\{d_1^2(x),d_2^2(x),d_3^2(x)\}=d_3^2(x)$,故 $x\in G_3$,即样品 $x=2.5$ 应判归总体 G_3.

(2) 样品 x 与三个总体 G_1、G_2 和 G_3 的贝叶斯距离分别为

$$D_1^2(x)=d_1^2(x)+\ln(\sigma_1^2)=1+(-1.3863)=-0.3863$$

$$D_2^2(x)=d_2^2(x)+\ln(\sigma_2^2)=1.5625+\ln 4=2.9488$$

$$D_3^2(x)=d_3^2(x)+\ln(\sigma_3^2)=0.25+\ln 1=0.25$$

显然,$\min\{D_1^2(x),D_2^2(x),D_3^2(x)\}=D_1^2(x)$,故 $x\in G_1$,即样品 $x=2.5$ 应判归总体 G_1.

例 7-6 试述费歇尔线性判别法的基本思想.

【答】费歇尔线性判别法的基本思想:通过寻找一个投影方向(线性变换,线性组合),将高维问题降低为低维问题来解决,并且要求变换后的一维数据具有性质:同类样本尽可能聚集在一起,不同类样本尽可能的远.

例 7-7 设总体 G_1 和 G_2 的分布分别为 $N_2(\boldsymbol{\mu}^{(1)},\boldsymbol{\Sigma}_1)$,$N_2(\boldsymbol{\mu}^{(2)},\boldsymbol{\Sigma}_2)$,其中 $\boldsymbol{\mu}^{(1)}=(10,15)^{\mathrm{T}}$,$\boldsymbol{\mu}^{(2)}=(20,25)^{\mathrm{T}}$,$\boldsymbol{\Sigma}_1=\begin{bmatrix}18 & 12\\12 & 32\end{bmatrix}$,$\boldsymbol{\Sigma}_2=\begin{bmatrix}20 & -7\\-7 & 5\end{bmatrix}$,先验概率 $q_1=q_2$,而 $L(2\mid 1)=10$,$L(1\mid 2)=75$.试问样品 $\boldsymbol{X}_{(1)}=(20,20)^{\mathrm{T}}$ 及 $\boldsymbol{X}_{(2)}=(15,20)^{\mathrm{T}}$ 各应判归哪一类?

(1) 使用费歇尔判别准则.

(2) 使用贝叶斯判别准则(假设 $\boldsymbol{\Sigma}_1=\boldsymbol{\Sigma}_2=\begin{bmatrix}18 & 12\\12 & 32\end{bmatrix}=\boldsymbol{\Sigma}$).

【解】(1) 取

$$A=\boldsymbol{\Sigma}_1+\boldsymbol{\Sigma}_2=\begin{bmatrix}18 & 12\\12 & 32\end{bmatrix}+\begin{bmatrix}20 & -7\\-7 & 5\end{bmatrix}=\begin{bmatrix}38 & 5\\5 & 37\end{bmatrix}$$

$$\begin{aligned}B&=(\boldsymbol{\mu}^{(1)}-\boldsymbol{\mu}^{(2)})(\boldsymbol{\mu}^{(1)}-\boldsymbol{\mu}^{(2)})^{\mathrm T}\\&=\begin{pmatrix}10-20\\15-25\end{pmatrix}(-10,-10)=\begin{pmatrix}100 & 100\\100 & 100\end{pmatrix}\end{aligned}$$

由于 $A^{-1}B$ 的特征根为

$$\begin{aligned}d^2&=(\boldsymbol{\mu}^{(1)}-\boldsymbol{\mu}^{(2)})^{\mathrm T}A^{-1}(\boldsymbol{\mu}^{(1)}-\boldsymbol{\mu}^{(2)})\\&=(-10,-10)\begin{pmatrix}37 & -5\\-5 & 38\end{pmatrix}\begin{pmatrix}-10\\-10\end{pmatrix}\times\frac{1}{1381}=\frac{6500}{1381}=4.7067\end{aligned}$$

取 $\boldsymbol{a}=\dfrac{1}{d}A^{-1}(\boldsymbol{\mu}^{(1)}-\boldsymbol{\mu}^{(2)})=\dfrac{-1}{\sqrt{65\times1381}}\begin{pmatrix}32\\33\end{pmatrix}$,则 $\boldsymbol{a}^{\mathrm T}A\boldsymbol{a}=1$,且 $\boldsymbol{a}$ 满足:$B\boldsymbol{a}=\lambda A\boldsymbol{a}$,$(\lambda=d^2)$.

判别效率为

$$\Phi(a)=\frac{\boldsymbol{a}^{\mathrm T}B\boldsymbol{a}}{\boldsymbol{a}^{\mathrm T}A\boldsymbol{a}}=\lambda=4.7067$$

费歇尔线性判别函数为

$$u(X)=\boldsymbol{a}^{\mathrm T}\boldsymbol{X}=\frac{-1}{\sqrt{89\ 765}}(32X_1+33X_2)$$

判别准则为

$$\begin{cases}\boldsymbol{X}\in G_1, & u(\boldsymbol{X})>u^*\\\boldsymbol{X}\in G_2, & u(\boldsymbol{X})\leqslant u^*\end{cases}$$

阈值为

$$u^*=\frac{\sigma_2\bar{u}^{(1)}+\sigma_1\bar{u}^{(2)}}{\sigma_1+\sigma_2}=-4.2964$$

其中,

$$\sigma_1^2=\boldsymbol{a}^{\mathrm T}\boldsymbol{\Sigma}_1\boldsymbol{a}=\frac{1}{89\ 765}(32,33)\begin{pmatrix}18 & 12\\12 & 32\end{pmatrix}\begin{pmatrix}32\\33\end{pmatrix}=\frac{78\ 624}{89\ 765}=0.8759$$

$$\sigma_2^2=\boldsymbol{a}^{\mathrm T}\boldsymbol{\Sigma}_2\boldsymbol{a}=\frac{1}{89\ 765}(32,33)\begin{pmatrix}20 & -7\\-7 & 5\end{pmatrix}\begin{pmatrix}32\\33\end{pmatrix}=\frac{11\ 141}{89\ 765}=0.1241$$

$$\bar{u}^{(1)}=\boldsymbol{a}^{\mathrm T}\boldsymbol{\mu}^{(1)}=\frac{-1}{\sqrt{89765}}(32,33)\begin{pmatrix}10\\15\end{pmatrix}=-2.7202$$

$$\bar{u}^{(2)}=\boldsymbol{a}^{\mathrm T}\boldsymbol{\mu}^{(2)}=\frac{-1}{\sqrt{89\ 765}}(32,33)\begin{pmatrix}20\\25\end{pmatrix}=-4.8897$$

$$\bar{u}^{(1)}>\bar{u}^{(2)}$$

当 $\boldsymbol{X}_{(1)}=\begin{pmatrix}20\\20\end{pmatrix}$时,$u\boldsymbol{X}_{(1)}=\dfrac{-1}{\sqrt{89\ 765}}(32,33)\begin{pmatrix}20\\20\end{pmatrix}=-4.339$. 因为 $u\boldsymbol{X}_{(1)}=-4.339<u^*$,所以判 $\boldsymbol{X}_{(1)}\in G_2$.

当 $\boldsymbol{X}_{(2)}=\begin{pmatrix}15\\20\end{pmatrix}$时,$u\boldsymbol{X}_{(2)}=\dfrac{-1}{\sqrt{89\ 765}}(32,33)\begin{pmatrix}15\\20\end{pmatrix}=-3.805$. 因为 $u\boldsymbol{X}_{(2)}=-3.805>u^*$,

所以判 $\boldsymbol{X}_{(2)} \in G_1$.

(2) 方法一(后验概率):

$$C_{1,0} = \ln(q_1) - \frac{1}{2}(\boldsymbol{\mu}^{(1)})^{\mathrm{T}}\boldsymbol{\Sigma}_1^{-1}\boldsymbol{\mu}^{(1)}$$

$$= \ln(q_1) - \frac{1}{2}\begin{bmatrix}10\\15\end{bmatrix}^{\mathrm{T}}\begin{bmatrix}18 & 12\\12 & 32\end{bmatrix}^{-1}\begin{bmatrix}10\\15\end{bmatrix} = \ln(q_1) - 4.2245$$

$$C_{2,0} = \ln(q_2) - \frac{1}{2}(\boldsymbol{\mu}^{(2)})^{\mathrm{T}}\boldsymbol{\Sigma}_2^{-1}\boldsymbol{\mu}^{(2)}$$

$$= \ln(q_1) - \frac{1}{2}\begin{bmatrix}20\\25\end{bmatrix}^{\mathrm{T}}\begin{bmatrix}18 & 12\\12 & 32\end{bmatrix}^{-1}\begin{bmatrix}20\\25\end{bmatrix} = \ln(q_1) - 13.9468$$

$$X_{(1)}^{\mathrm{T}}C_1 = \boldsymbol{\Sigma}_1^{-1}\boldsymbol{\mu}^{(1)}\boldsymbol{X}_{(1)} = \begin{bmatrix}20\\20\end{bmatrix}^{\mathrm{T}}\begin{bmatrix}18 & 12\\12 & 32\end{bmatrix}^{-1}\begin{bmatrix}10\\15\end{bmatrix} = 13.4259$$

$$X_{(1)}^{\mathrm{T}}C_2 = \boldsymbol{\Sigma}_2^{-1}\boldsymbol{\mu}^{(2)}\boldsymbol{X}_{(1)} = \begin{bmatrix}20\\20\end{bmatrix}^{\mathrm{T}}\begin{bmatrix}18 & 12\\12 & 32\end{bmatrix}^{-1}\begin{bmatrix}20\\25\end{bmatrix} = 25.4630$$

$$X_{(2)}^{\mathrm{T}}C_1 = \boldsymbol{\Sigma}_1^{-1}\boldsymbol{\mu}^{(1)}\boldsymbol{X}_{(2)} = \begin{bmatrix}15\\20\end{bmatrix}^{\mathrm{T}}\begin{bmatrix}18 & 12\\12 & 32\end{bmatrix}^{-1}\begin{bmatrix}10\\15\end{bmatrix} = 11.8056$$

$$X_{(2)}^{\mathrm{T}}C_2 = \boldsymbol{\Sigma}_2^{-1}\boldsymbol{\mu}^{(2)}\boldsymbol{X}_{(2)} = \begin{bmatrix}15\\20\end{bmatrix}^{\mathrm{T}}\begin{bmatrix}18 & 12\\12 & 32\end{bmatrix}^{-1}\begin{bmatrix}20\\25\end{bmatrix} = 21.5278$$

则

$$Y_1(X_{(1)}) = C_{1,0} + X_{(1)}^{\mathrm{T}}C_1 = \ln(q_1) - 4.2245 + 13.4259 = \ln(q_1) + 9.2014$$

$$Y_2(X_{(1)}) = C_{2,0} + X_{(1)}^{\mathrm{T}}C_2 = \ln(q_1) - 13.9468 + 25.4630 = \ln(q_1) + 11.5162$$

$$Y_1(X_{(2)}) = C_{1,0} + X_{(2)}^{\mathrm{T}}C_1 = \ln(q_1) - 4.2245 + 11.8056 = \ln(q_1) + 7.5811$$

$$Y_2(X_{(2)}) = C_{2,0} + X_{(2)}^{\mathrm{T}}C_2 = \ln(q_1) - 13.9468 + 21.5278 = \ln(q_1) + 7.5810$$

显然,$Y_1(X_{(1)}) < Y_2(X_{(1)})$,$Y_1(X_{(2)}) > Y_2(X_{(2)})$,故 $X_{(1)} \in G_2$, $X_{(2)} \in G_{(1)}$.

方法二(平均损失):

$$V(X_{(1)}) = \frac{h_1(X_{(1)})}{h_2(X_{(1)})} = \frac{q_2 f_2(X_{(1)})L(1\mid 2)}{q_1 f_1(X_{(1)})L(2\mid 1)} = \frac{75 f_2(X_{(1)})}{10 f_1(X_{(1)})}$$

$$= \frac{15}{2}\exp\{-\frac{1}{2}(\boldsymbol{X}_{(1)} - \boldsymbol{\mu}^{(2)})^{\mathrm{T}}\boldsymbol{\Sigma}_2^{-1}(\boldsymbol{X}_{(1)} - \boldsymbol{\mu}^{(2)}) + \frac{1}{2}(\boldsymbol{X}_{(1)} - \boldsymbol{\mu}^{(1)})^{\mathrm{T}}\boldsymbol{\Sigma}_2^{-1}(\boldsymbol{X}_{(1)} - \boldsymbol{\mu}^{(1)})\}$$

$$= 7.5\exp\{-\frac{1}{2}(\begin{bmatrix}20\\20\end{bmatrix} - \begin{bmatrix}20\\25\end{bmatrix})^{\mathrm{T}}\begin{bmatrix}18 & 12\\12 & 32\end{bmatrix}^{-1}(\begin{bmatrix}20\\20\end{bmatrix} - \begin{bmatrix}20\\25\end{bmatrix}) + \frac{1}{2}(\begin{bmatrix}20\\20\end{bmatrix} - \begin{bmatrix}10\\15\end{bmatrix})^{\mathrm{T}}\begin{bmatrix}18 & 12\\12 & 32\end{bmatrix}^{-1}(\begin{bmatrix}20\\20\end{bmatrix} - \begin{bmatrix}10\\15\end{bmatrix})\} = 75.9229 > 1$$

$$V(X_{(2)}) = \frac{h_1(X_{(2)})}{h_2(X_{(2)})} = \frac{q_2 f_2(X_{(2)})L(1\mid 2)}{q_1 f_1(X_{(2)})L(2\mid 1)} = \frac{75 f_2(X_{(2)})}{10 f_1(X_{(2)})}$$

$$= \frac{15}{2}\exp\{-\frac{1}{2}(\boldsymbol{X}_{(2)}-\boldsymbol{\mu}^{(2)})^{\mathrm{T}}\boldsymbol{\Sigma}_2^{-1}(\boldsymbol{X}_{(2)}-\boldsymbol{\mu}^{(2)})+$$

$$\frac{1}{2}(\boldsymbol{X}_{(2)}-\boldsymbol{\mu}^{(1)})^{\mathrm{T}}\boldsymbol{\Sigma}_2^{-1}(\boldsymbol{X}_{(2)}-\boldsymbol{\mu}^{(1)})\}$$

$$= 7.5\exp\{-\frac{1}{2}\left(\begin{bmatrix}15\\20\end{bmatrix}-\begin{bmatrix}20\\25\end{bmatrix}\right)^{\mathrm{T}}\begin{bmatrix}18 & 12\\12 & 32\end{bmatrix}^{-1}\left(\begin{bmatrix}15\\20\end{bmatrix}-\begin{bmatrix}20\\25\end{bmatrix}\right)+$$

$$\frac{1}{2}\left(\begin{bmatrix}15\\20\end{bmatrix}-\begin{bmatrix}10\\15\end{bmatrix}\right)^{\mathrm{T}}\begin{bmatrix}18 & 12\\12 & 32\end{bmatrix}^{-1}\left(\begin{bmatrix}15\\20\end{bmatrix}-\begin{bmatrix}10\\15\end{bmatrix}\right)\} = 7.5 > 1$$

故 $\boldsymbol{X}_{(1)} \in G_2, \boldsymbol{X}_{(2)} \in G_{(2)}$.

例 7-8　设 $\boldsymbol{X}=(X_1,X_2,X_3,X_4)^{\mathrm{T}} \sim N_4(0,\boldsymbol{\Sigma})$,协方差阵 $\boldsymbol{\Sigma}=\begin{pmatrix}1 & \rho & \rho & \rho\\ \rho & 1 & \rho & \rho\\ \rho & \rho & 1 & \rho\\ \rho & \rho & \rho & 1\end{pmatrix}$,$0<\rho\leqslant 1$.

(1) 试从 $\boldsymbol{\Sigma}$ 出发求 $\boldsymbol{X}$ 的第一总体主成分;

(2) 试问当 ρ 取多大时才能使第一主成分的贡献率达 95% 以上.

【解】(1) 由

$$|\lambda \boldsymbol{E}-\boldsymbol{\Sigma}| = \begin{vmatrix}\lambda-1 & -\rho & -\rho & -\rho\\ -\rho & \lambda-1 & -\rho & -\rho\\ -\rho & -\rho & \lambda-1 & -\rho\\ -\rho & -\rho & -\rho & \lambda-1\end{vmatrix} = 0$$

得特征根为

$$\lambda_1 = 1+3\rho, \lambda_2=\lambda_3=\lambda_4=1-\rho$$

解 λ_1 所对应的方程

$$\begin{pmatrix}\lambda-1 & -\rho & -\rho & -\rho\\ -\rho & \lambda-1 & -\rho & -\rho\\ -\rho & -\rho & \lambda-1 & -\rho\\ -\rho & -\rho & -\rho & \lambda-1\end{pmatrix}\begin{pmatrix}x_1\\x_2\\x_3\\x_4\end{pmatrix} = 0$$

得 λ_1 所对应的单位特征向量为 $\left(\frac{1}{2}\quad \frac{1}{2}\quad \frac{1}{2}\quad \frac{1}{2}\right)^{\mathrm{T}}$. 故得第一主成分 $Z=\frac{1}{2}X_1+\frac{1}{2}X_2+\frac{1}{2}X_3+\frac{1}{2}X_4$.

(2) 第一个主成分的贡献率为

$$\frac{\lambda_1}{\lambda_1+\lambda_2+\lambda_3+\lambda_4} = \frac{1+3\rho}{4} \geqslant 95\%$$

得 $\rho \geqslant \frac{0.95\times 4-1}{3} \approx 0.933$.

例 7-9　设随机向量 $\boldsymbol{X}=(X_1,X_2,X_3)^{\mathrm{T}}$ 的协方差阵 $\boldsymbol{\Sigma}$ 如下,试进行主成分分析.

$$\boldsymbol{\Sigma} = \begin{bmatrix}11 & \sqrt{3}/2 & 3/2\\ \sqrt{3}/2 & 21/4 & 5\sqrt{3}/4\\ 3/2 & 5\sqrt{3}/4 & 31/4\end{bmatrix}$$

【解】由

$$|\boldsymbol{\Sigma}-\lambda \boldsymbol{E}|=\begin{bmatrix} 11-\lambda & \sqrt{3}/2 & 3/2 \\ \sqrt{3}/2 & 21/4-\lambda & 5\sqrt{3}/4 \\ 3/2 & 5\sqrt{3}/4 & 31/4-\lambda \end{bmatrix}=0$$

计算得

$$\lambda_1=12,\lambda_2=8,\lambda_3=4$$

$$D(Y_1)=\lambda_1=12,D(Y_2)=\lambda_2=8,D(Y_3)=\lambda_3=4$$

当 $\lambda_1=12$ 时,

$$(\boldsymbol{\Sigma}-\lambda_1\boldsymbol{E})\rightarrow\begin{pmatrix} -4 & 2\sqrt{3} & 6 \\ 2\sqrt{3} & -27 & 5\sqrt{3} \\ 6 & 5\sqrt{3} & -17 \end{pmatrix}\rightarrow\begin{pmatrix} -12 & 6\sqrt{3} & 18 \\ 12 & -54/\sqrt{3} & 30 \\ 12 & 10\sqrt{3} & -34 \end{pmatrix}$$

$$\rightarrow\begin{pmatrix} -2 & \sqrt{3} & 3 \\ 0 & -\sqrt{3} & 1 \\ 0 & 0 & 0 \end{pmatrix}\rightarrow\begin{pmatrix} -2 & 0 & -2 \\ 0 & \sqrt{3} & -1 \\ 0 & 0 & 0 \end{pmatrix}\rightarrow\begin{pmatrix} 1 & 0 & -2 \\ 0 & \sqrt{3} & -1 \\ 0 & 0 & 0 \end{pmatrix}$$

所以 $\boldsymbol{a}_1=(2\sqrt{3},1,\sqrt{3})^{\mathrm{T}}$.

同理计算得当 $\lambda_2=8$ 时,$\boldsymbol{a}_2=(-2,\sqrt{3},3)^{\mathrm{T}}$. 当 $\lambda_3=4$ 时,$\boldsymbol{a}_3=(0,-\sqrt{3},1)^{\mathrm{T}}$,易知 $\boldsymbol{a}_1,\boldsymbol{a}_2,\boldsymbol{a}_3$ 相互正交.

单位化向量得

$$\boldsymbol{T}_1=\left(\frac{\sqrt{3}}{2},\frac{1}{4},\frac{\sqrt{3}}{4}\right)^{\mathrm{T}},\boldsymbol{T}_2=\left(\frac{-1}{2},\frac{\sqrt{3}}{4},\frac{3}{4}\right)^{\mathrm{T}},\boldsymbol{T}_3=\left(0,\frac{\sqrt{3}}{2},\frac{1}{2}\right)^{\mathrm{T}}$$

所以 $Y_1=\boldsymbol{T}_1^{\mathrm{T}}\boldsymbol{X},Y_2=\boldsymbol{T}_2^{\mathrm{T}}\boldsymbol{X},Y_3=\boldsymbol{T}_3^{\mathrm{T}}\boldsymbol{X}$.

综上所述,第一主成分为

$$Y_1=\frac{\sqrt{3}}{2}X_1+\frac{1}{4}X_2+\frac{\sqrt{3}}{4}X_3,D(Y_1)=12$$

第二主成分为

$$Y_2=\frac{-1}{2}X_1+\frac{\sqrt{3}}{4}X_2+\frac{1}{4}X_3,D(Y_2)=8$$

第三主成分为

$$Y_3=\frac{-\sqrt{3}}{2}X_1+\frac{1}{2}X_3,D(Y_3)=4$$

例 7-10 设 $\boldsymbol{X}=(X_1,X_2)^{\mathrm{T}}$ 的协方差阵 $\boldsymbol{\Sigma}=\begin{bmatrix} 1 & 4 \\ 4 & 100 \end{bmatrix}$,试从协方差阵 $\boldsymbol{\Sigma}$ 和相关阵 $\boldsymbol{R}$ 出发求出总体主成分,并加以比较.

【解】方法一. 由题意得,$\boldsymbol{\Sigma}$ 的特征值为 $\lambda_1=100.1614,\lambda_2=0.8386$. 相应的单位正交特征向量为

$$\boldsymbol{a}_1=\begin{bmatrix} 0.0403 \\ 0.9992 \end{bmatrix},\ \boldsymbol{a}_2=\begin{bmatrix} -0.9992 \\ 0.0403 \end{bmatrix}$$

故主成分为 $Z_1=0.0403X_1+0.9992X_2,Z_2=-0.9992X_1+0.0403X_2$.

方法二. 由题意知, $\boldsymbol{X}$ 的相关阵为 $\boldsymbol{R}=\begin{bmatrix}1 & 0.4\\0.4 & 10\end{bmatrix}$, 其特征值为 $\lambda_1^*=10.0177$, $\lambda_2^*=0.9823$. 相应的单位正交特征向量为

$$\boldsymbol{a}_1^*=\begin{bmatrix}0.0443\\0.9990\end{bmatrix},\boldsymbol{a}_2^*=\begin{bmatrix}-0.9990\\0.0443\end{bmatrix}$$

故主成分为 $Z_1^*=0.0443X_1+0.9990X_2$, $Z_2^*=-0.9990X_1+0.0443X_2$.

7.4　教材习题详解

1. (1)μ 的极大似然估计和最小方差无偏估计值均为 $\overline{\boldsymbol{X}}=(\overline{X}_1,\overline{X}_2,\cdots,\overline{X}_5)^{\mathrm{T}}=(9.56,80.92,152.14,8.6,77.8)^{\mathrm{T}}$.

(2)$\boldsymbol{\Sigma}$ 的极大似然估计为

$$\frac{\boldsymbol{S}}{n}=\frac{\boldsymbol{S}}{7}=\frac{1}{7}\sum_{k=1}^{7}(x_k-\overline{\boldsymbol{X}})(x_k-\overline{\boldsymbol{X}})^{\mathrm{T}}$$

$$=\begin{bmatrix}7.28 & 16.73 & -12.25 & 1.52 & -9.29\\16.73 & 81.55 & -107.62 & -5.77 & 8.45\\-12.25 & -107.62 & 507.84 & 4.48 & -25.49\\1.52 & -5.77 & 4.48 & 2.89 & -9.3\\-9.29 & 8.45 & -25.49 & -9.3 & 49.87\end{bmatrix}$$

$\boldsymbol{\Sigma}$ 的最小方差无偏估计为

$$\frac{\boldsymbol{S}}{n-1}=\frac{\boldsymbol{S}}{6}=\frac{1}{6}\sum_{k=1}^{7}(x_k-\overline{\boldsymbol{X}})(x_k-\overline{\boldsymbol{X}})^{\mathrm{T}}$$

$$=\begin{bmatrix}8.49 & 19.52 & -14.29 & 1.77 & -10.84\\19.52 & 95.14 & -125.56 & -6.73 & 9.86\\-14.29 & -125.56 & 592.48 & 5.23 & -29.74\\1.77 & -6.73 & 5.23 & 3.37 & -10.85\\-10.84 & 9.86 & -29.74 & -10.85 & 58.18\end{bmatrix}$$

2. $\hat{\Sigma}=\dfrac{\boldsymbol{S}}{n-1}$, 用 $(n-1)\boldsymbol{S}^{-1}$ 代替 $\boldsymbol{\Sigma}^{-1}$. 引入统计量

$$F=\frac{n-p}{(n-1)p}T^2=\frac{17}{80}T^2,n=21,p=4$$

其中 $T^2=n(n-1)(\overline{\boldsymbol{X}}-\boldsymbol{\mu}_0)^{\mathrm{T}}\boldsymbol{S}^{-1}(\overline{\boldsymbol{X}}-\boldsymbol{\mu}_0)$, $\bar{x}=(22.81,32.79,51.45,61.38)^{\mathrm{T}}$.

$$\hat{\boldsymbol{\Sigma}}=\frac{\boldsymbol{S}}{n-1}=\frac{\boldsymbol{S}}{20}=\begin{bmatrix}0.049 & 0.04 & 0.01 & 0.015\\0.04 & 0.129 & 0.004 & 0.021\\0.01 & 0.004 & 0.02 & 0.018\\0.015 & 0.021 & 0.018 & 0.042\end{bmatrix}$$

$$\boldsymbol{\Sigma}^{-1}=\begin{bmatrix}30.5754 & -8.9137 & -12.5159 & -1.099\\-8.9137 & 11.1849 & 7.1432 & -5.4704\\-12.5159 & 7.1432 & 87.9408 & -36.7906\\-1.099 & -5.4704 & -36.7906 & 42.7046\end{bmatrix}$$

所以 $T^2 = 21(\boldsymbol{X}-\boldsymbol{\mu}_0)^{\mathrm{T}}\boldsymbol{\Sigma}^{-1}(\boldsymbol{X}-\boldsymbol{\mu}_0) = 21\times 0.5968 = 12.5328, F = \frac{17}{80}T^2 = 2.663$.

$\alpha = 0.05$,查表得 $F_{0.05}(p,n-p) = F_{0.05}(4,17) = 2.96$,由于 $F < 2.96$,故接受 H_0,即认为总体均值与 $\boldsymbol{\mu}_0$ 无显著差异.

3.检验统计量为

$$F = \frac{mn(m+n-p-1)}{p(m+n)(m+n-2)}(\overline{\boldsymbol{X}}-\overline{\boldsymbol{Y}})^{\mathrm{T}}\boldsymbol{S}^{-1}(\overline{\boldsymbol{X}}-\overline{\boldsymbol{Y}})$$

其中 $\overline{X} = \frac{1}{m}\sum_{i=1}^{m}x_i, \overline{Y} = \frac{1}{n}\sum_{i=1}^{n}y_i, \boldsymbol{S}^{-1} = (m+n-2)(\boldsymbol{S}_1+\boldsymbol{S}_2)^{-1}, \boldsymbol{S}_1 = \sum_{k=1}^{m}(x_k-\overline{\boldsymbol{X}})(x_k-\overline{\boldsymbol{X}})^{\mathrm{T}}$, $\boldsymbol{S}_2 = \sum_{K=1}^{n}(y_k-\overline{Y})(y_k-\overline{Y})^{\mathrm{T}}$.

当 H_0 成立时,$F \sim F(p,m+n-p-1)$,$\bar{\boldsymbol{x}} = (21.71,4.51,11.998,52.29)^{\mathrm{T}}$,$\bar{\boldsymbol{y}} = (6.638,0.86,3.32,16.56)^{\mathrm{T}}$.

$$\boldsymbol{S}_1 = \begin{bmatrix} 197.2 & 7.35 & 118.4 & 189.09 \\ 7.35 & 1.15 & 5.14 & 10.76 \\ 118.4 & 5.14 & 71.72 & 117.71 \\ 189.09 & 10.76 & 117.71 & 248.33 \end{bmatrix}$$

$$\boldsymbol{S}_2 = \begin{bmatrix} 89.025 & -14.163 & 24.56 & -268.117 \\ -14.163 & 3.956 & -4.49 & 25.181 \\ 24.56 & -4.49 & 11.952 & -26.224 \\ -268.117 & 25.181 & -26.224 & 1499.612 \end{bmatrix}$$

$$(\boldsymbol{S}_1+\boldsymbol{S}_2)^{-1} = \begin{bmatrix} 0.156 & 0.103 & -0.289 & 0.02 \\ 0.103 & 0.298 & -0.188 & 0.008 \\ -0.289 & -0.188 & 0.548 & -0.04 \\ 0.02 & 0.008 & -0.04 & 0.003 \end{bmatrix}$$

$$F = \frac{5\times 5\times 5}{40}\times 9.008 = 28.15$$

$\alpha = 0.01$,查表得 $F_{\alpha}(p,m+n-p-1) = F_{0.01}(4,5) = 11.4$,由于 $F > F_{\alpha}(4,5)$,故拒绝 H_0,即可认为总体均值与 $\boldsymbol{\mu}_0$ 有显著差异.

4. $\boldsymbol{\Sigma}^{-1} = \begin{pmatrix} 5.26 & -4.74 \\ -4.74 & 5.26 \end{pmatrix}$,马氏距离:

$$\begin{aligned} D(\boldsymbol{A},\boldsymbol{\mu}) &= \sqrt{D^2(\boldsymbol{A},\boldsymbol{\mu})} \\ &= \sqrt{(\boldsymbol{A}-\boldsymbol{\mu})^{\mathrm{T}}\boldsymbol{\Sigma}^{-1}(\boldsymbol{A}-\boldsymbol{\mu})} \\ &= \sqrt{(1,1)\begin{pmatrix} 5.26 & -4.74 \\ -4.74 & 5.26 \end{pmatrix}\begin{pmatrix} 1 \\ 1 \end{pmatrix}} \\ &= 1.026 \end{aligned}$$

$$D(\boldsymbol{B},\boldsymbol{\mu}) = \sqrt{D^2(\boldsymbol{B},\boldsymbol{\mu})} = \sqrt{20}$$

$$D(\boldsymbol{A},\boldsymbol{\mu}) = \sqrt{(1-0)^2+(1-0)^2} = \sqrt{2}$$

$$D(\boldsymbol{B},\boldsymbol{\mu}) = \sqrt{(1-0)^2+(-1-0)^2} = \sqrt{2}$$

5. 略.

6. 略.

7. A 组的平均值为 $\overline{\boldsymbol{X}}^{(A)} = (3.09, 0.42, 0.65)^{T}$，B 组的平均值为 $\overline{\boldsymbol{X}}^{(B)} = (2.8, 1.665, 1.0625)^{T}$，从而

$$\boldsymbol{S}_A = \sum_{k=1}^{2} (X_k - \overline{\boldsymbol{X}}^{(A)})(X_k - \overline{\boldsymbol{X}}^{(A)})^{T}$$

$$= \begin{bmatrix} 0.0721 & 0.0121 & 0.0132 \\ 0.0121 & 0.0121 & 0.0132 \\ 0.0132 & 0.0132 & 0.0144 \end{bmatrix}$$

$$= \begin{bmatrix} 0.245 & 1.207 & 0.688 \\ 1.207 & 6.59 & 3.462 \\ 0.688 & 3.462 & 2.008 \end{bmatrix}$$

$$\boldsymbol{S}_B = \sum_{k=1}^{4} (X_k - \overline{\boldsymbol{X}}^{(B)})(X_k - \overline{\boldsymbol{X}}^{(B)})^{T}$$

$$= \begin{bmatrix} 0.245 & 1.207 & 0.688 \\ 1.207 & 6.59 & 3.462 \\ 0.688 & 3.462 & 2.008 \end{bmatrix}$$

$$\hat{\boldsymbol{\Sigma}} = \frac{1}{4}(\boldsymbol{S}_A + \boldsymbol{S}_B) = \begin{bmatrix} 0.067 & 0.308 & 0.179 \\ 0.308 & 1.654 & 0.872 \\ 0.179 & 0.872 & 0.509 \end{bmatrix}$$

$$\overline{\boldsymbol{\mu}} = \frac{1}{2}(\overline{\boldsymbol{X}}^{(A)} + \overline{\boldsymbol{X}}^{(B)}) = (2.945, 1.0425, 0.8563)^{T}$$

利用马氏距离 $W(X) = \sqrt{(\boldsymbol{X} - \overline{\boldsymbol{\mu}})^{T} \boldsymbol{\Sigma}^{-1} (\overline{\boldsymbol{X}}^{(A)} - \overline{\boldsymbol{X}}^{(B)})}$，代入数据计算得 $W = 1.635 > 0$，所以 C 属于 A 组矿.

8. $|\lambda \boldsymbol{E} - \boldsymbol{A}| = \begin{vmatrix} \lambda - 2 & -2 & 2 \\ -2 & \lambda - 5 & 4 \\ 2 & 4 & \lambda - 5 \end{vmatrix} = (\lambda - 1)^2 (\lambda - 10)$，故 $\lambda_1 = \lambda_2 = 1, \lambda_3 = 10$.

当 $\lambda = 1$ 时，$\lambda \boldsymbol{E} - \boldsymbol{A} = \begin{bmatrix} -1 & -2 & 2 \\ -2 & -4 & 4 \\ 2 & 4 & -4 \end{bmatrix} \to \begin{bmatrix} -1 & -2 & 2 \\ 0 & 0 & 0 \\ 0 & 0 & 0 \end{bmatrix}$，$\lambda = 1$ 对应的单位特征向量为 $\left(0, \frac{1}{\sqrt{2}}, \frac{1}{\sqrt{2}}\right)^{T}, \left(\frac{2}{\sqrt{5}}, 0, \frac{1}{\sqrt{5}}\right)^{T}$. 同理，$\lambda = 10$ 对应的单位特征向量为 $\left(\frac{1}{3}, \frac{2}{3}, -\frac{2}{3}\right)^{T}$.

9. $\boldsymbol{\Sigma}$ 的最大特征值为 50.46，其对应的特征向量为 $(0.42, 0.66, 0.57, 0.26)^{T}$.

第一主成分为 $Y = 0.42X_1 + 0.66X_2 + 0.57X_3 + 0.26X_4$.

10. $\boldsymbol{\Sigma}$ 的最大特征值为 86.6403，其对应的特征向量为：$(0.9558, 0.2937, 0.0150, 0.0013)^{T}$.

第一主成分为 $Y = 0.9558X_1 + 0.2937X_2 + 0.0150X_3 + 0.0013X_4$.

附　　录

数理统计模拟题 A

一、填空(每空 2 分,共 20 分)

1. 设从总体 X 中抽取容量为 6 的一个样本,其观察值为 7,3,1,9,5,8,则样本中位数 $\tilde{x}=$ ________,样本极差 $R=$ ______.

2. 设 $X_1,X_2,\cdots,X_n$ 为来自两点分布 $B(1,p)$ 的样本,则参数 p 的充分完备统计量为________,p^2 的极大似然估计为________.

3. 设总体 $X\sim N(\mu,\sigma^2)$,σ^2 已知,$X_1,X_2,\cdots,X_n$ 为来自 X 的样本,$\overline{X}$ 为样本均值,S_n^2 为样本方差,则方差 $D(\overline{X}-S_n^2)=$ ________,检验假设 $H_0:\mu=\mu_0\leftrightarrow H_1:\mu\neq\mu_0$($\mu_0$ 为已知常数)的似然比为________.

4. 斯米尔诺夫检验的统计量为________,拒绝域为________(显著性水平为 α).

5. 设随机变量 $Y\sim N(0,1)$,当给定 $\alpha(0<\alpha<1)$ 时,实数 u_α 满足 $P\{Y>u_\alpha\}=\alpha$,若存在实数 x,使得 $P\{|Y|>x\}=1-2\alpha$,则 $x=$ ________.

6. 设随机变量(X,Y)服从二维正态分布 $N_2(\boldsymbol{\mu},\boldsymbol{\Sigma})$,$\boldsymbol{\mu}=(1,2)^{\mathrm{T}}$,$\boldsymbol{\Sigma}=\begin{bmatrix}2&1\\1&3\end{bmatrix}$,令 $Z=Y-2X$,则方差 $D(Z)=$ ________.

二、(12 分)设总体 $X\sim N(\mu,\sigma^2)$,σ^2 为已知常数,$X_1,X_2,\cdots,X_n,X_{n+1},\cdots,X_{n+m}$ 为来自 X 的样本,记 $Z_1=\dfrac{1}{n}\sum\limits_{i=1}^{n}X_i$,$Z_2=\dfrac{1}{m}\sum\limits_{i=n+1}^{n+m}X_i$,$S_1^2=\dfrac{1}{n}\sum\limits_{i=1}^{n}(X_i-Z_1)^2$,$S_2^2=\dfrac{1}{m}\sum\limits_{i=n+1}^{n+m}(X_i-Z_2)^2$.

1. 求常数 C_1、C_2,使 $Y=C_1(Z_1-\mu)^2+C_2(Z_2-\mu)^2$ 服从卡方分布;

2. 求常数 K,使 $Z=K\dfrac{X_{n+1}-\mu+Z_1-Z_2}{\sqrt{nS_1^2+mS_2^2}}$ 服从 t 分布.

三、(12 分)用 4 种不同型号的仪器对某种机器零件的七级光洁表面进行检查,每种仪器分别在同一表面上反复测量 4 次,得如附表 1 所示的数据:设测量数据服从正态分布,且方差相等.试用方差分析法推断 4 种仪器的平均测量结果有无显著差异($\alpha=0.05$).已知 $F_{0.05}(3,12)=3.49$.(注:要写出计算步骤,小数点后保留 3 位数.)

附表 1　测量数据　　单位：μm

仪器型号	测量数据			
1	−0.21	−0.06	−0.17	−0.14
2	0.16	0.08	0.03	0.11
3	0.10	−0.07	0.15	−0.02
4	0.12	−0.14	−0.02	0.11

四、(12 分) 已知某厂生产的钢筋强度服从正态分布 $N(\mu,\sigma^2)$，μ、σ^2 均未知，某日抽取 5 根钢筋测得强度值如下：1.32，1.35，1.36，1.40，1.44.

(1) 求参数 σ^2 置信度为 0.99 的双侧置信区间.

(2) 检验假设 $H_0:\mu=1.3$，$H_1:\mu\neq1.3$(显著性水平 $\alpha=0.01$). 已知 $t_{0.005}(4)=4.6041$，$t_{0.005}(5)=4.0323$，$\chi^2_{0.005}(5)=16.7$，$\chi^2_{0.995}(4)=0.207$，$\chi^2_{0.995}(5)=0.412$.

五、(15 分) 设总体 X 的概率密度为 $f(x)=\begin{cases}\dfrac{\theta^3x^2}{2}\exp\{-\theta x\}\\0\end{cases}$，参数 $\theta>0$ 未知，$X_1,X_2,\cdots,X_n$ 是来自 X 的样本，令 $\alpha=\dfrac{1}{\theta}$，试求：

(1) 参数 θ 的矩估计量 $\hat{\theta}_M$ 及 α 的最大似然估计量 $\hat{\alpha}_L$；

(2) α 的最小方差无偏估计量.

六、(14 分) 设总体 X 的分布律为 $P\{X=x\}=\theta(1-\theta)^{x-1}$，$x=1,2,\cdots$，$\theta$ 的先验分布为 $\pi(\theta)=\begin{cases}3\theta^2, & 0<\theta<1\\0, & \text{其他}\end{cases}$，$X_1,X_2,\cdots,X_n$ 是来自总体 X 的样本，在平方损失函数下，求：

(1) θ 的贝叶斯估计量；

(2) $1/\theta^2$ 的贝叶斯估计量.

七、(15 分) 设有线性回归模型

$$\begin{cases}Y_1=-\beta_1+\beta_2+\varepsilon_1\\Y_2=\varepsilon_2\\Y_3=-2\beta_1+4\beta_2+\varepsilon_3\\Y_4=2\beta_1+4\beta_2+\varepsilon_4\end{cases}$$

各 $\varepsilon_i\sim N(0,\sigma^2)$ 且相互独立，$i=1,2,3,4$.

(1) 求 β_1,β_2 的最小二乘估计量；

(2) 在显著性水平 α 下，推导出检验问题 $H_0:\beta_1=2\beta_2\leftrightarrow H_1:\beta_1\neq2\beta_2$ 的统计量和拒绝域.

数理统计模拟题 B

一、填空题(每空 2 分,共 20 分)

1. 设总体 X 服从正态分布 $N(0,\sigma^2)$,$(X_1,X_2,\cdots,X_{15})$ 为取自总体 X 的样本. 当 $C=$ ________ 时,统计量 $Y=C\dfrac{X_1+X_2+\cdots+X_{10}}{\sqrt{X_{11}^2+X_{12}^2+\cdots+X_{15}^2}}$ 服从 t 分布,Y^2 的概率分布为________.

2. 设总体 X 在区间$[\theta,1]$上服从均匀分布,则未知参数 θ 的矩估计为________,θ 的最大似然估计为________.

3. 设总体 X 服从正态分布 $N(\mu,\sigma^2)$,$(X_1,X_2,\cdots,X_n)$ 为取自总体 X 的样本,μ、σ^2 均未知,则 μ 的置信度为 $1-\alpha$ 的置信区间为________,检验假设 $H_0:\sigma^2=\sigma_0^2,H_1:\sigma^2\neq\sigma_0^2$($\sigma_0^2$ 为已知常数) 的似然比为________.

4. 设总体 X 的分布律为 $P(X=k)=p(1-p)^{k-1},k=1,2,\cdots,0\leqslant p\leqslant 1$ 为未知参数. $(X_1,X_2,\cdots,X_n)$ 为取自总体 X 的样本,则 p 的充分统计量为________,p^{-2} 的无偏估计量为________.

5. 设 $X=\begin{pmatrix}X_1\\X_2\end{pmatrix}$ 服从正态分布 $N_2\left(\begin{pmatrix}1\\2\end{pmatrix},\ \begin{pmatrix}1&2\\2&5\end{pmatrix}\right)$,则 $Y=\begin{pmatrix}Y_1\\Y_2\end{pmatrix}=\begin{pmatrix}2&-1\\-1&3\end{pmatrix}X+\begin{pmatrix}0\\-5\end{pmatrix}$ 的概率分布为________,$Z=\dfrac{1}{25}(34Y_1^2+6Y_1Y_2+Y_2^2)$ 的概率分布为________.

二、(12 分) 设总体 X 服从正态分布 $N(0,\sigma^2)$,$(X_1,X_2,\cdots,X_{n+1})$ 是来自总体 X 的一个容量为 $n+1$ 的样本.

(1) 求统计量 $U=\dfrac{1}{\sigma^2}\left[X_{n+1}^2+\dfrac{1}{3}(X_1+X_2+X_3)^2+\dfrac{1}{n-3}(X_4+X_5+\cdots+X_n)^2\right]$ 的概率分布;

(2) 记 $\overline{X}_k=\dfrac{1}{k}\sum\limits_{i=1}^{k}X_i(1\leqslant k\leqslant n+1)$,求随机变量 $\overline{X}_{n+1}-\overline{X}_n$ 的概率分布密度.

三、(12 分) 为了考察不同班级学生的成绩,独立选取三个班级的学生成绩如附表 2 所示.

附表 2　学生的成绩　　单位:分

班级 Ⅰ	64	84	75	77	80
班级 Ⅱ	56	74	69		
班级 Ⅲ	81	92	84		

假设每个班级的成绩服从正态分布,且方差相等. 试问三个班级成绩的均值有无显著差异,显著性水平为 $\alpha=0.05$. 已知 $F_{0.05}(2,8)=4.459$.(请给出计算步骤并列出方差分析表,小数点后保留 3 位数.)

四、(14 分) 为了比较甲、乙两类试验田的收获量,随机抽取甲类试验田 8 块,乙类试验田 10 块,测得收获量如附表 3 所示.

附表 3　收获量　　单位:kg

甲类	12.6	10.2	11.7	12.3	11.1	10.5	10.6	12.2		
乙类	8.6	7.9	9.3	10.7	11.2	11.4	9.8	9.5	10.1	8.5

假设这两类试验田的收获量分别为 X 和 Y,X 服从 $N(\mu_1,\sigma_1^2)$,Y 服从 $N(\mu_2,\sigma_2^2)$ 且 X 与 Y 相互独立.

(1) 试检验假设 $H_0:\sigma_1^2=\sigma_2^2 \leftrightarrow H_1:\sigma_1^2\neq\sigma_2^2(\alpha=0.05)$.

(2) 试求均值差 $\mu_1-\mu_2$ 的置信度为 95% 的置信区间.

已知 $t_{0.025}(16)=2.12, F_{0.025}(7,9)=4.20, F_{0.025}(9,7)=4.82$.

五、(14 分) 设$(X_1,X_2,\cdots,X_n)$是来自总体 X 的一个容量为n 的样本,X 的分布密度如下:

$$f(x)=\begin{cases}\dfrac{2x}{\theta}e^{-x^2/\theta}, & x>0\\ 0, & \text{其他}\end{cases},\theta>0 \text{ 为未知参数}$$

(1) 求 θ 的矩估计量及最大似然估计量;

(2) 求 θ 的最小方差无偏估计量.

六、(14 分) 设总体 X 服从二项分布 $B(N,p)$,参数 p 的分布密度为

$$\pi(p)=\begin{cases}2p, & 0\leqslant p\leqslant 1\\ 0, & \text{其他}\end{cases}$$

$(X_1,X_2,\cdots,X_n)$ 为来自总体 X 的样本.在平方损失函数下,求:

(1) p 的贝叶斯估计 $\hat{p}$;

(2) $\hat{p}$ 的贝叶斯风险.

七、(14 分) 设回归模型为 $Y_1=1-\beta_1+\beta_2+\varepsilon_1, Y_2=1+\varepsilon_2, Y_3=1+\beta_1+\beta_2+\varepsilon_3, Y_4=1-2\beta_1+4\beta_2+\varepsilon_4, Y_5=1+2\beta_1+4\beta_2+\varepsilon_5$,各 ε_i 相互独立且 $\varepsilon_i\sim N(0,\sigma^2), i=1,2,\cdots,5$.

(1) 求参数 β_1、β_2 的最小二乘估计 $\hat{\beta}_1$、$\hat{\beta}_2$;

(2) 求检验假设 $H_0:2\beta_1=\beta_2, H_1:2\beta_1\neq\beta_2$ 的统计量和拒绝域(显著性水平为 α).

数理统计模拟题 A 解答

一、填空(每空 2 分)

1. 6，8；

2. $\overline{X}=\frac{1}{n}\sum_{i=1}^{n}X_i$ 或 $\sum_{i=1}^{n}X_i$，$\overline{X}^2$；

3. $\sigma^2/n+2(n-1)\sigma^4/n^2$，似然比 $\lambda(x)=\exp\left\{\frac{n}{2\sigma^2}(\overline{x}-\mu_0)^2\right\}$；

4. 统计量 $D_{n_1,n_2}=\sup\limits_{-\infty<x<\infty}|F_{n_1}(x)-G_{n_2}(x)|$，拒绝域为 $D_{n_1,n_2}\geqslant D_{n,\alpha}$，其中 $n=n_1n_2/(n_1+n_2)$；

5. $x=u_{(1-2\alpha)/2}$；

6. $D(Z)=11-4=7$.

二、1. 由于 $U=n(Z_1-\mu)^2/\sigma^2\sim\chi^2(1)$，$V=m(Z_2-\mu)^2/\sigma^2\sim\chi^2(1)$，且 U 与 V 独立，故 $C_1=n/\sigma^2$，$C_2=m/\sigma^2$.

2. 因 $X_{n+1}-Z_2\sim N\left(0,\frac{m-1}{m}\sigma^2\right)$，$Z_1-\mu\sim N\left(0,\frac{1}{n}\sigma^2\right)$，$Z_1-\mu+X_{n+1}-Z_2\sim N\left(0,\left(\frac{m-1}{m}+\frac{1}{n}\right)\sigma^2\right)$，$U=(Z_1-\mu+X_{n+1}-Z_2)\Big/\sigma\sqrt{\frac{n(m-1)+m}{mn}}\sim N(0,1)$，$V=(nS_1^2+mS_2^2)/\sigma^2\sim\chi^2(n+m-2)$，且 U 与 V 独立，故

$$Z=\sqrt{\frac{mn(m+n-2)}{m+n(m-1)}}\frac{X_{n+1}-\mu+Z_1-Z_2}{\sqrt{nS_1^2+mS_2^2}}=\frac{U}{\sqrt{V/(n+m-2)}}\sim t(n+m-2)$$

所以 $K=\sqrt{\frac{mn(m+n-2)}{m+n(m-1)}}$.

三、令 y_{ij} 表示第 i 个型号的仪器在第 j 次检查时所得的数据，根据题意有 $r=4$，$n_1=n_2=n_3=n_4=4$，$n=16$，经计算：

$$Q_T=\sum_{i=1}^{r}\sum_{j=1}^{n_i}(X_{ij}-\overline{X})^2=0.2255$$

$$Q_E=\sum_{i=1}^{r}\sum_{j=1}^{n_i}(X_{ij}-\overline{X}_i)^2=0.0977$$

$$Q_A=\sum_{i=1}^{r}n_i(\overline{X}_i-\overline{X})^2=0.1278$$

根据以上数据列方差分析表如附表 4 所示.

附表 4　方差分析表

方差来源	离差平方和	自由度	均方离差	F 值	显著性
组 间	0.128	3	0.043	5.232	*
组 内	0.098	12	0.081		
总 和	0.226	15			

对 $\alpha=0.05$，查 F 分布表得 $F_{0.05}(3,12)=3.49$，由于 $5.232>3.49$，故认为这些数据推断4种仪器的平均测量结果有显著差异.

四、(1)$\alpha=0.01,\alpha/2=0.005$，$\bar{x}=\frac{1}{5}\sum_{i=1}^{5}x_i=1.374$，$(n-1)S_n^{*2}=\sum_{i=1}^{5}(x_i-\bar{x})^2=0.008\,72$，故

$$\frac{(n-1)S_n^{*2}}{\chi^2_{\alpha/2}(n-1)}=\frac{0.008\,72}{\chi^2_{0.005}(4)}=\frac{0.008\,72}{14.9}=5.8524\times10^{-4}$$

$$\frac{(n-1)S_n^{*2}}{\chi^2_{1-\alpha/2}(n-1)}=\frac{0.008\,72}{\chi^2_{0.995}(4)}=\frac{0.008\,72}{0.207}=0.0421$$

于是 σ^2 的置信度为0.99的置信区间为 $[5.8524\times10^{-4},0.0421]$.

(2)$H_0:\mu=1.3$，　$H_1:\mu\neq1.3$，采用 T 法：$T=\frac{\overline{X}-\mu}{S_n^*}\sqrt{n}$，当 H_0 成立时，$T\sim t(n-1)$，对于 $\alpha=0.01$，$t_{\alpha/2}(n-1)=t_{0.005}(4)=4.6041$，$|t|=\left|\frac{1.374-1.3}{\sqrt{0.008\,72/4}}\sqrt{n}\right|=3.5440<4.6041$，故接受 H_0.

五、(1)$EX=\int_0^{+\infty}xf(x)\mathrm{d}x=\int_0^{+\infty}[\theta^3x^3/2]\exp\{-\theta x\}\mathrm{d}x=\Gamma(4)/2\theta=3/\theta$，故 θ 的矩估计为 $\hat{\theta}_M=3/\overline{X}$. 似然函数为

$$L=\theta^{3n}\prod_{i=1}^{n}x_i^2\Big/2^n\exp\{-\theta\sum_{i=1}^{n}x_i\},\quad x_i>0$$

$$\ln L=3n\ln\theta+\sum_{i=1}^{n}\ln x_i^2-n\ln2-\theta\sum_{i=1}^{n}x_i,\quad x_i>0$$

$$\partial\ln L/\partial\theta=\frac{3n}{\theta}-\sum_{i=1}^{n}x_i=0$$

得参数 θ 的MLE为 $\hat{\theta}=3/\overline{X}$，$\alpha$ 的最大似然估计 $\hat{\alpha}_L=\overline{X}/3$.

(2) 由于 $L=\theta^{3n}\prod_{i=1}^{n}x_i^2\Big/2^n\exp\left\{-n\theta\sum_{i=1}^{n}x_i/n\right\}=C(\theta)h(x)\exp\{T(x)b(\theta)\}$，$C(\theta)=\theta^{3n}/2^n$，$h(x)=\prod_{i=1}^{n}x_i{}^2$，$T(x)=\bar{x}$，$b(\theta)=-n\theta$，由指数型分布族知，$T(X)=\overline{X}$ 为 θ 的充分完备统计量. 又 $ET(X)=E\overline{X}=EX=3/\theta$，故 $E[T(X)/3]=1/\theta$，所以 $E[T(X)/3\mid T(X)]=T(X)/3=\overline{X}/3$，为 α 的最小方差无偏估计.

六、(1)$q(x\mid\theta\}=\theta^n(1-\theta)^{n\overline{X}-n}$，$x_i=1,2,\cdots$

样本与参数的联合分布为

$$f(x,\theta)=\pi(\theta)q(x\mid\theta\}=3\theta^{n+2}(1-\theta)^{n\overline{X}-n},x_i=1,2,\cdots,0<\theta<1$$

样本的边缘分布为

$$m(x)=\int_0^1 3\theta^{n+2}(1-\theta)^{n\overline{X}-n}\mathrm{d}\theta=3(n+2)!(n\overline{X}-n)!/(n\overline{X}+3)!$$

θ 的后验分布为

$$h(\theta\mid x)=f(x,\theta)/m(x)=3\theta^{n+2}(1-\theta)^{n\overline{X}-n}/m(x)$$

在平方损失函数下，θ 的贝叶斯估计为

$$\hat{\theta}=\int_0^1\theta h(\theta\mid x)\mathrm{d}\theta$$

$$= \int_0^1 [3\theta^{n+3}(^1 - \theta)\, n\overline{x} - n/m(x)]\mathrm{d}\theta$$
$$= 3(n+3)!(n\overline{x}-n)!/m(x)(n\overline{x}+4)!$$
$$= (n+3)/(n\overline{x}+4)$$

(2) θ^{-2} 的贝叶斯估计为

$$\hat{\theta}^{-2} = \int_0^1 \theta^{-2} h(\theta \mid x)\mathrm{d}\theta$$
$$= \int_0^1 [3\theta^{n}(^1 - \theta)\, n\overline{x} - n/m(x)]\mathrm{d}\theta$$
$$= 3n!(n\overline{x}-n)!/m(x)(n\overline{x}+1)!$$
$$= (n\overline{x}+2)!(n\overline{x}+3)!/(n+1)(n+2)$$

七、记 $\boldsymbol{Y}^{\mathrm{T}} = (Y_1, Y_2, Y_3, Y_4)$，$\boldsymbol{X}^{\mathrm{T}} = \begin{bmatrix} -1 & 0 & -2 & 2 \\ 1 & 0 & 4 & 4 \end{bmatrix}$，$\boldsymbol{\beta} = \begin{pmatrix} \beta_1 \\ \beta_2 \end{pmatrix}$，$\boldsymbol{\varepsilon}^{\mathrm{T}} = (\varepsilon_1, \varepsilon_2, \varepsilon_3, \varepsilon_4)$，则有 $\boldsymbol{Y} = \boldsymbol{X\beta} + \boldsymbol{\varepsilon}, \boldsymbol{\varepsilon} \sim N(0, \sigma^2 I_4)$.

(1)
$$\hat{\boldsymbol{\beta}} = \begin{pmatrix} \hat{\beta}_1 \\ \hat{\beta}_2 \end{pmatrix} = (\boldsymbol{X}^{\mathrm{T}}\boldsymbol{X})^{-1}\boldsymbol{X}^{\mathrm{T}}\boldsymbol{Y} = \begin{pmatrix} 9 & -1 \\ -1 & 33 \end{pmatrix}^{-1} \begin{pmatrix} -y_1 - 2y_3 + 2y_4 \\ y_1 + 4y_3 + 4y_4 \end{pmatrix} = \frac{1}{296}\begin{pmatrix} 33 & 1 \\ 1 & 9 \end{pmatrix}\begin{pmatrix} -y_1 - 2y_3 + 2y_4 \\ y_1 + 4y_3 + 4y_4 \end{pmatrix} = \frac{1}{296}\begin{pmatrix} -32y_1 - 62y_3 + 70y_4 \\ 8y_1 + 34y_3 + 38y_4 \end{pmatrix}$$

故 $\hat{\beta}_1 = (-32y_1 - 62y_3 + 70y_4)/296, \hat{\beta}_2 = (8y_1 + 34y_3 + 38y_4)/296$.

(2) 由于 $\hat{\beta}$ 是相互独立的正态变量 Y_1、Y_2、Y_3、Y_4 的线性组合，所以 $\hat{\beta}$ 服从正态分布，又 $E\hat{\boldsymbol{\beta}} = \beta, D\hat{\beta} = \sigma^2(\boldsymbol{X}^{\mathrm{T}}\boldsymbol{X})^{-1}$，故 $\hat{\beta} \sim N(\beta, \sigma^2(\boldsymbol{X}^{\mathrm{T}}\boldsymbol{X})^{-1}) = N\left(\begin{pmatrix} \beta_1 \\ \beta_2 \end{pmatrix}, \frac{\sigma^2}{296}\begin{pmatrix} 33 & 1 \\ 1 & 9 \end{pmatrix}\right)$，$\hat{\beta}_1 \sim N(\beta_1, 33\sigma^2/296)$，$\hat{\beta}_2 \sim N(\beta_2, 9\sigma^2/296)$ 且 $\mathrm{Cov}(\hat{\beta}_1, \hat{\beta}_2) = \sigma^2/296$.

$\hat{\sigma}^{*2} = \frac{1}{2}\sum_{i=1}^{4}(Y_i - \hat{Y}_i)^2$，$\hat{Y} = \hat{\beta}_1 - 2\hat{\beta}_2 = (1, -2)\hat{\beta}$ 服从正态分布，又 $E\hat{Y} = E\hat{\beta}_1 - 2E\hat{\beta}_2 = \beta_1 - 2\beta_2$，$D\hat{Y} = D\hat{\beta}_1 + 4D\hat{\beta}_2 - 2\mathrm{cov}(\hat{\beta}_1, 2\hat{\beta}_2) = (33\sigma^2 + 36\sigma^2 - 4\sigma^2)/296 = 65\sigma^2/296$，故 $\hat{Y} = \hat{\beta}_1 - 2\hat{\beta}_2 \sim N(\beta_1 - 2\beta_2, 65\sigma^2/296)$，又 $(4-2)\hat{\sigma}^{*2}/\sigma^2 \sim \chi^2(2)$，

$$T = (\hat{\beta}_1 - 2\hat{\beta}_2)/\sqrt{65\hat{\sigma}^{*2}/296} \sim t(2)$$

故存在 $t_{\alpha/2}(2)$，使得 $P\{|T| \geqslant t_{\alpha/2}(2)\} = \alpha$，$W = \{|(\hat{\beta}_1 - 2\hat{\beta}_2)/\sqrt{65\hat{\sigma}^{*2}/296}| \geqslant t_{\alpha/2}(2)\}$.

数理统计模拟题 B 解答

一、填空题（每空 2 分，共 20 分）

1. $C=1/\sqrt{2}$， $Y^2\sim F(1,5)$；

2. $\hat{\theta}_{矩}=2\overline{X}-1$， $\hat{\theta}_{似}=\min(X_1,X_2,\cdots,X_n)$；

3. $\left(\overline{X}\pm t_{\alpha/2}(n-1)\dfrac{S_n^*}{\sqrt{n}}\right)$， $\lambda(x)=\left(\dfrac{\sigma_0}{S_n}\right)^n\exp\left\{-\dfrac{n}{2}+\dfrac{nS_n^2}{2\sigma_0^2}\right\}$；

4. $\overline{X}$ 或 $\sum\limits_{i=1}^n X_i$， $S_n^{*2}+\overline{X}$；

5. $Y\sim N_2\left(\begin{pmatrix}0\\0\end{pmatrix},\begin{pmatrix}1&-3\\-3&34\end{pmatrix}\right)=N_2(\boldsymbol{\mu},\boldsymbol{\Sigma})$，$Z=\dfrac{1}{25}(34Y_1^2+6Y_1Y_2+Y_2^2)=(\boldsymbol{Y}-\boldsymbol{\mu})^{\mathrm{T}}\boldsymbol{\Sigma}^{-1}(\boldsymbol{Y}-\boldsymbol{\mu})\sim\chi^2(2)$.

二、(1) 因 $Y_1=X_{n+1}^2/\sigma^2\sim\chi^2(1)$，$Y_2=(X_1+X_2+X_3)^2/3\sigma^2\sim\chi^2(1)$，$Y_3=\dfrac{1}{(n-3)\sigma^2}(X_4+X_5+\cdots+X_n)^2\sim\chi^2(1)$，且 Y_i 相互独立，$i=1,2,3$，故 $U=\dfrac{1}{\sigma^2}\left[X_{n+1}^2+\dfrac{1}{3}(X_1+X_2+X_3)^2+\dfrac{1}{n-3}(X_4+X_5+\cdots+X_n)^2\right]$服从 $\chi^2(3)$ 分布.

(2) 因

$$\begin{aligned}\overline{X}_{n+1}-\overline{X}_n&=\frac{1}{n+1}\sum_{i=1}^{n+1}X_i-\frac{1}{n}\sum_{i=1}^{n}X_i\\&=\frac{1}{n+1}\left[\sum_{i=1}^{n+1}X_i-\frac{n+1}{n}\sum_{i=1}^{n}X_i\right]\\&=\frac{1}{n+1}\left[\sum_{i=1}^{n+1}X_i-\sum_{i=1}^{n}X_i-\frac{1}{n}\sum_{i=1}^{n}X_i\right]\\&=\frac{1}{n+1}[X_{n+1}-\overline{X}_n]\end{aligned}$$

又 X_{n+1} 与 $\overline{X}$ 相互独立且分别服从正态分布，故 $Z=\overline{X}_{n+1}-\overline{X}_n$ 服从正态分布.

又

$$E\left[\frac{1}{n+1}(X_{n+1}-\overline{X}_n)\right]=0$$

$$\begin{aligned}D\left[\frac{1}{n+1}(X_{n+1}-\overline{X}_n)\right]&=\left(\frac{1}{n+1}\right)^2[DX_{n+1}+D\overline{X}_n]\\&=\left(\frac{1}{n+1}\right)^2[\sigma^2+\sigma^2/n]\\&=\frac{\sigma^2}{n(n+1)}\end{aligned}$$

从而 Z 服从正态分布 $N(0,\sigma^2/n(n+1))$，Z 的分布密度函数为

$$f(x)=\frac{1}{\sqrt{2\pi}\sigma^*}\exp(-x^2/2\sigma^{*2}),x\in(-\infty,+\infty)$$

其中 $\sigma^{*2}=\sigma^2/n(n+1)$.

三、本题是单因素非等重复试验的方差分析问题. 要求检验假设 $H_0:\mu_1=\mu_2=\mu_3$, H_1: μ_1,μ_2,μ_3 不全相等. 本题中 $r=3, n_1=5, n_2=3, n_3=3, n=11$.

$$\overline{X}_1=76, \overline{X}_2=66.333, \overline{X}_3=85.667, \overline{X}=76$$

$$Q_E=\sum_{i=1}^{r}\sum_{j=1}^{n_i}(X_{ij}-\overline{X}_i)^2=463.333, \overline{Q}_E=\frac{Q_E}{n-r}=57.917$$

$$Q_A=\sum_{i=1}^{r}n_i(\overline{X}_i-\overline{X})^2=560.667, \overline{Q}_A=\frac{Q}{r-1}=280.333$$

$$Q_T=\sum_{i=1}^{r}\sum_{j=1}^{n_i}(X_{ij}-\overline{X})^2=1024$$

$$F=\frac{\overline{Q}_A}{\overline{Q}_E}=4.840$$

统计量 F 的自由度是(2,8),对 $\alpha=0.05$,查 F 分布表得相应的临界值 $F_{0.05}(2,8)=4.459$,由于 $F=4.840>4.459=F_{0.05}(2,8)$,故拒绝假设 H_0,即认为三个班级成绩的均值有显著差异.

四、(1) 利用 F 检验法. 计算得 $\bar{x}=11.4, \bar{y}=9.7, S_X^{*2}=0.851, S_Y^{*2}=1.378$,当原假设成立时,$F=S_X^{*2}/S_Y^{*2}\sim F(7,9)$,$F=S_X^{*2}/S_Y^{*2}=0.618$,由于 $F_{0.025}(7,9)=4.20$,$F_{0.975}(7,9)=1/F_{0.025}(9,7)=1/4.82=0.207$,且 $0.207<0.618<4.20$,所以接受原假设,即可认为 $\sigma_1^2=\sigma_2^2$.

(2)$\mu_1-\mu_2$ 的置信度为 $1-\alpha$ 的置信区间为

$$\left((\bar{x}-\bar{y})-t_{\alpha/2}(n_1+n_2-2)S_w\sqrt{\frac{1}{n_1}+\frac{1}{n_2}},(\bar{x}-\bar{y})+t_{\alpha/2}(n_1+n_2-2)S_w\sqrt{\frac{1}{n_1}+\frac{1}{n_2}}\right)$$

其中 $S_w=\sqrt{\dfrac{(n_1-1)S_X^{*2}+(n_2-1)S_Y^{*2}}{n_1+n_2-2}}$,本题中 $n_1=8, n_2=10, S_w\sqrt{\dfrac{1}{n_1}+\dfrac{1}{n_2}}=0.508$,由于 $t_{0.025}(16)=2.12$,$\mu_1-\mu_2$ 的置信度为 $1-\alpha=0.95$ 的置信区间为 (0.6, 2.8).

五、(1) $E(X)=\int_0^{+\infty}xf(x)\mathrm{d}x=\int_0^{+\infty}\frac{2x^2}{\theta}\mathrm{e}^{-x^2/\theta}\mathrm{d}x=\int_0^{+\infty}2y\mathrm{e}^{-y}\frac{1}{2}(\theta y)^{-1/2}\theta\mathrm{d}y$

$$=\int_0^{+\infty}(\theta y)^{1/2}\mathrm{e}^{-y}\mathrm{d}y=\Gamma(\frac{3}{2})\sqrt{\theta}$$

令 $E(X)=\overline{X}$,解之得 $\hat{\theta}=\overline{X}^2/\Gamma(3/2)$.

似然函数为

$$L(\theta)=\prod_{i=1}^{n}f(x_i)=2^n\prod_{i=1}^{n}x_i/\theta^n\exp\{-\sum_{i=1}^{n}x_i^2/\theta\}$$

取对数得

$$\ln L(\theta)=n\ln 2+\sum_{i=1}^{n}\ln x_i-n\ln\theta-\sum_{i=1}^{n}x_i^2/\theta$$

求导并使导数等于零可得

$$-n/\theta+\sum_{i=1}^{n}x_i^2/\theta^2=0$$

所以 $\hat{\theta}=\sum_{i=1}^{n}X_i^2/n$ 是 θ 的最大似然估计量.

(2) 因为似然函数为

$$\begin{aligned}L(\theta) &= \prod_{i=1}^{n} f(x_i) \\ &= 2^n \prod_{i=1}^{n} x_i/\theta^n \exp\left\{-\sum_{i=1}^{n} x_i^2/\theta\right\} \\ &= \frac{2^n}{\theta^n}\exp\left\{-\frac{n}{\theta}\left(\sum_{i=1}^{n} x_i^2/n\right)\right\}\prod_{i=1}^{n} x_i\end{aligned}$$

从而 $\sum_{i=1}^{n} X_i^2/n$ 是 θ 的充分完备统计量.

又

$$E(X^2) = \int_{-\infty}^{+\infty} x^2 f(x)\mathrm{d}x = \int_0^{+\infty} \frac{2x^3}{\theta}\mathrm{e}^{-x^2/\theta}\mathrm{d}x = \int_0^{+\infty} \theta y \mathrm{e}^{-y}\mathrm{d}y = \theta$$

所以

$$E\left[\sum_{i=1}^{n} X_i^2/n\right] = \frac{1}{n}\sum_{i=1}^{n} E(X_i^2) = \frac{1}{n}\sum_{i=1}^{n} E(X^2) = \theta$$

即 $E\left(E\left[\sum_{i=1}^{n} X_i^2/n \mid \sum_{i=1}^{n} X_i^2/n\right]\right) = \sum_{i=1}^{n} X_i^2/n$ 是 θ 的最小方差无偏估计.

六、(1) 似然函数为

$$q(x \mid p\} = \left(\prod\nolimits_{i=1}^{n} C_N^{x_i}\right) p^{n\overline{X}} (1-p)^{Nn-n\overline{X}}, x_i = 0,1,2,\cdots,N$$

样本与参数的联合分布为

$$f(x,p) = \pi(p)q(x \mid p\} = 2p^{n\overline{X}+1}(1-p)^{Nn-n\overline{X}} \prod\nolimits_{i=1}^{n} C_N^{x_i}, x_i = 1,2,\cdots, 0 < p < 1$$

后验分布为

$$h(p \mid x) \propto \pi(p)q(x \mid p) \propto p^{n\overline{X}+1}(1-p)^{Nn-n\overline{X}}$$

故 $(p \mid x) \sim \mathrm{Beta}\left(\sum_{i=1}^{n} x_i + 2, Nn - \sum_{i=1}^{n} x_i + 1\right)$.

在平方损失函数下，p 的贝叶斯估计 $\hat{p} = E(p \mid x) = \left(\sum_{i=1}^{n} X_i + 2\right)/(Nn+3)$.

(2) 在平方损失函数下，估计的风险函数为

$$\begin{aligned}R(p,\hat{p}) &= E_p(p-\hat{p})^2 \\ &= D_p(p-\hat{p}) + [E_p(p-\hat{p})]^2 \\ &= \frac{\sum_{i=1}^{n} DX_i}{(Nn+3)^2} + \left(p - \frac{Nnp+2}{Nn+3}\right)^2 \\ &= \frac{Nnp(1-p)}{(Nn+3)^2} + \left(p - \frac{Nnp+2}{Nn+3}\right)^2\end{aligned}$$

$\hat{p}$ 的贝叶斯风险为

$$\begin{aligned}R(\hat{p}) &= \int_0^1 2pE_p(p-\hat{p})^2\mathrm{d}p \\ &= \int_0^1 2p\left\{\frac{Nnp(1-p)}{(Nn+3)^2} + \left[p - \frac{Nnp+2}{Nn+3}\right]^2\right\}\mathrm{d}p\end{aligned}$$

$$= \frac{1}{6(Nn+3)}$$

七、令 $Z_i = Y_i - 1, i = 1,2,3,4,5$，则原回归模型变为

$$\boldsymbol{Z} = \boldsymbol{X\beta} + \boldsymbol{\varepsilon}$$

其中 $\boldsymbol{Z} = (Z_1, Z_2, Z_3, Z_4, Z_5)^{\mathrm{T}}, \boldsymbol{\beta} = (\beta_1, \beta_2)^{\mathrm{T}}, \boldsymbol{\varepsilon} = (\varepsilon_1, \varepsilon_2, \varepsilon_3, \varepsilon_4, \varepsilon_5)^{\mathrm{T}}, \boldsymbol{X}^{\mathrm{T}} = \begin{bmatrix} -1 & 1 & 1 & -2 & 2 \\ 1 & 0 & 1 & 4 & 4 \end{bmatrix}$,

$\boldsymbol{X}^{\mathrm{T}}\boldsymbol{X} = \begin{bmatrix} 11 & 0 \\ 0 & 34 \end{bmatrix}$, $(\boldsymbol{X}^{\mathrm{T}}\boldsymbol{X})^{-1} = \begin{bmatrix} \frac{1}{11} & 0 \\ 0 & \frac{1}{34} \end{bmatrix}$，则 $\boldsymbol{\beta}$ 的最小二乘估计为

$$\begin{pmatrix} \hat{\beta}_1 \\ \hat{\beta}_2 \end{pmatrix} = (\boldsymbol{X}^{\mathrm{T}}\boldsymbol{X})^{-1}\boldsymbol{X}^{\mathrm{T}}\boldsymbol{Z} = \begin{pmatrix} -\frac{1}{11}Z_1 + \frac{1}{11}Z_2 + \frac{1}{11}Z_3 - \frac{2}{11}Z_4 + \frac{2}{11}Z_5 \\ \frac{1}{34}Z_1 + \frac{1}{34}Z_3 + \frac{2}{17}Z_4 + \frac{2}{17}Z_5 \end{pmatrix}$$

从而 $\hat{\beta}_1 = -\frac{1}{11}Z_1 + \frac{1}{11}Z_2 + \frac{1}{11}Z_3 - \frac{2}{11}Z_4 + \frac{2}{11}Z_5, \hat{\beta}_2 = \frac{1}{34}Z_1 + \frac{1}{34}Z_3 + \frac{2}{17}Z_4 + \frac{2}{17}Z_5$ 分别是 β_1、β_2 的最小二乘估计量.

$2\hat{\beta}_1 - \hat{\beta}_2$ 为相互独立的正态随机变量 Z_1、Z_2、Z_3、Z_4、Z_5 的线性组合，故它服从正态分布.

令 $2\hat{\beta}_1 - \hat{\beta}_2 = (2, -1)(\hat{\beta}_1, \hat{\beta}_2)^{\mathrm{T}} = \boldsymbol{A}\hat{\beta}$，其中 $\boldsymbol{A} = (2, -1)$，则

$$E(\boldsymbol{A}\hat{\beta}) = \boldsymbol{A}\beta$$

$$\begin{aligned} \mathrm{Cov}(\boldsymbol{A}\hat{\beta}, \boldsymbol{A}\hat{\beta}) &= (2, -1)\mathrm{Cov}(\hat{\beta}, \hat{\beta})\begin{pmatrix} 2 \\ -1 \end{pmatrix} \\ &= \sigma^2 (2, -1)\begin{bmatrix} 1/11 & 0 \\ 0 & 1/34 \end{bmatrix}\begin{pmatrix} 2 \\ -1 \end{pmatrix} \\ &= \frac{147}{374}\sigma^2 \end{aligned}$$

故

$$2\hat{\beta}_1 - \hat{\beta}_2 \sim N\left(2\beta_1 - \beta_2, \frac{147}{374}\sigma^2\right)$$

$$U = [2\hat{\beta}_1 - \hat{\beta}_2 - (2\beta_1 - \beta_2)] \Big/ \sigma\sqrt{\frac{147}{374}} \sim N(0,1)$$

$$V = (5-2)\hat{\sigma}^{*2}/\sigma^2 \sim \chi^2(5-2) = \chi^2(3)$$

这里 $\hat{\sigma}^{*2} = \sum_{i=1}^{5}(Y_i - \hat{Y}_i)^2/3$.

又 U、V 相互独立，故当原假设成立时，统计量为

$$T = (2\hat{\beta}_1 - \hat{\beta}_2) \Big/ \sigma\sqrt{\frac{147}{374}} \Big/ \sqrt{\frac{\hat{\sigma}^{*2}}{\sigma^2}} = \sqrt{\frac{374}{147}}\,\frac{2\hat{\beta}_1 - \hat{\beta}_2}{\hat{\sigma}^*} \sim t(3)$$

则对给定的 α，查 t 分布表得 $t_{\alpha/2}(3)$，使得 $P\{|T| \geqslant t_{\alpha/2}(3)\} = \alpha$.

参 考 文 献

[1] 盛骤,谢式千,潘承毅.概率论与数理统计.4版.北京:高等教育出版社,2008.

[2] 李贤平,沈崇圣,陈子毅. 概率论与数理统计.上海:复旦大学出版社,2003.

[3] 师义民,徐伟,秦超英,等. 数理统计.4版.北京:科学出版社,2015.

[4] 赵选民,师义民.概率论与数理统计解题秘典.西安:西北工业大学出版社,2005.

[5] 曹显兵. 概率论与数理统计辅导讲义.西安:西安交通大学出版社,2011.

[6] 盛骤,谢式千,潘承毅.概率论与数理统计习题全解指南.北京:高等教育出版社,2008.

[7] 高惠璇.应用多元统计分析.北京:北京大学出版社,2005.

[8] 龚兆仁. 概率论与数理统计辅导讲义.北京:新华出版社,2007.